全国高职高专规划教材·艺术设计系列——动漫篇

FLASH交互设计

谭 坤 梅 凯 编 著

北京大学出版社
PEKING UNIVERSITY PRESS

内 容 简 介

本书系统介绍了Flash动画制作的思路、方法和技巧，内容包括图形的绘制和编辑、图层的灵活运用、ActionScrip语句的设计及使用、音频和视频的导入导出和控制、交互展示设计效果、游戏设计效果等综合商业案例设计及基本用法。

本书可作为普通高等院校计算机、电子信息、数字传媒、动漫、新闻、师范等专业动画制作类课程的教学用书，也可供Flash中高级用户自学参考。

图书在版编目(CIP)数据

FLASH交互设计/谭坤，梅凯编著．—北京：北京大学出版社，2011.5

（全国高职高专规划教材·艺术设计系列——动漫篇）

ISBN 978-7-301-18302-1

I. ①F… II. ①谭… ②梅… III. ①动画－设计－图形软件，FLASH－高等学校：技术学校－教材

IV. ①TP391.41

中国版本图书馆CIP数据核字(2010)第 249207 号

书　　名：FLASH交互设计

著作责任者：谭 坤 梅 凯 编著

策 划 编 辑：栾 鸥

责 任 编 辑：栾 鸥

标 准 书 号：ISBN 978-7-301-18302-1/J・0356

出 版 者：北京大学出版社

地　　址：北京市海淀区成府路 205 号 100871

网　　址：http://www.pup.cn

电　　话：邮购部 62752015 发行部 62750672 编辑部 62756923 出版部 62754962

电 子 信 箱：zyjy@pup.cn

印 刷 者：北京宏伟双华印刷有限公司

发 行 者：北京大学出版社

经 销 者：新华书店

889 毫米×1194 毫米 16 开本 16.75 印张 530 千字

2011 年 5 月第 1 版 2011 年 5 月第 1 次印刷

定　　价：59.00 元（配光盘 1 张）

前言

Flash是著名的多媒体软件公司Adobe推出的一款最新的功能强大的网页动画制作软件。它的推出将网页动画的制作推向了新的高潮。它以其友好、简单易用的图形操作界面，强大全面的功能，成为各种网页动画制作软件中的佼佼者，也成了网页动画创作的首选和必备的软件。

最新推出的Flash不仅具有在现有的web页面上整合多媒体元素的功能,而且其他功能也得到了很大扩展，整合了多媒体的编创能力。应用Flash，不但可以创作出高水平的动画作品，还可以创建完整的动态站点：从内容显示、数据库连通，到视频调试。本书系统介绍了Flash动画制作的思路、方法和技巧，内容包括图形的绘制和编辑、图层的灵活运用、ActionScript语句的设计及使用、音频和视频的导入导出和控制、交互展示设计效果、游戏设计效果等综合商业案例设计及基本用法。

本书通过典型生动、实用性及针对性强的真实设计范例向读者介绍Flash的功能。通过实例，读者可轻松、灵活地掌握最新的设计概念、重要的实用技术，分享作者多年积累的宝贵设计经验。通过对本书各章的学习，将使读者由浅入深、由易到难地逐步掌握Flash的各项技能，使读者真正掌握使用Flash实现精彩动画的制作方法。最终能够以一位Flash 动画设计师的身份加入到市场中去，扮演关键性的角色。本书除了介绍Flash CS4基础动画知识之外，还重点解析运用在商业中的经典动画实例，体现商业动画设计中的时尚特点，从技术角度和艺术角度上都具有较高的学习价值。本书适合的读者对象是从事商业动画创作的中高级创作者。

本书分15章，第1～3章是基础制作部分，重点介绍Flash CS4的基本制作动画功能；第4～8章是Flash主要动画效果制作部分，属于中级实例部分，结合经过教师拆解、重新设计的典型案例，循序渐进地讲述Flash软件的应用方法；第9～12章是商业应用中高级实例部分，本部分附带视频教程，通过完整的动画实例介绍了Flash在商业动画中的应用，在讲授软件操作的同时注重对学生整体项目设计能力的培养；第13～15章是综合性高级实例部分，结合综合项目讲述交互动画的脚本策划与项目实战，从技术角度和艺术角度上完成动画实例效果。

本书的章节之间是循序渐进的关系，案例的选取在充分的行业调研和专家研讨的基础上开发，与基于工作过程的课程开发同步，将互动媒体设计行业的典型工作任务转化为学习领域的课程，根据人才培养需要和高职学生的特点采用案例教学和项目教学相结合的教学方式，为学生下一步顶岗实习奠定了坚实的基础。我们注重前后章节之间的动画制作方法与技巧的联系及重新组合。本书的多媒体教学光盘中包含书中实例所采用的视频教程、素材文件及源文件，按照章节的先后顺序排列，一目了然，使读者的学习更加有效。

本书由谭坤、梅凯编著，其中第1～3章由梅凯负责编写，第4～8章由谭坤负责编写，第9～12章由梅凯负责编写，第13～15章由谭坤负责编写。参与编写的人还有王素娟、尹建丽、林栋、梅红等，他们在资料收集、案例整理和技术支持方面做了大量的工作，在此一并向他们表示感谢！

由于时间仓促，加之作者的水平有限，书中难免存在一些不足之处，欢迎广大读者批评和指正！

编　者

2011年3月

课时参考

章　节	课程内容	课程目标	知识重点	课时分配
第1章（总课时6）	绘制基本形状	学习绘制基本形状如三角形、星星、月亮、十字花、圆环、扇形等的方法和技巧	1. 绘制三角形	2
			2. 绘制渐变色彩的图形	2
			3. 绘制立体按钮	2
第2章（总课时6）	导引线动画设计原理及技巧	学习导引线动画设计原理及技巧	1.创建运动引导层概念	2
			2.创建运动引导层的设置方法	2
			3.飞机动画运动路径设置	2
第3章（总课时6）	遮罩层动画	系统学习遮罩动画的制作方法	1.遮罩动画的制作方法	2
			2.遮罩层动画实例	2
			3.实战范例——百叶窗	2
第4章（总课时6）	卡通角色绘制及动作	1.绘制卡通人物形象 2.快速制作卡通形象逃跑实例	1.熟练掌握常用绘线工具的使用技巧	2
			2.熟练使用线条工具	1
			3.熟练使用椭圆工具	1
			4.熟练使用墨水瓶工具	1
			5.熟练使用选择工具	1
第5章（总课时6）	汽车运动实例	一辆汽车从风景如画的金色树林之外缓慢开到树林之前，然后加速开过这片树林	1. 熟练使用补间动画效果制作汽车的滑动效果	2
			2. 利用Flash的缓动效果制作加速度及减速度的效果	2
			3. 熟练使用影片剪辑和影片剪辑之间的套用关系	1
			4. 图像之间的对比形成视觉运动效果的学习	1

章　节	课程内容	课程目标	知识重点	课时分配
第6章（总课时6）	气球飘动实例	气球自下而上自然飘动到画面之上，各个气球无规律飘动	1.熟练使用图形元件和影片剪辑	2
			2.熟练掌握工具栏中绘图工具的使用	2
			3.熟练掌握运动引导层使用	2
第7章（总课时6）	台球绘制及运动实例	学习使用填充渐变色及渐变任意工具，根据台球下落运动规律，利用缓动编辑调节下落运动	1.熟练掌握渐变填充色的使用	2
			2.熟练掌握渐变任意工具的使用	2
			3.熟练掌握缓动效果的使用	2
第8章（总课时6）	啤酒广告实例	水珠由上往下走形成水珠的自然下落运动，体现啤酒具有水的特性。文字效果由上往下交替出现，充分体现广告的标语，啤酒瓶的图像由左往右循环出现动画表现	1.熟练掌握渐变填充色的使用	2
			2.熟练掌握补间动画的使用	2
			3.熟练掌握缓动效果的使用	1
			4.熟练掌握水珠下落的物理运动效果	1
第9章（总课时6）	交互图像展示	鼠标划过或者点击图片展示实例效果，当点击或者划过时图片有渐变效果动画	1.熟练使用渐变色动画效果	2
			2.熟练掌握ActionScript基本语句	2
			3.熟练掌握影片剪辑实例名称	2
第10章（总课时6）	交互实例拖曳透明效果	学习使用交互动画实例基础内容及应用，主要学习交互图像使用及图像外部调用互动使用。当鼠标拖动图像时，利用Action语句使图像相应的发生颜色互变化	1.熟练掌握开始拖动影片剪辑效果的使用	2
			2.熟练掌握停止拖动影片剪辑效果的使用	2
			3.熟练掌握外部调用图像语句的使用	1
			4.熟练掌握Action语句的使用	1
第11章（总课时6）	FLASH视频控制播放	学习将视频转化FLASH视频格式“flv”，通过将视频格式放在Flash舞台中，利用自己制作按钮来控制导入视频播放情况	1.熟练掌握各种视频格式转化使用	2
			2.熟练掌握生成FLV视频格式使用	2
			3.熟练掌握控制FLV视频格式播放使用	2

章　节	课程内容	课程目标	知识重点	课时分配
第12章 （总课时6）	交互展示(汽车局部展示)	按钮有光圈效果出现，提示用户用鼠标点击或者划过时开始播放影片剪辑；当鼠标点击或者划过第二个时，开始播放第二个影片剪辑，第一个影片剪辑同时消失，形成互动展示效果	1.熟练掌握按钮制作及按钮动作效果制作	2
			2.熟练使用影片剪辑和影片剪辑之间的套用关系	2
			3.熟练掌握遮罩效果的使用及制作	1
			4.熟练掌握ActionScript动作语句的使用	1
第13章 （总课时6）	FLASH CS4骨骼绑定动画实例	利用FLASH CS4的最新功能“骨骼绑定工具”快速制作出青蛙上肢和下肢，制作仿人物骑车的动作艺术效果，利用“创建补间动画”及“缓动”功能快速制作出自行车车轮的自然转动	1.熟练掌握并使用工具栏中的绘画工具	2
			2.熟练掌握颜色嵌入图像纹理效果	2
			3.熟练使用影片剪辑和影片剪辑之间的套用关系	1
			4.熟练使用工具栏中骨骼动画工具并制作动画	1
第14章 （总课时6）	FLASH游戏设计实例	本实例为FLASH游戏设计基础实例，学习FLASH游戏互动设计效果及游戏可玩性设计思路，小猪飞跃水沟吃蛋糕的幽默互动游戏实例	1.熟练使用工具栏中的绘图工具	2
			2.熟练使用gotoAndPlay动作语句	2
			3.熟练使用帧标签	1
			4.熟练掌握声音与游戏的配合	1
第15章 （总课时6）	VR虚拟空间展示	学习和制作VR虚拟空间展示效果，利用对汽车360度的旋转效果展示及打开汽车车门来说明具体的、真实的、空间的展示动画	1.熟练制作VR虚拟空间展示效果	2
			2.熟练掌握ActionScrip及实际应用	2
			3.熟练掌握影片剪辑和影片剪辑之间的套用关系	2

目录

第1章　绘制基本形状

线条是最简单的图形，它是复杂图形的基础。本章将学习绘制基本形状，例如三角形、星星、月亮、十字花、圆环、扇形等的方法和技巧。

1.1　绘制三角形

三角形的绘制有很多种方法，这里介绍比较常用的两种方法。一是运用线条工具（或铅笔、钢笔工具）进行线条组合绘制，二是运用多角星形工具直接绘制。

1. 运用线条工具绘制三角形

绘制步骤如下。

（1）选择“文件”→“新建”命令或按快捷键Ctrl+N，新建一个Flash文档。

（2）首先绘制一个直角三角形。选择“线条”工具，在“笔触颜色”区域选择笔触颜色为“蓝色”。

（3）展开“属性”面板，设置笔触高度为“10”，笔触样式为“实线”，端点为“方形”，尖角为“20”，接合为“尖角”，如图1-1所示。

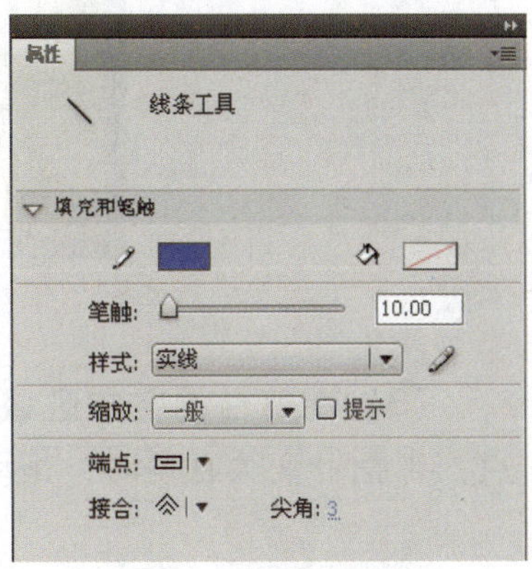

图1-1　设置线条属性

（4）按下Shift键，同时按下鼠标左键，在工作区中画出一条垂直的直线，接着再画一条水平的直线，使其与垂直的直线相交，如图1-2所示。

（5）松开Shift键，再画一条直线，将垂直线与水平线封闭起来，形成一个直角三角形，如图1-3所示。

图1-2　绘制相互垂直的直线

图1-3　直角三角形

（6）选择“颜料桶”工具，在“填充色”区域选择填充色为“黄色”，在封闭的三角形中单击鼠标。填充三角形如图1-4所示。

图1-4　填充三角形

另外，通过复制的方法可以快速绘制锐角和钝角三角形，步骤如下。

（1）单击选择工具箱中的“选择工具”，在已经绘制好的直角三角形周围拖动框选图形。

（2）按住Ctrl键的同时，拖动鼠标快速复制一个三角形，如图1-5所示。

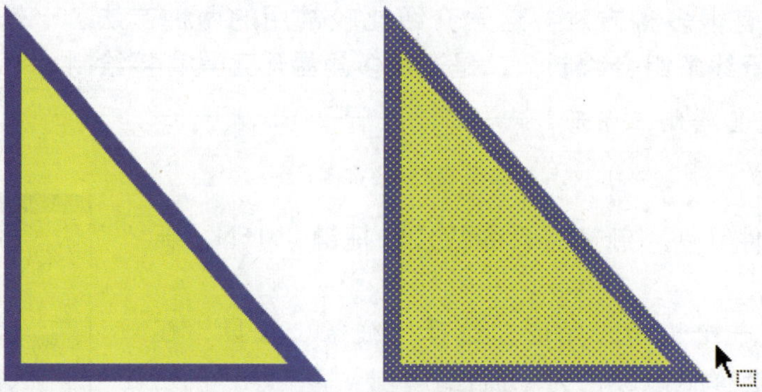

图1-5　快速复制三角形

（3）在舞台的空白区域单击鼠标，取消对图形的选择，接着将鼠标指针靠近三角形的端点，当指针变为直角时，拖动鼠标改变端点的位置（如图1-6所示），完成钝角三角形的绘制。

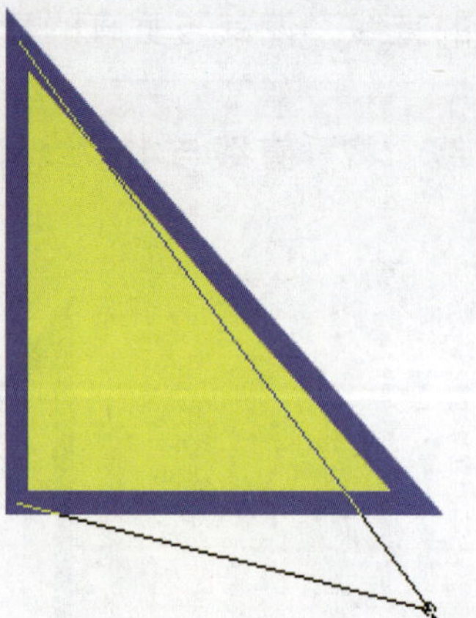

图1-6　绘制钝角三角形

（4）运用同样的方法可以快速绘制出锐角三角形。绘制完成的效果如图1-7所示。

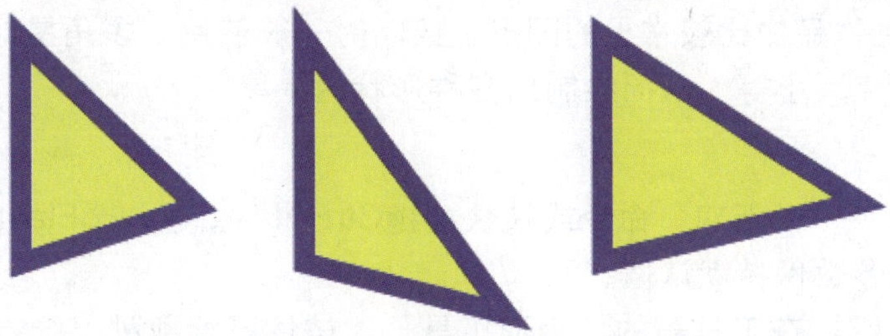

图1-7　绘制好的三角形

以上是绘制三角形的第一种方法，即线条组合法，它是通过线条来组合绘制三角形的。

2．使用多角星形工具快速绘制三角形

绘制步骤如下。

（1）在工具箱的“矩形工具”上按住鼠标数秒，弹出工具下拉列表，在其中选择最下边的“多边星形工具”，如图1-8所示。

图1-8　矩形工具下拉列表

（2）在属性面板中设置笔触颜色为“蓝色”，填充颜色为“黄色”，笔触高度为“10”，笔触样式为“实线”，端点为“方形”，尖角为“20”，接合为“尖角”，如图1-9所示。

（3）单击属性面板中的“选项”按钮选项...，在弹出的“工具设置”对话框中设置“样式”为“多边形”，“边数”为“3”，如图1-10所示。

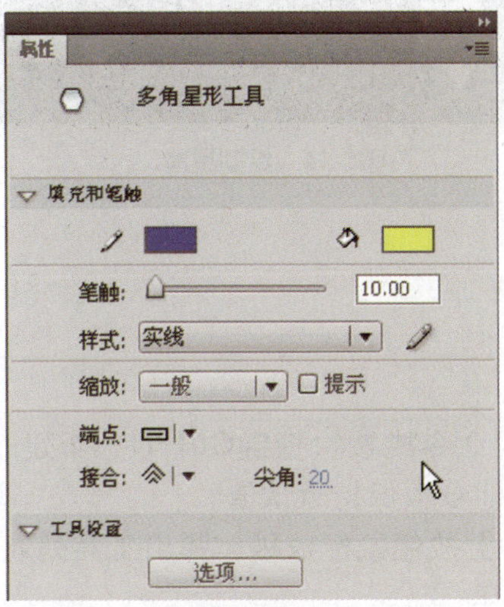

图1-9　设置多角星形工具的属性

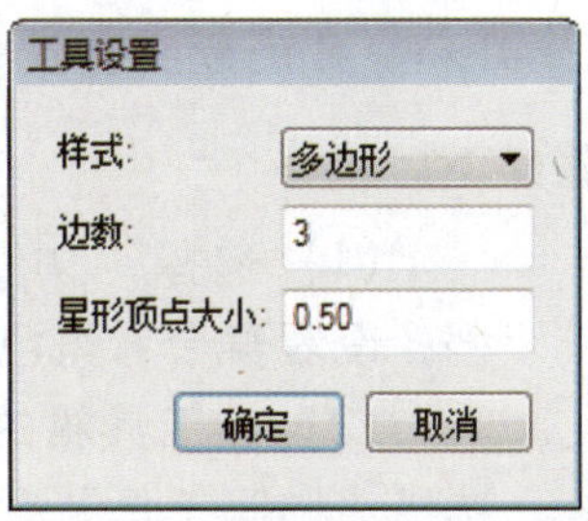

图1-10　设置多角星形工具的属性

（4）在舞台中拖动鼠标绘制三角形，方向和大小均可以通过鼠标指针来控制。绘制完成的效果如图1-11所示。

图1-11　绘制三角形

1.2 绘制星星

星星是Flash动画作品中比较常见的图形，绘制时一般使用“多角星形工具”，这个工具可以任意设置边数、顶点大小等，从而绘制出多种形状的星星。

绘制步骤如下。

（1）选择”文件”→“新建”命令或按快捷键Ctrl+N，新建一个Flash文档。设置舞台背景色为“黑色”，其他参数保持默认值。

图1-12 选择多角星形工具

（2）在工具箱的“矩形工具”上按住鼠标数秒，弹出工具列表框，在其中选择最下边的“多角星形工具”，如图1-12所示。

（3）在属性面板中设置笔触颜色为“无”，填充色为“白色”，单击属性面板中的“选项”按钮 选项... ，在弹出的“工具设置”对话框中设置“样式”为“星形”，“边数”为“5”，“星形顶点大小”为0.8，如图1-13所示。

（4）在舞台中拖动鼠标绘制星形，方向和大小均可以通过鼠标指针来控制。绘制完成效果如图1-14所示。

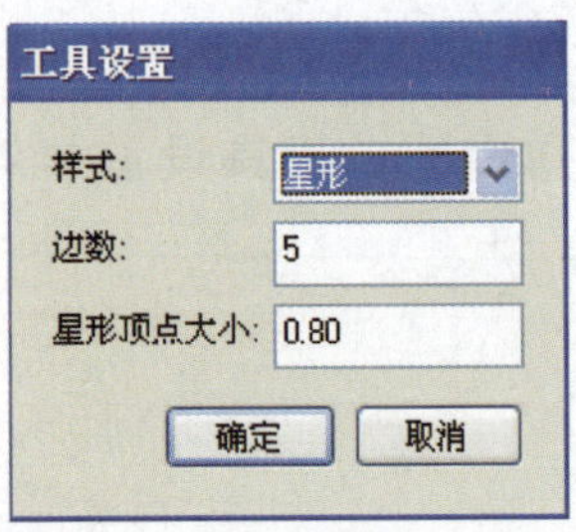

图1-13 设置多角星形工具的属性

图1-14 绘制星星

1.3 绘制月亮

1. 绘制满月和弯月的方法和技巧

绘制步骤如下。

（1）选择”文件”→“新建”命令或按快捷键Ctrl+N，新建一个Flash文档。设置舞台背景色为深蓝色，其他参数保持默认值。

图1-15 工具下拉列表

（2）在工具箱的“矩形工具”上按住鼠标数秒，弹出工具列表框，在其中选择“椭圆工具”，如图1-15所示。

（3）在属性面板中设置“笔触颜色”为“无”，“填充色”为“白色”，在拖动鼠标的同时按住Shift键，在舞台上画一个白色的正圆，满月绘制完成，如图1-16所示。

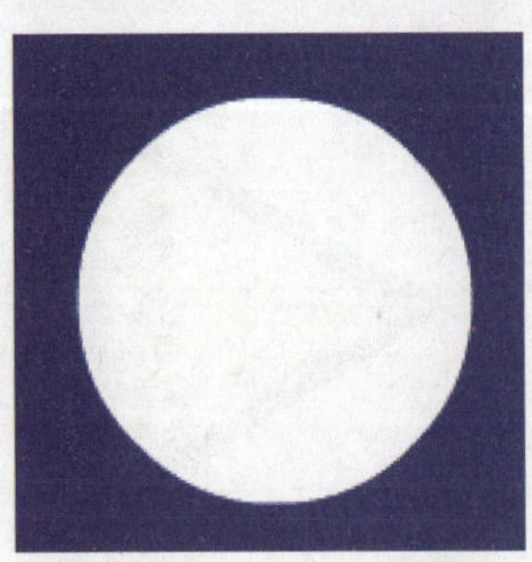
图1-16 绘制一个白色圆

2．使用形状切割法绘制弯月

（1）使用“椭圆工具”，设置“笔触颜色”为“无”，“填充色”为“白色”，绘制一个圆。接着在白色圆旁边画一个略小的黄色正圆，如图1-17所示。

图1-17　绘制两个圆

（2）使用“选择工具”，将黄色圆移动到白色圆的上面，如图1-18所示。

（3）将鼠标在圆形外任意地方单击，取消对圆形的选择状态，使两个圆形组合到一块。然后再重新选中黄色圆形，按Delete键将它删除，剩下一个白色的弯月，如图1-19所示。

图1-18　移动黄色圆

图1-19　白色的弯月

1.4　圆环和扇形的绘制

用Flash8版本绘制圆环和扇形是比较麻烦的，必须通过多次绘制或形状切割法进行绘制。Flash CS4增加了基本椭圆工具，可以更加快捷地绘制出圆环、扇形、弧形等图形。

1．绘制圆环和扇形的方法和技巧

（1）选择”文件”→“新建”命令或按快捷键Ctrl+N，新建一个Flash文档。

（2）在工具箱的“矩形工具”上按住鼠标数秒，弹出工具列表框，在其中选择“任意椭圆工具”，如图1-20所示。

图1-20　选择基本椭圆工具

（3）在属性面板中设置“笔触颜色”为“蓝色”，“填充色”为“黄色”，按住Shift键，拖动鼠标在舞台上绘制一个椭圆，如图1-21所示。

（4）绘制出的椭圆的中心和弧上出现了两个圆形控制点。切换到选择工具，拖动圆心处的控制点，从圆心处扩展出新的圆，如图1-22所示。

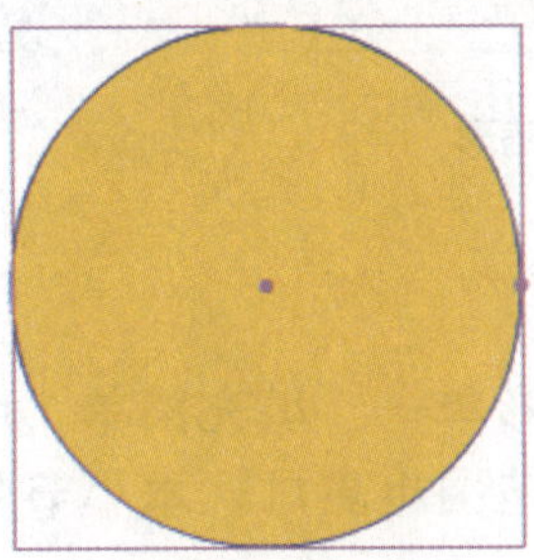

图1-21　绘制圆

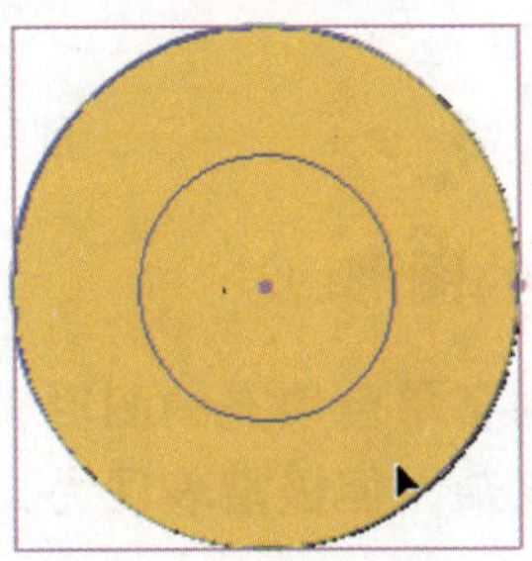

图1-22　拖动控制点

（5）松开鼠标后，圆环绘制完成，如图1-23所示。

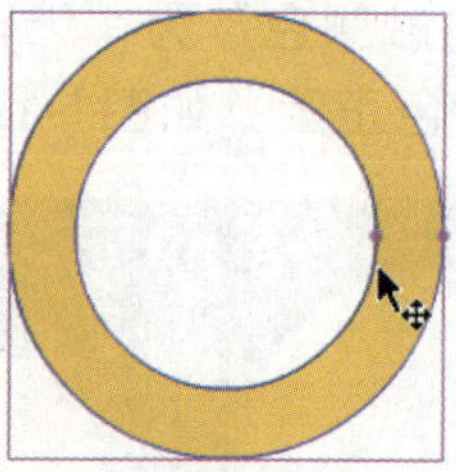

图1-23　绘制完成的圆环

2. 绘制圆环的简单方法

其实绘制圆环有更简单的方法。选择基本椭圆工具后在属性面板中设置“内部半径”值，然后拖动鼠标就可以快速绘制出圆环。设置的参数如图1-24所示。

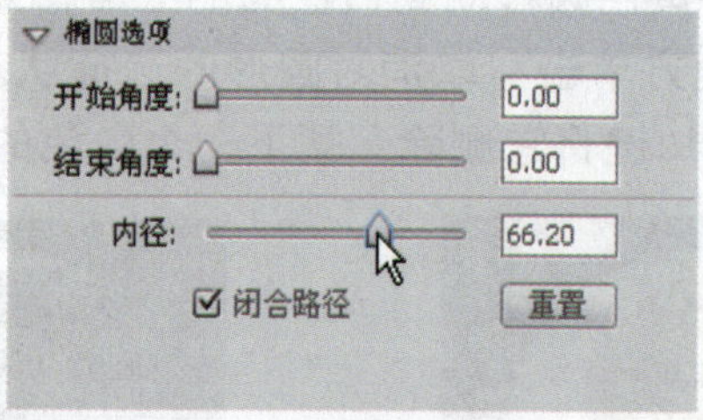

图1-24　设置内部半径

3. 绘制扇形

掌握绘制圆环的方法后，扇形的绘制也就很容易了。下面简述绘制的步骤。

（1）选择“任意椭圆工具”，在属性面板中设置“开始角度”为“10”，“结束角度”为“160”，“内部半径”为“0”，选中“闭合路径”复选框，如图1-25所示。

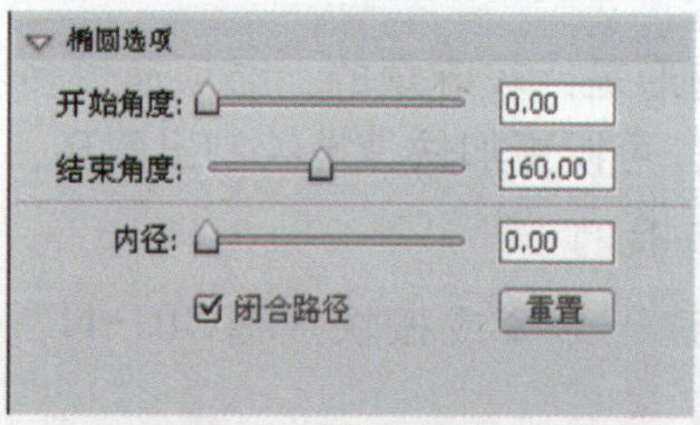

图1-25　设置参数

（2）拖动鼠标绘制出扇形，如图1-26所示。

图1-26　绘制扇形

1.5　绘制渐变色彩的图形

前面我们已经绘制了单色填充的图形，它们色彩单一，填充简单。而渐变填充色彩绘制的图形色彩丰富，设置复杂，但极富表现力，应用的范围也更广。本小节就学习渐变色彩图形的绘制方法。

渐变填充一般在“颜色”面板中进行调配，它不仅可以对线条的颜色进行调配，还可以对填充色进行调配。面板中的渐变填充有两种，线性渐变填充和放射状渐变填充。

1．线性渐变

“线性渐变”可以创建从起始点到终点沿直线的渐变，如图1-27所示，“溢出”选项用于控制超出渐变限制的颜色。它有扩展（默认模式）、镜像和重复三种模式。选中“线性RGB”复选框可以创建SVG兼容的（可伸缩的矢量图形）线性或放射状渐变。如果单击渐变定义栏或渐变定义栏的下方就可为渐变添加渐变指针。Flash CS4最多可以添加15个颜色指针，从而创建多达15种颜色转变的渐变。沿着渐变定义栏拖动指针可移动渐变指针位置。将指针向下拖离渐变定义栏可以删除它。单击颜色右上角的三角形，然后从弹出菜单中选择“添加样本”，可保存渐变色至“颜色样本”面板中。

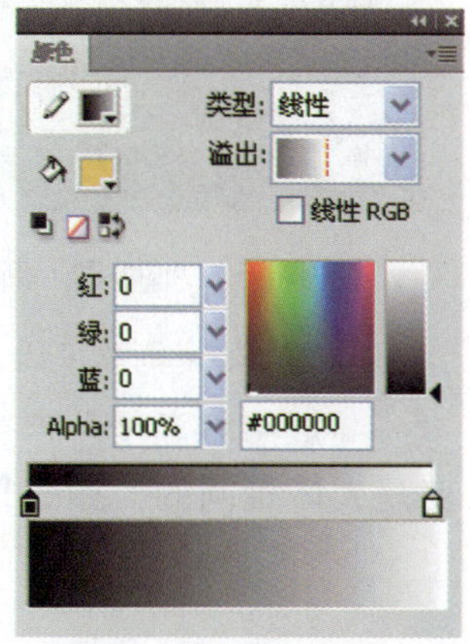

图1-27 “线性”渐变

下面制作“线性渐变”的图形，步骤如下。

（1）在创建好的新文件中，选择“矩形工具”，打开“颜色”面板，单击“类型”后面的小三角，弹出下拉列表，选择“线性”，如图1-28所示。

（2）单击渐变定义栏左边起始端的指针，在弹出的调色板中选择蓝色，同样的方法设置右边结束端的颜色为黄色，如图1-29所示。

（3）单击渐变定义栏的中间区域，增加1个渐变指针，如图1-30所示，设置渐变色为绿色 。

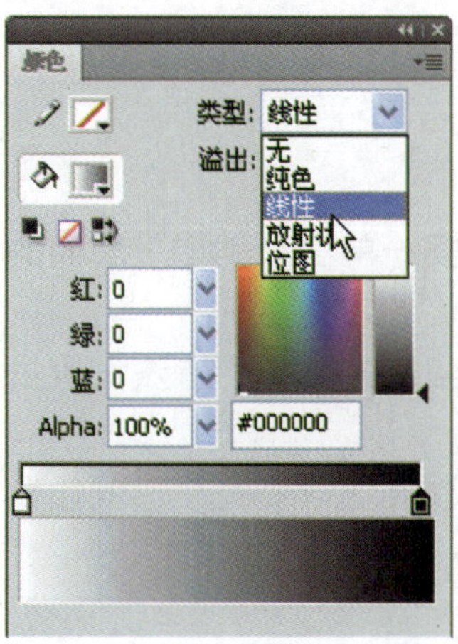

图1-28 选择“线性”渐变

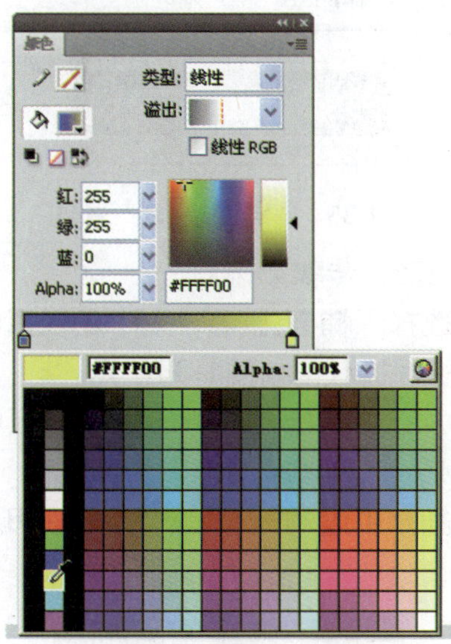

图1-29 选择渐变色

图1-30 增加渐变指针

（4）拖动鼠标在舞台中绘制一个矩形，如图1-31所示，沿直线进行线性渐变的图形就绘制完成了。

图1-31 绘制矩形

绘制好线性渐变的图形后，如果想改变填充的方向，就要用到“渐变变形工具”。它可以对已经填充好的渐变色进行修改，下面实际操作一下。

图1-32 选择渐变变形工具

第一步，单击选择工具箱中的“渐变变形工具”，如图1-32所示。

第二步，单击选择图1-32中的矩形，线性渐变上面出现两条平行的直线，其中一条上有方形和圆形的手柄，如图1-33所示。方形手柄可以缩放渐变色，圆形手柄可以旋转渐变色方向。

第三步，拖动圆形手柄旋转50度，按住方形手柄向圆心处拖拉，使渐变色缩小一些，效果如图1-34所示。

图1-33　渐变变形工具

图1-34　更改后的线性渐变

2. 放射状渐变

“放射状渐变”产生从一个中心焦点出发沿环形轨道混合的渐变，它的参数设置和线性渐变是大体相同的，如图1-35所示。

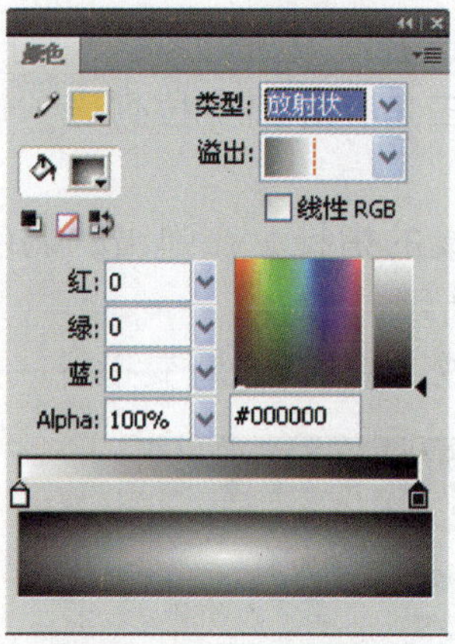

图1-35　选择“放射状”渐变

下面制作“放射状渐变”的图形，步骤如下。

(1) 在创建好的新文件中，选择“椭圆工具”，打开“颜色”面板，单击“类型”后面的小三角，弹出下拉列表，选择“放射状”，如图1-36所示。

(2) 单击渐变定义栏左边的中心点指针，在弹出的调色板中选择蓝色，同样的方法设置右边的边沿颜色为黑色，如图1-37所示。

(3) 按住Shift键拖动鼠标在舞台中绘制一个圆，如图1-38所示，放射状渐变的图形就绘制完成了。

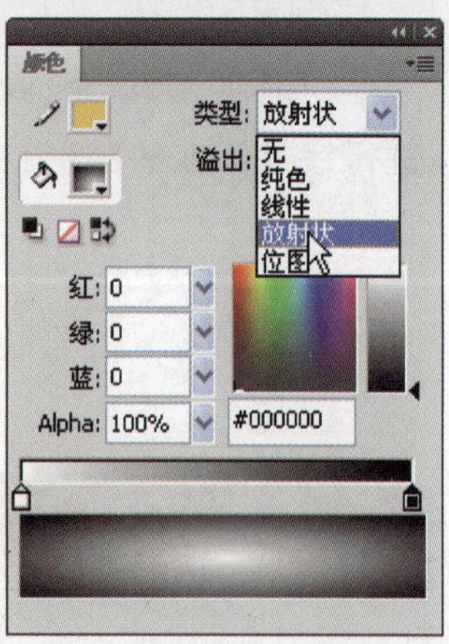

图1-36　选择“放射状”渐变

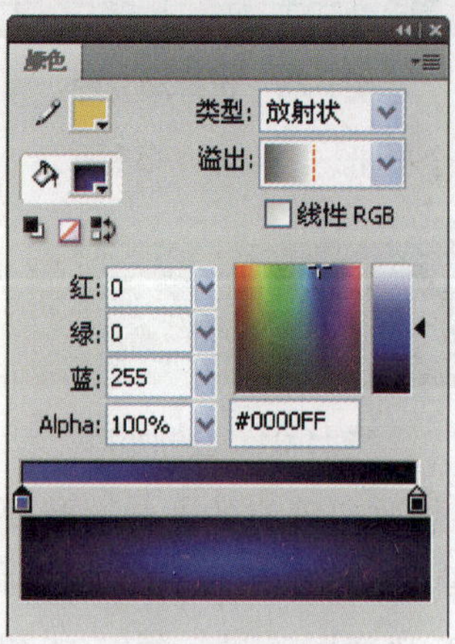

图1-37　选择渐变色

图1-38　绘制圆形

绘制好放射状渐变的图形后，同样可以使用“渐变变形工具”对渐变色进行修改，下面实际操作一下。

第一步，选择“渐变变形工具”，接着单击选择图1-38中的圆形，会出现一个带有若干编辑手柄的环形边框，如图1-39所示。当鼠标指针在这些手柄中的任何一个上面的时候，它会发生变化，显示该手柄的功能。

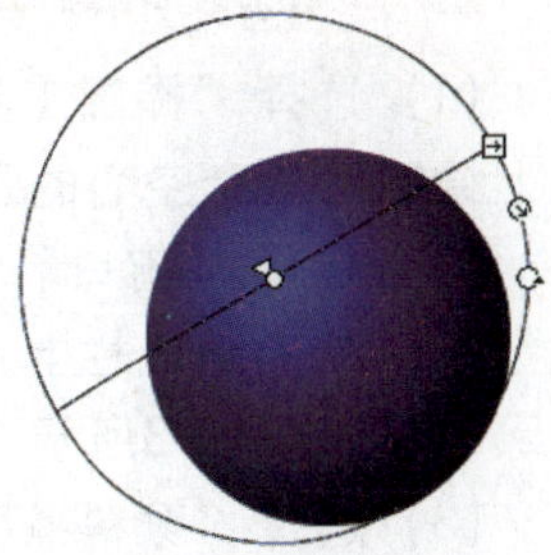

图1-39 填充变形手柄

边框中心的小圆圈是填充色的“中心点”，边框中心的小三角是“焦点”。边框上有3个编辑手柄，分别是大小、旋转和宽度。

中心点选择和移动中心点手柄可以更改渐变的中心点。中心点手柄的变换图标是一个四向箭头。

焦点选择及焦点手柄可以改变放射状渐变的焦点。仅当选择放射状渐变时，才显示焦点手柄；焦点手柄的变换图标是一个倒三角形。

大小手柄可以调整渐变的大小。大小手柄的变换图标是内部有一个箭头的圆。

旋转手柄可以调整渐变的旋转。旋转手柄的变换图标是四个圆形箭头。

宽度手柄可以调整渐变的宽度。宽度手柄的变换图标是一个双头箭头。

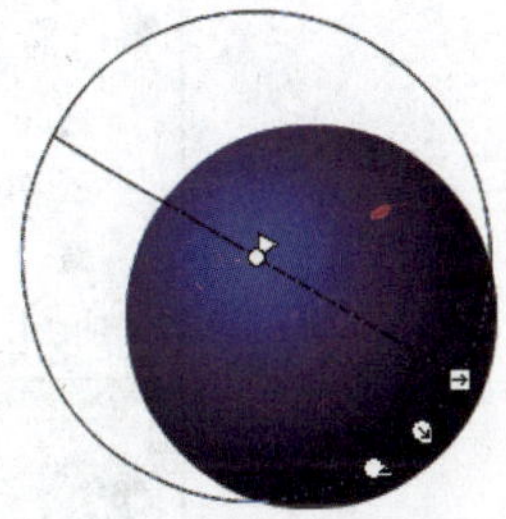

图1-40 更改后的放射状渐变

第二步，拖动圆形手柄旋转的角度，按住方形手柄向圆心处拖拉，使渐变色缩小一些，效果如图1-40所示。

1.6 绘制立体按钮图形

渐变图形运用得当可以极好地表现立体感和空间感，通过Flash CS4灵活的渐变图形绘制和填充变形手柄的调整，就能制作出形态各异的作品。

范例简介

本节制作一个网页上经常可以看到的按钮图形，晶莹剔透，效果如图1-41所示。通过这个范例的制作，学习“颜色”面板的使用方法和“渐变变形工具”的使用方法。

图1-41 按钮效果

本范例的制作流程图如图1-42所示。

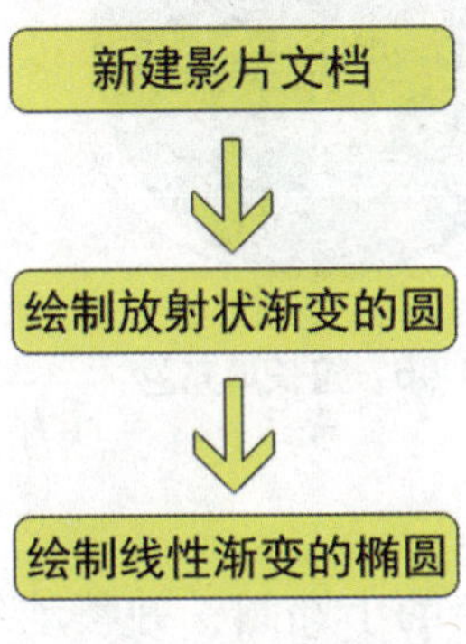

图1-42 制作流程图

制作步骤

1. 新建影片文档和设置文档属性

启动Flash CS4，选择“文件”→“新建”命令，新建一个影片文档。

2. 绘制放射状渐变的圆

（1）选择“椭圆工具”，设置笔触颜色为“黑色”，填充色为“无”。按住Shift键，在舞台上绘制出一个空心的正圆。

（2）选择“窗口”→“颜色”命令，打开“颜色”面板，在其中选择填充类型为“放射状”，在渐变定义栏上，单击左端的渐变指标，设置为浅绿色，单击右端的渐变指标，设置为深绿色，如图1-43所示。

（3）选择“颜料桶工具”，单击圆的中心略偏下的地方，将刚设置的渐变色填充到圆中，成为按钮下方的高光色，如图1-44所示。

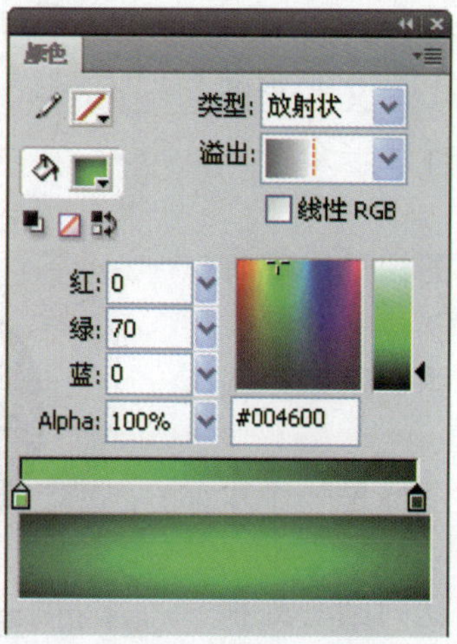

图1-43 “颜色“面板

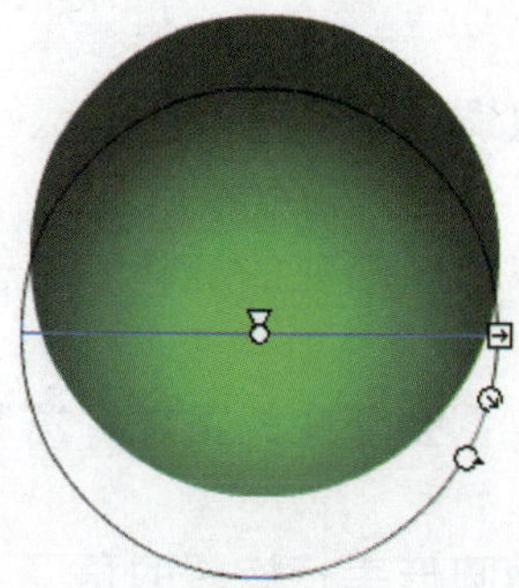

图1-44 放射状渐变填充的圆

（4）使用“选择工具”，单击圆的外边框，将其选中，按键盘上的Delete键，将它删除。现在的高光色太圆太大，我们使用“渐变变形工具”对其进行调整。

（5）选择“渐变变形工具”，单击图形，出现填充变形手柄，如图1-45所示。向圆心处拖拉“大小”手柄，使中间高光色缩小一些。

再按住“宽度”手柄向外拉，使高光色变得扁一点，如图1-46所示。

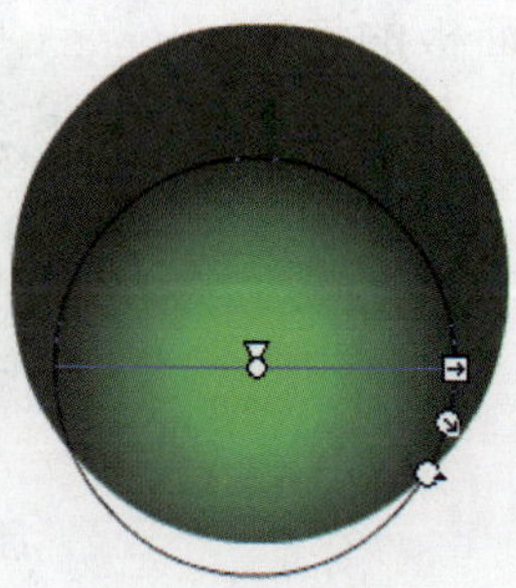

图1-45 收缩填充色

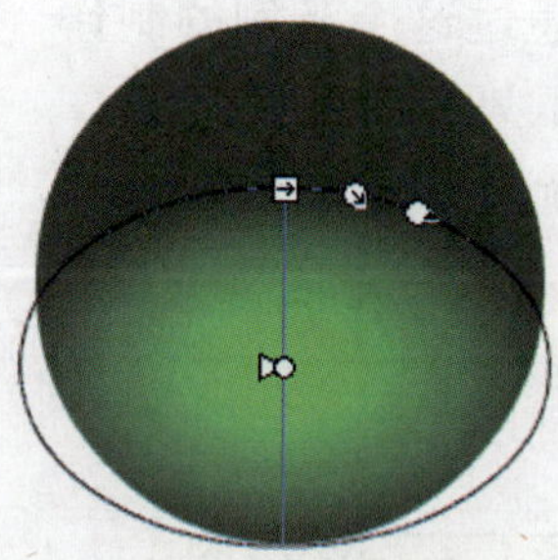

图1-46 拉长填充色

3. 绘制线性渐变的椭圆

（1）使用“椭圆工具”绘制出一个黑色边框、无填充色的小椭圆，并移动到如图1-47所示的位置。

（2）在颜色面板中选择“线性”渐变，设置左边色标为“白色”，右边色块为“白色”，为了更好地和正圆的颜色相融合，我们把右边颜色指针的“Alpha”值设为0%，如图1-48所示。

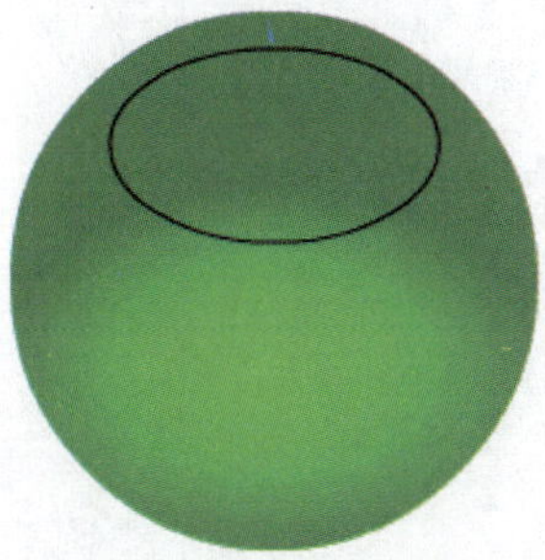

图1-47 绘制出一个椭圆

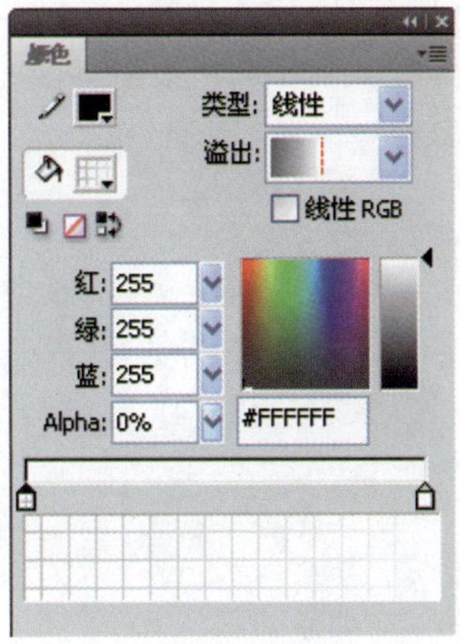

图1-48 填充色设置

为椭圆填充渐变色，删除椭圆的轮廓线。

（3）选择“渐变变形工具”，单击椭圆图形，拖动小圆圈中心手柄，顺时针旋转手柄90度，按住方形手柄向圆心处拖拉，使渐变色缩小一些。再拖动中心点，向上略提一点，如图1-49所示。

图1-49 旋转线性渐变色

至此，按钮图形就制作完成了。

第2章　导引线动画设计原理及技巧

2.1　创建运动引导层概念

创建运动引导层，用来控制运动补间动画中对象的移动情况。运动引导层可以绘制路径，补间实例、组或文本块，绘制出的补间实例，组成文本块可以沿着路径运动。可以将多个层链接到一个运动引导层，使多个对象沿同一条路径运动。链接到运动引导层的常规层就成为引导层。

绘制运动引导层路径必须使用“钢笔”、“铅笔”、“直线”、“圆形”、“矩形”或“刷子”等绘制工具。

注意　将一个常规图层拖到引导层上就会将该引导层转换为运动引导层。为了防止意外转换引导层，可以将所有的引导层放在图层顺序的底部。

2.2　创建运动引导层的设置方法

（1）新建Flash 场景文档，选择“插入”→“新建元件”按钮，如图2-1所示。

（2）在弹出的对话框中输入“球”，并选择元件类型为“图形”模式，单击确定。

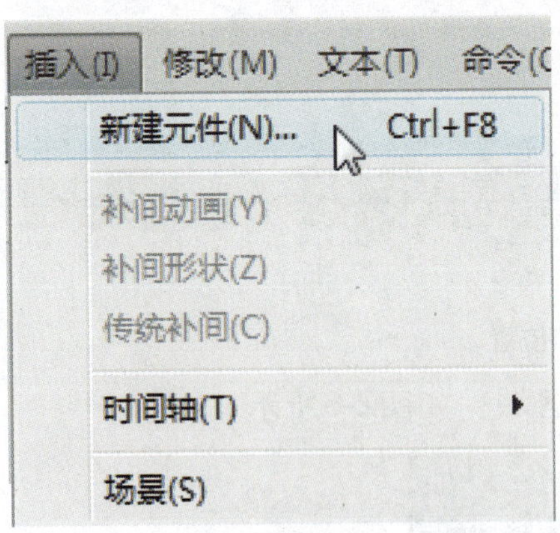

图2-1　新建元件

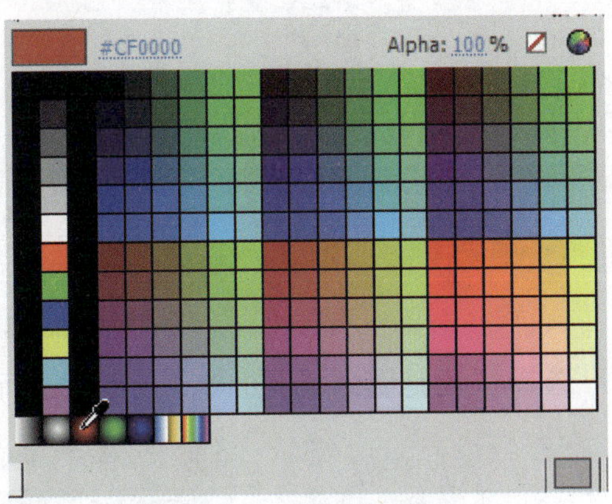

图2-2　设置颜色为渐变色

（3）在新建元件的舞台上绘制一个圆，在绘制之前首先在工具栏中设置颜色为渐变色，如图2-2所示。

（4）默认铅笔线设置为无色，如图2-3所示。

（5）选择工具栏里的圆形工具，如图2-4所示。

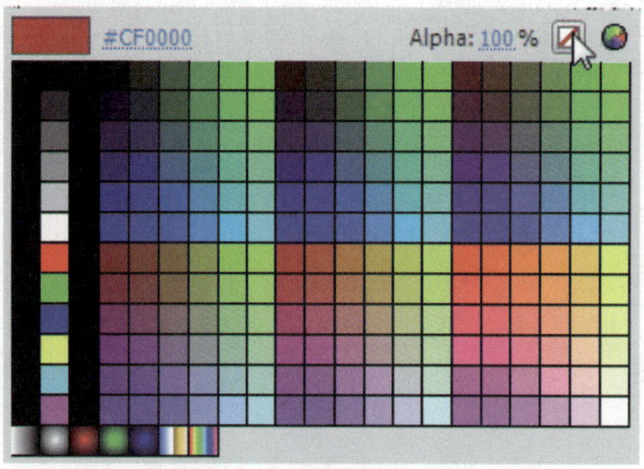

图2-3 铅笔线设置为无色

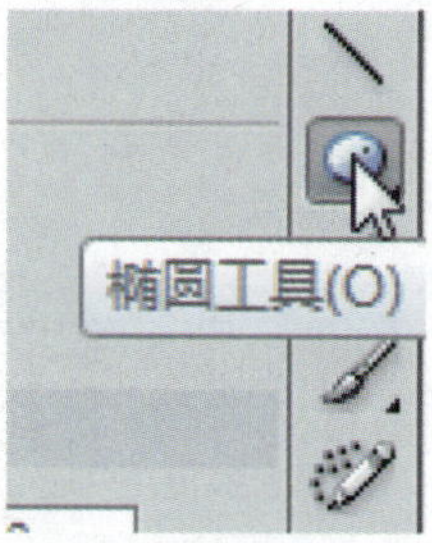

图2-4圆形工具

（6）选择“椭圆工具”，按住“Shift+鼠标左键”拖曳出圆形，绘制到元件中心点位置，如图2-5所示。

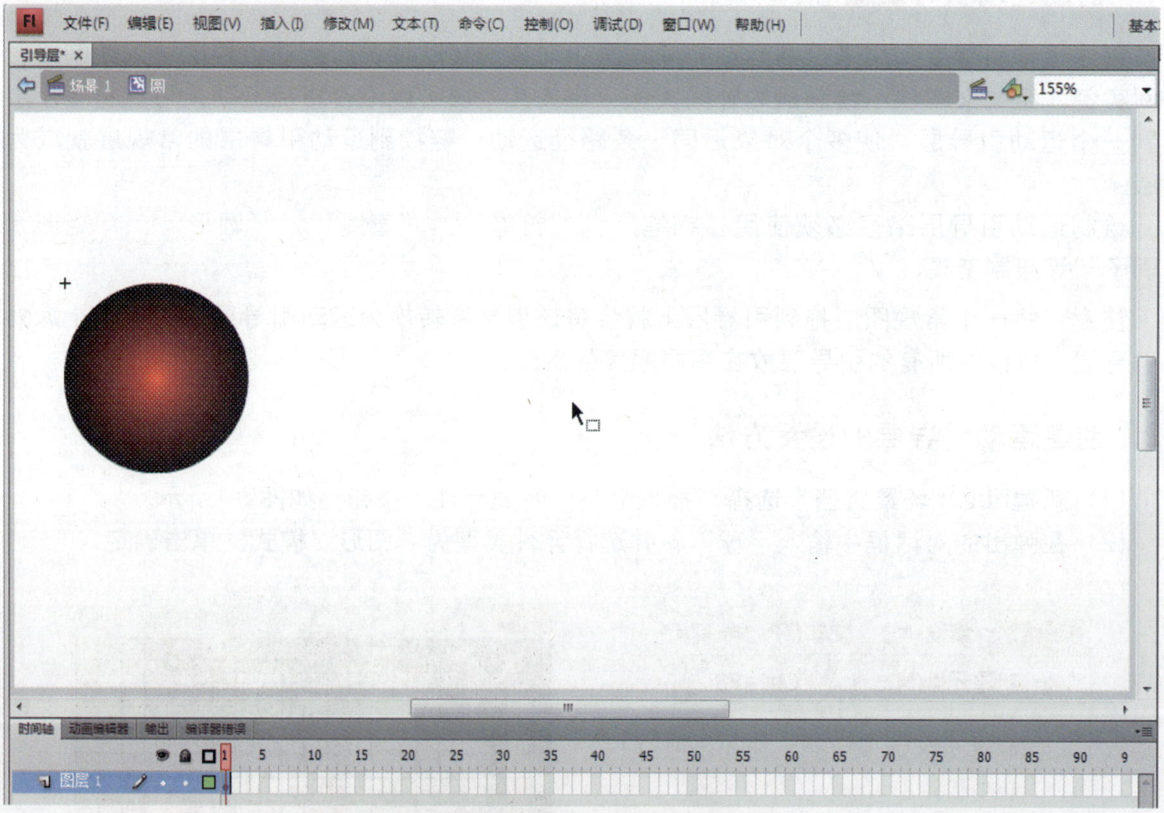

图2-5绘制到元件中心点位置

（7）选择快捷键回到场景1中，或者双击元件空白区域，如图2-6所示。

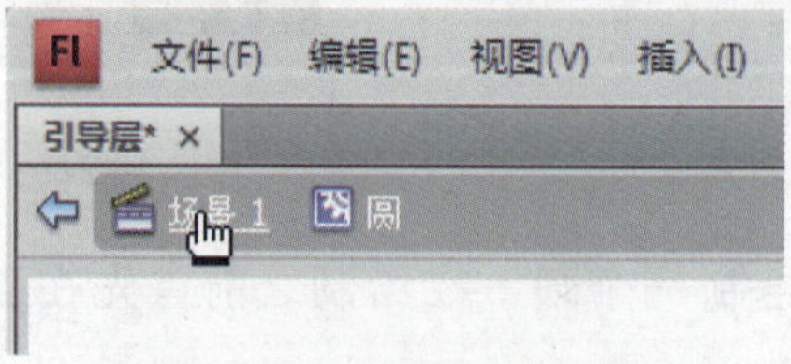

图2-6 选择快捷键回到场景1中

（8）选择“库”中球形元件，拖曳到场景1中舞台的左侧，如图2-7所示。

（9）在第50帧处右键选择“插入关键帧”选项，如图2-8所示。

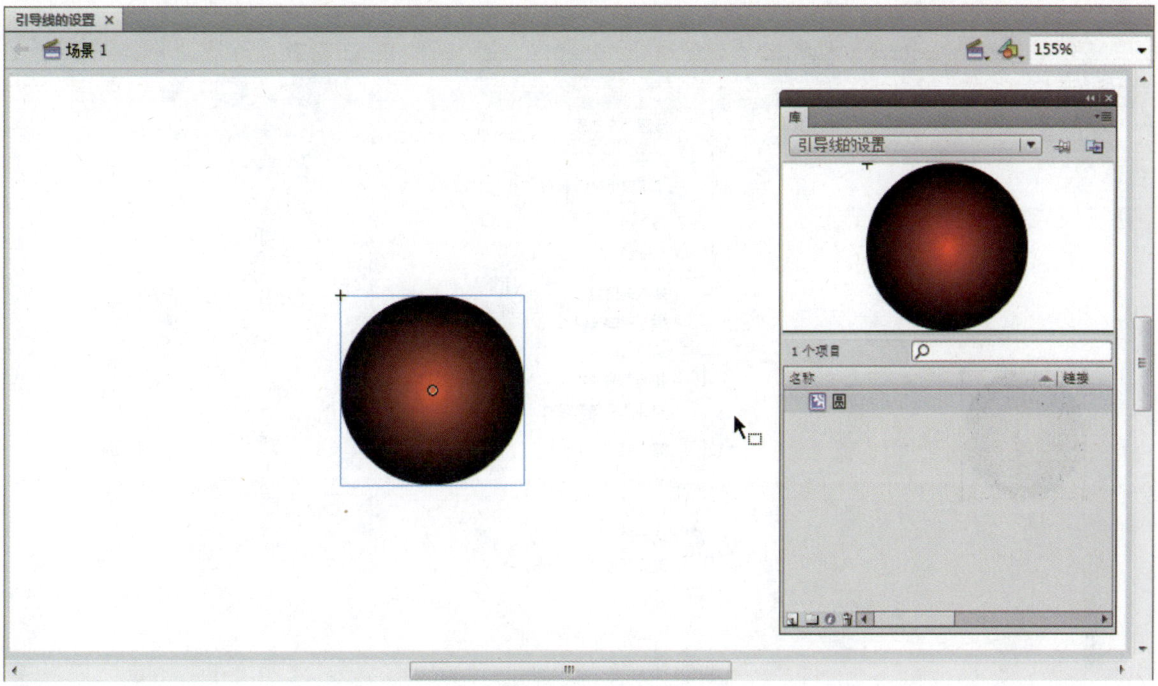

图2-7　拖曳到场景1中舞台上

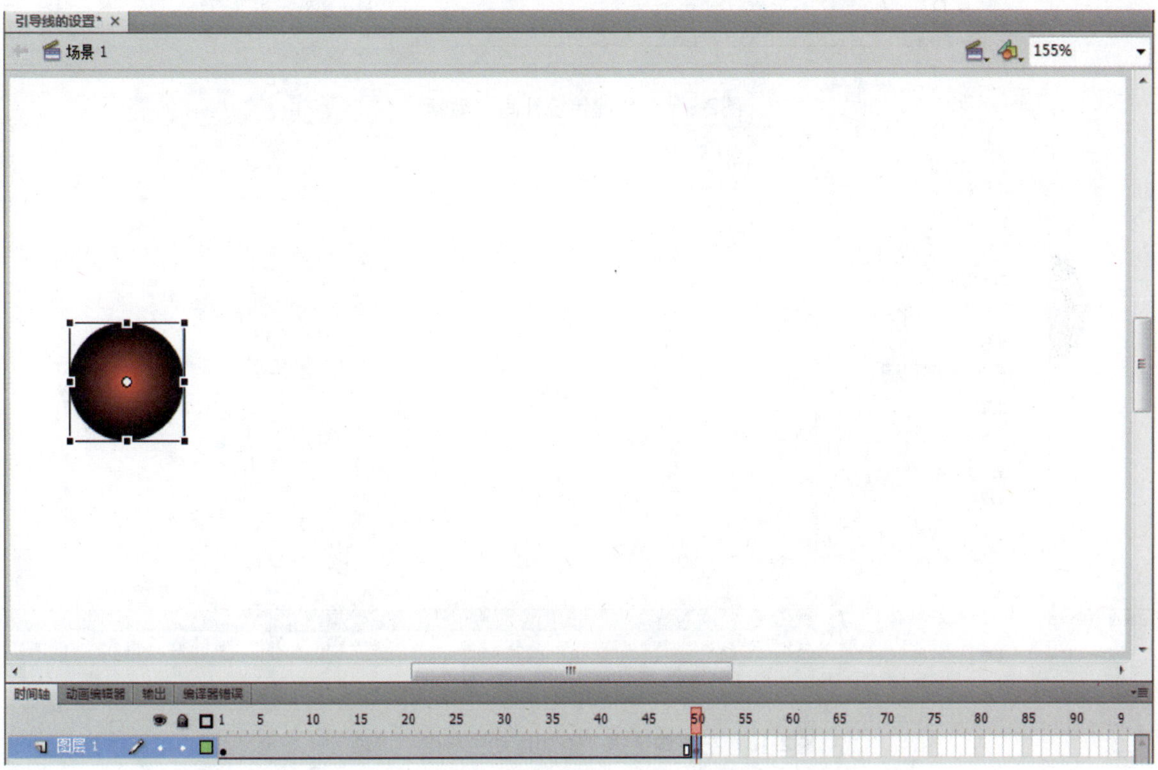

图2-8　在第50帧处右键选择“插入关键帧”选项

（10）在第1帧到第50帧之间“创建传统补间”动画。

（11）在第1～50帧之间的任何一帧，右键选择“创建传统补间”选项（创建传统补间动画是选择元件之间创建动画，如果绘制的是形状，就要选择创建补间形状），如图2-9所示。

（12）在时间轴中右键选择“添加运动引导层”选项，如图2-10所示。

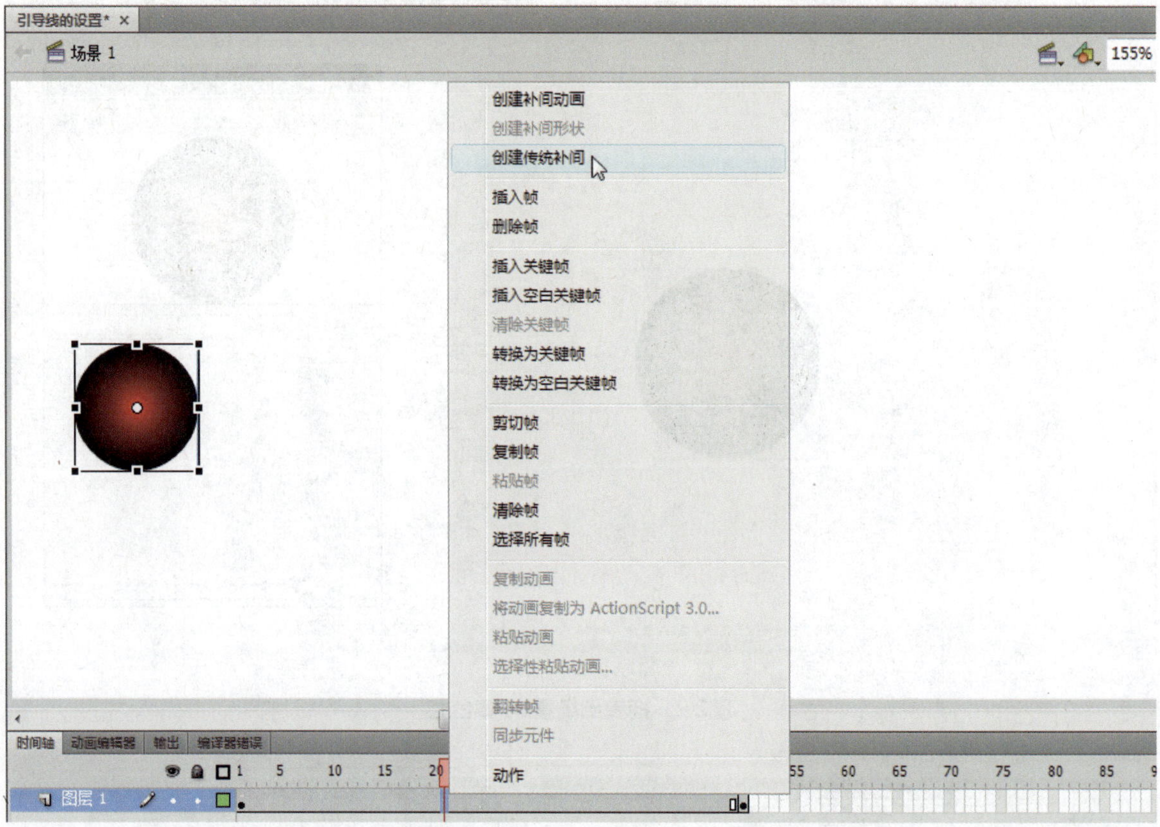

图2-9 “创建传统补间” 动画

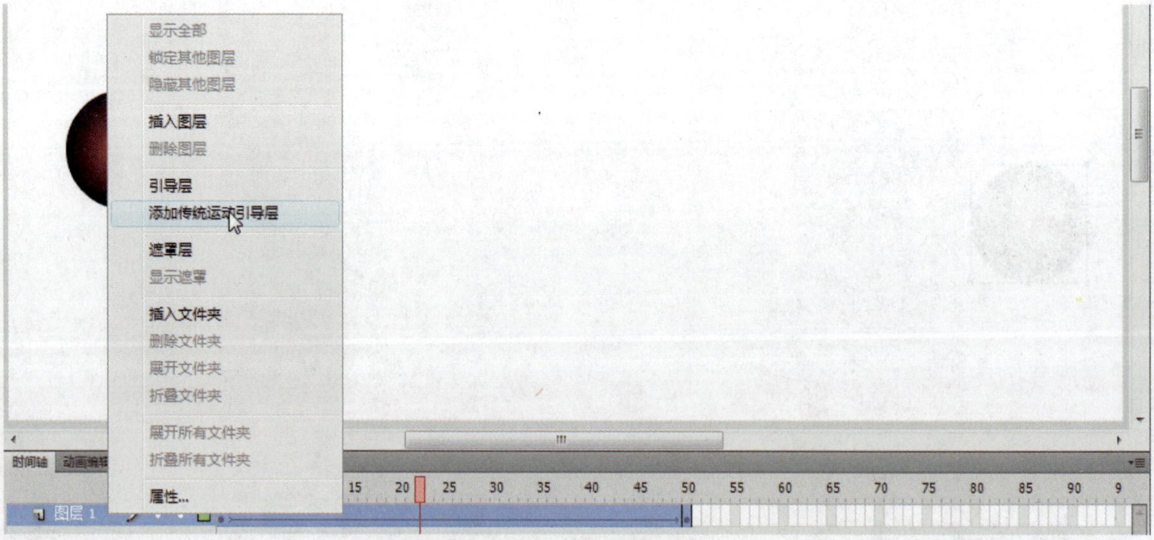

图2-10 左下角选择“添加运动引导层”选项

图2-11 选择“铅笔工具”

（13）在新建“运动引导层”上，绘制运动路径（绘制运动引导层路径必须使用“钢笔”、“铅笔”、“直线”、“圆形”、“矩形”或“刷子”等绘制工具，如图2-11所示。

（14）选择工具栏中“铅笔工具”，在引导层上绘制出一条曲线，元件球会自动吸附到引导线上面去，如2-12所示。

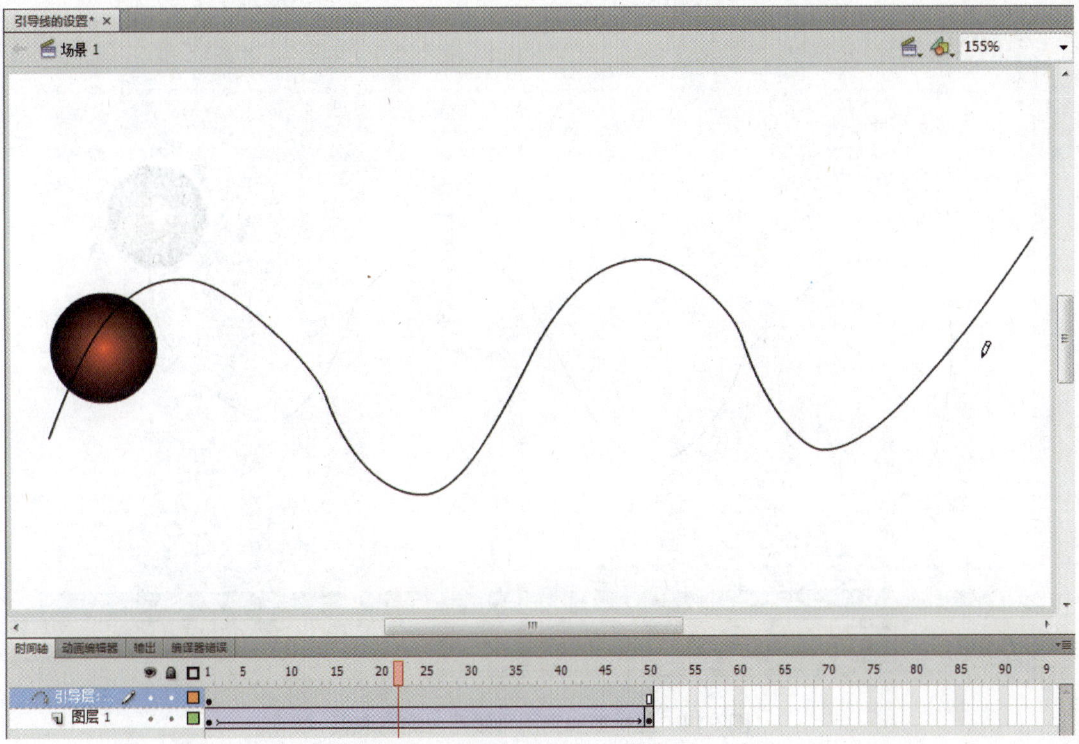

图2-12 在引导层上绘制出一条曲线

（15）选择第1帧和最后1帧进行调整，在时间轴的图层1上，在第1帧被激活的状态下，用鼠标拖曳到引导线左边的起始点，如图2-13所示。

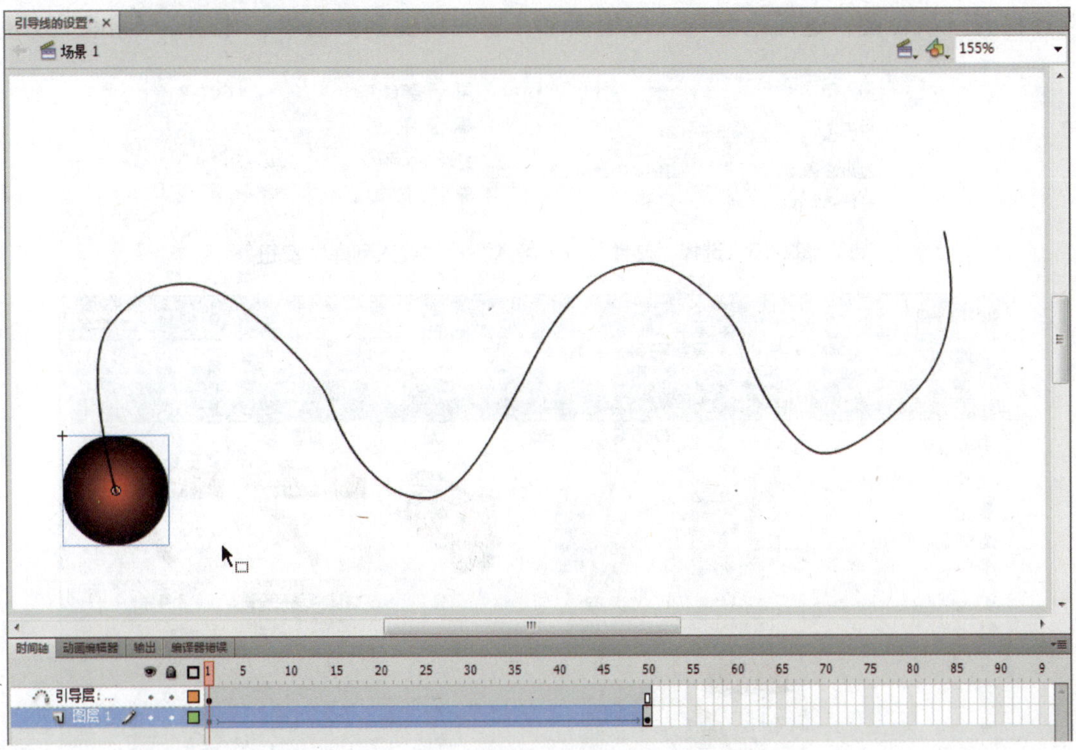

图2-13 拖曳到引导线左边的起始点

（16）在第50帧被激活的状态下，用鼠标拖曳到引导线右边的结束点，选择“控制”→“测试影片”选项测试画面效果，如图2-14所示。

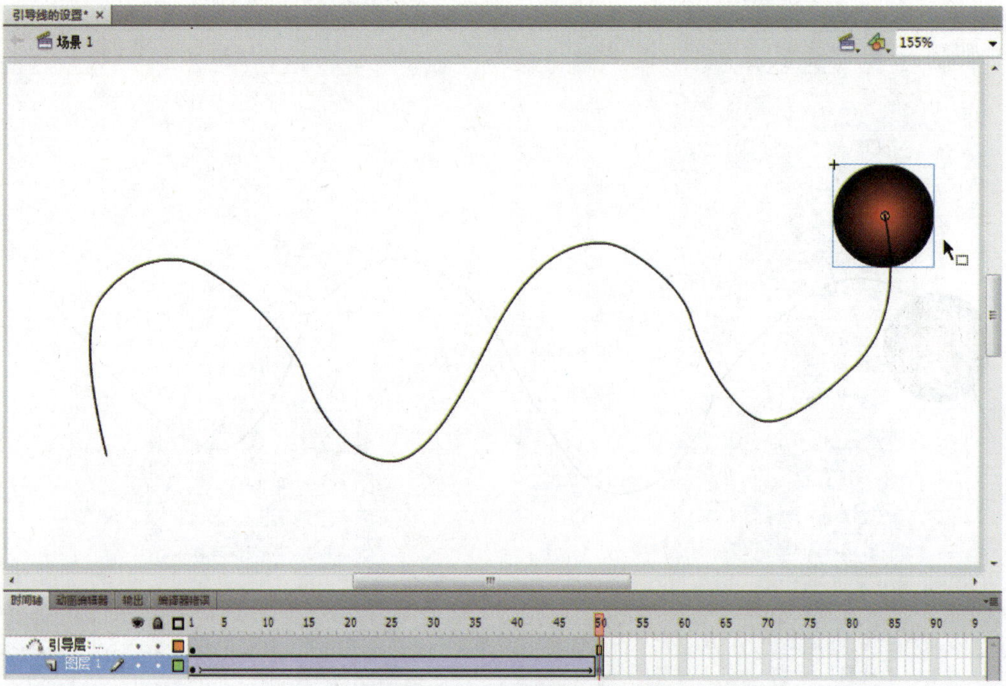

图2-14　鼠标拖曳到引导线右边的结束点

2.3　飞机动画运动路径设置

（1）新建Flash场景文档，首先导入一张位图飞机。

（2）选择"文件"→"导入"→"导入到库"按钮，在弹出的对话框中选择要导入的位图飞机，选择打开飞机位图，这时已经导入库里面了，将图拖曳到舞台中，如图2-15和图2-16所示。

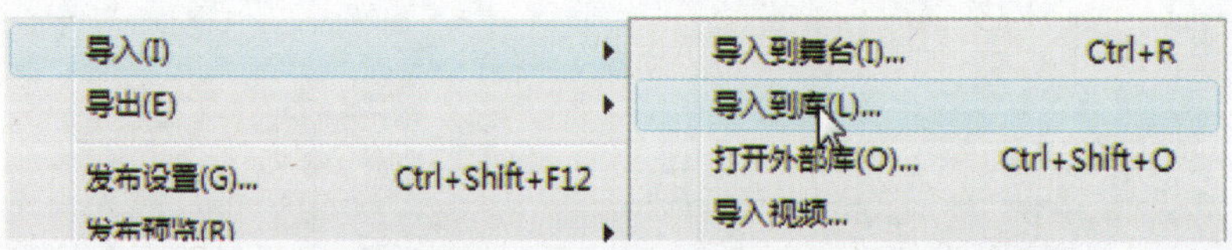

图2-15　选择"文件"→"导入"→"导入到库"按钮

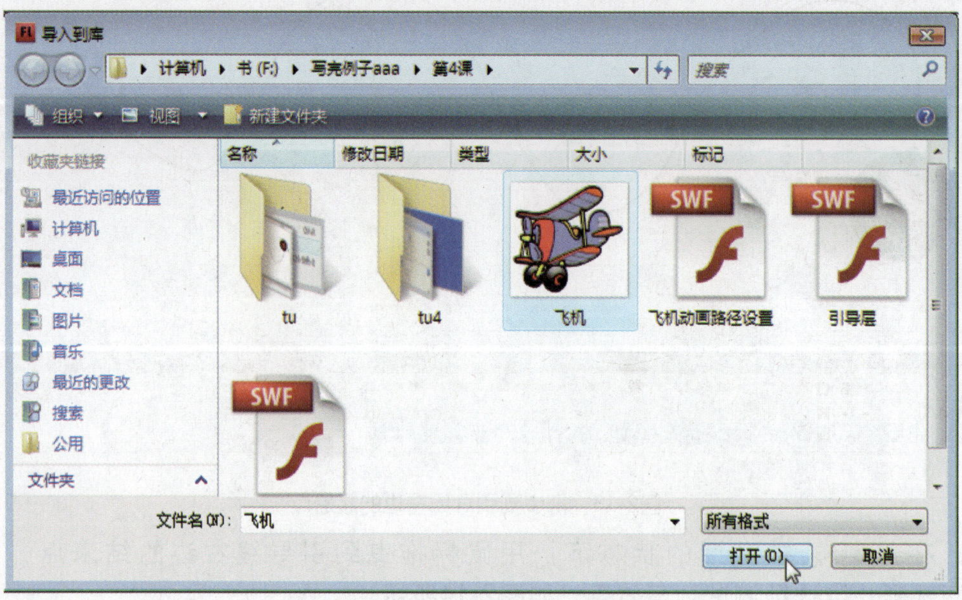

图2-16　选择要导入的位图飞机

（3）将导入的位图转化为矢量图，在舞台中位图“飞机”被选中状态下，选择“修改”→“位图”→“转换位图为矢量图”按钮，在弹出的对话框中选择默认值就可以，单击“确定”完成转换，如图2-17和图2-18所示。

图2-17　选择“修改”→“位图”→“转换位图为矢量图”按钮

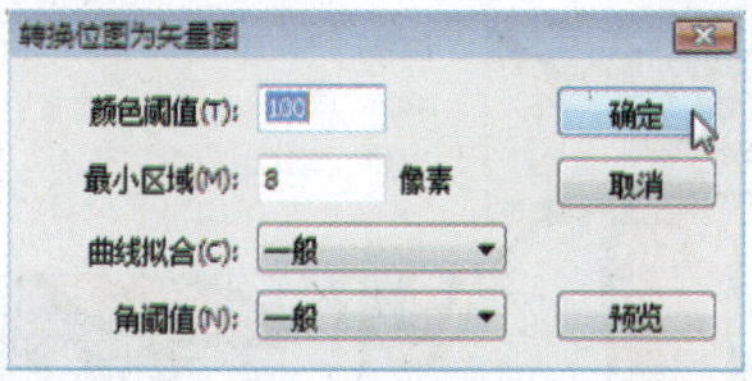

图2-18　在弹出的对话框中选择默认值

（4）删除已经转化好的矢量图形上的白色，如图2-19所示。

（5）选择“飞机”矢量图形，在飞机被全部选中的状态下，点击右键，选择“转化为元件”按钮，如图2-20所示。

图2-19　删除已经转化好的矢量图形上的白色

图2-20　选择“转化为元件”按钮

（6）在弹出的“转化为元件”对话框中输入“飞机”名称，将类型设置为“图形”模式，单击确定按钮，如图2-21所示。

（7）将图层1元件“飞机”移动到舞台的右下角，如图2-22所示。

图2-21　设置“图形”模式

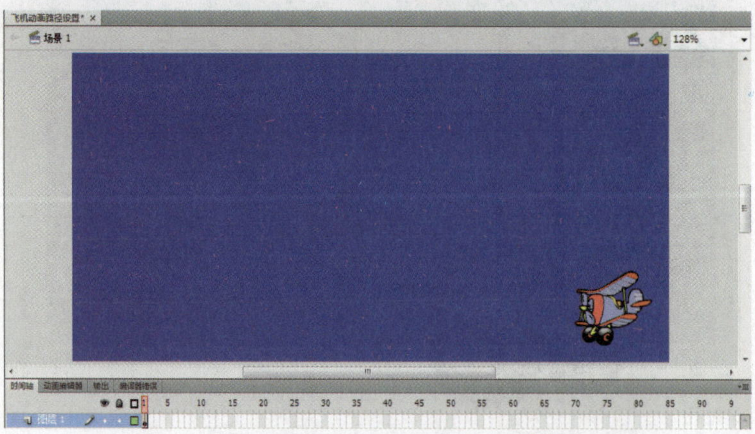

图2-22　将图层1元件“飞机”移动到舞台的右下角

（8）在第60帧处插入关键帧，在第60帧处点击右键，选择“插入关键帧”按钮，如图2-23所示。

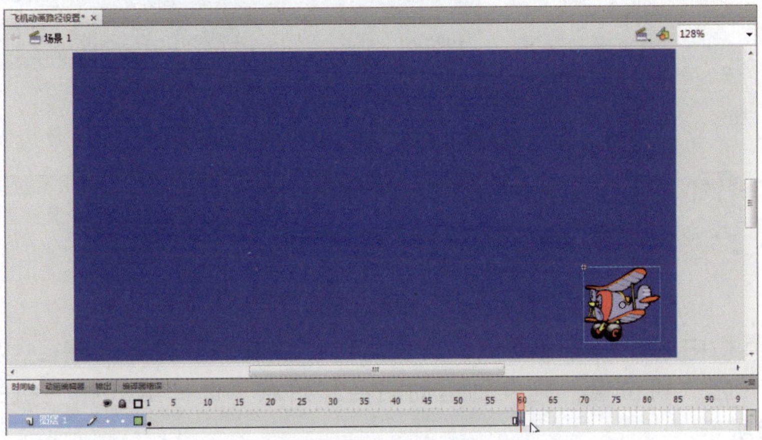

图2-23 选择“插入关键帧”按钮

（9）在第1帧到第50帧之间创建传统补间动画，选择第1帧到第50帧之间的任何一帧，点击右键，选择“创建传统补间”按钮，如图2-24所示。

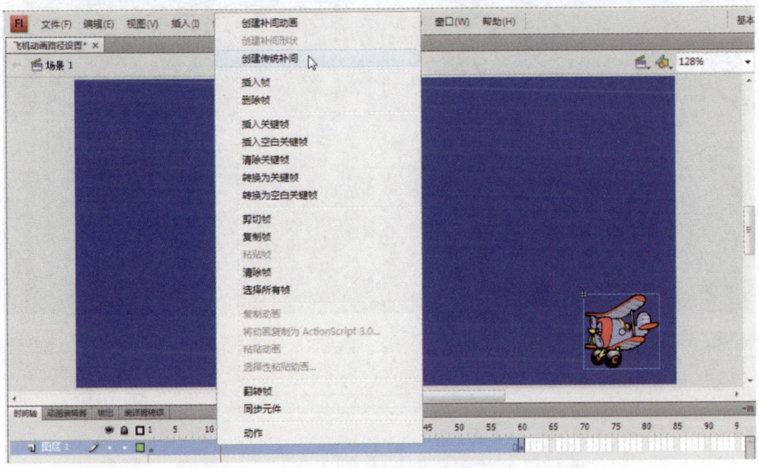

图2-24 选择“创建传统补间”按钮

（10）选择最后一帧“飞机”元件，移动到舞台中左上角；如图2-25所示。

（11）在时间轴上添加运动引导层，选择图层1，点击右键，选择“添加运动引导层”按钮，如图2-26所示。

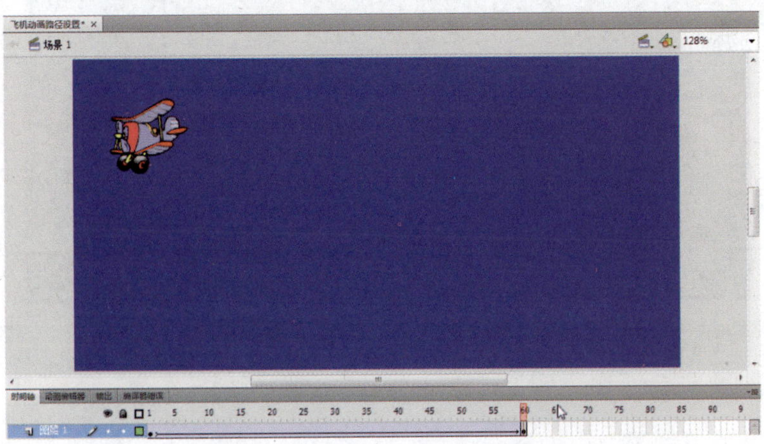

图2-25 选择最后一帧“飞机”元件，移动到舞台中左上角

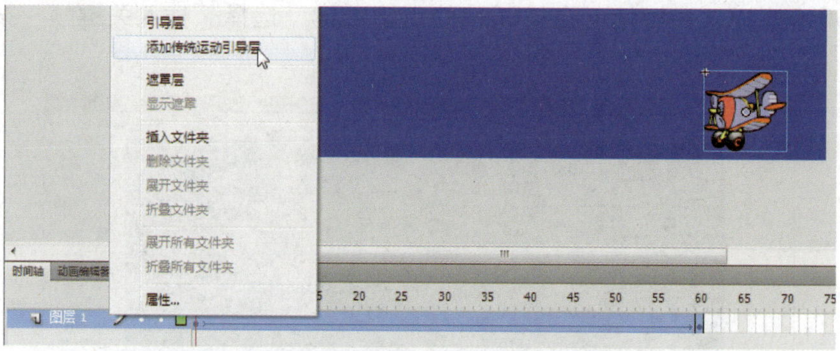

图2-26　选择“添加运动引导层”按钮

（12）选择工具栏中的“铅笔工具”，在引导层上绘制出飞机运动路径，如图2-27所示。

（13）选择第一帧飞机位置，拖曳到运动路径起始点，选择第60帧飞机的位置，拖曳到路径终点，如图2-28所示。

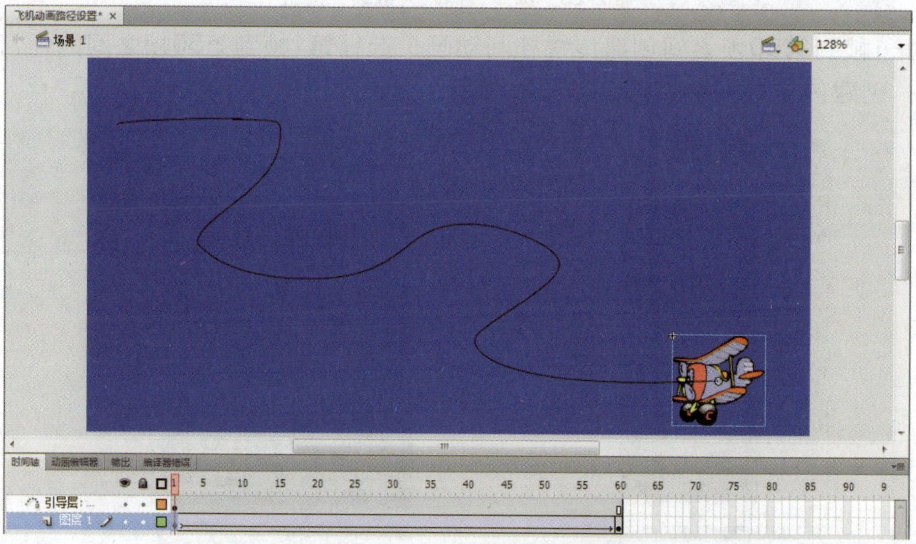

图2-27　在引导层上绘制出飞机运动路径

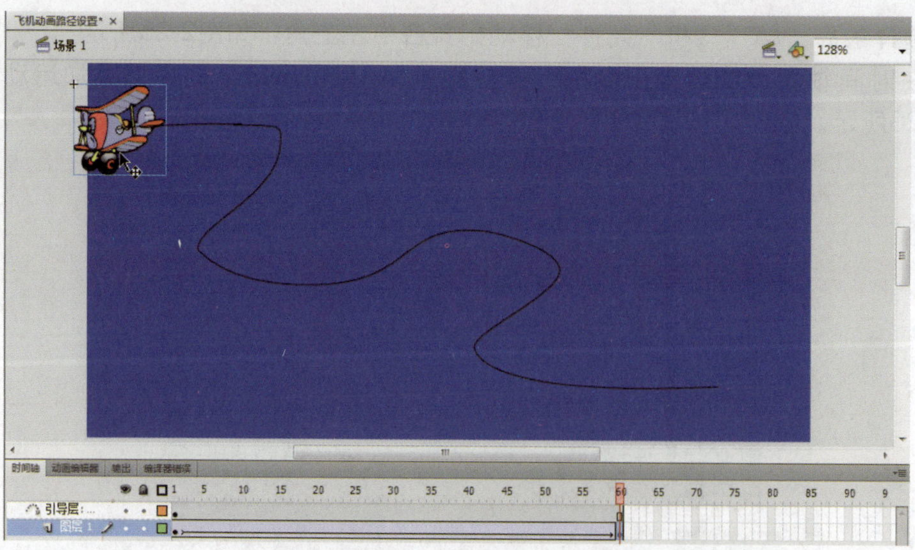

图2-28　选择第60帧飞机的位置，拖曳到路径终点

（14）最后，使飞机运动路径跟路径一个方向运动。

（15）在图层1的第1帧到第60帧之间任何一帧被激活状态下，打开属性栏，选择“调整到路径”，完成飞机运动路径动画，如图2-29所示。

（16）选择“控制”→“测试影片”选项，测试影片效果，如图2-30所示。

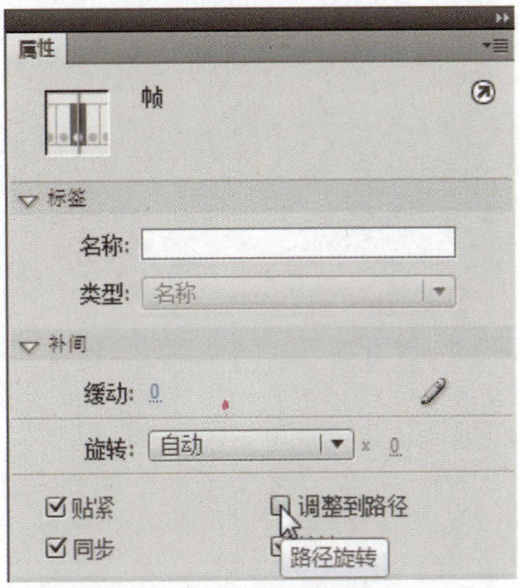

图2-29 选择“调整到路径”

图2-30 测试影片效果

第3章　遮罩层动画

在Flash作品中，常常可以看到很多眩目神奇的效果，例如水波、万花筒、百叶窗、放大镜等动画效果，其中不少就是用遮罩动画完成的。

那么，遮罩动画如何能产生这些特效呢？在本章，我们除了给大家介绍遮罩动画的基本知识外，还要结合实际范例讲解遮罩动画的制作方法和技巧。

3.1　遮罩动画的制作方法

遮罩动画的原理是，在舞台前增加一个类似于电影镜头的对象。这个对象不仅仅局限于圆形，可以是任意形状。将来导出的影片，只显示电影镜头“拍摄”出来的对象，不再显示其他不在电影镜头区域内的舞台对象。

遮罩效果的获得一般需要两个图层，这两个图层是被遮罩的图层和指定遮罩区域的遮罩图层。实际上，遮罩图层是可以应用于多个图层的。

遮罩图层和被遮罩图层只有在锁定状态下，才能够在工作区中显示出遮罩效果。解除锁定后的图层在工作区中是看不到遮罩效果的。

下面通过具体的操作来讲解遮罩动画的制作方法。

（1）新建一个Flash CS4影片文档，保持文档属性的默认设置。

（2）导入一个外部图像到舞台上。

（3）新建一个图层，在这个图层上用“多角星工具”绘制一个五角星（无边框，任意色）。我们计划将这个圆当做遮罩动画中的电影镜头对象。

现在，影片有两个图层，“图层1”上放置的是导入的图像，“图层2”上放置的是五角星（计划用做电影镜头对象），如图3-1所示。

图3-1　舞台效果

（4）下面来定义遮罩动画效果。右击“图层2”，在弹出的快捷菜单中选择“遮罩层”命令，这时图层结构发生了变化，如图3-2所示。

我们注意观察一下图层和舞台的变化。

“图层1”：图层的图标改变了，从普通图层变成了被遮罩层（被拍摄图层），并且图层缩进，图层被自动加锁。

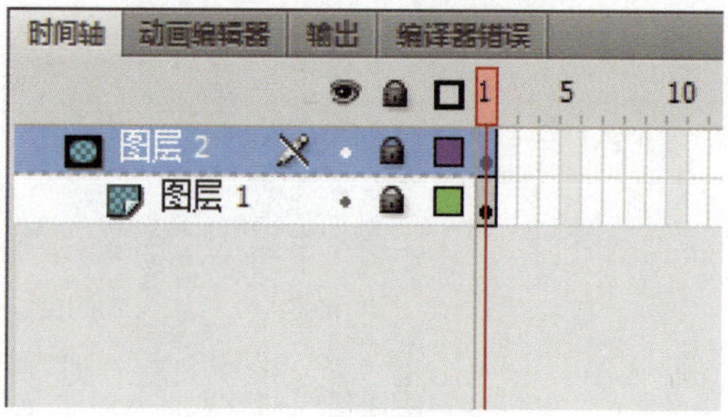

图3-2　遮罩图层结构

图3-3　定义遮罩后的舞台效果

“图层2”：图层的图标改变了，从普通图层变成了遮罩层（放置拍摄镜头的图层），并且图层被加锁。

舞台显示也发生了变化：只显示电影镜头“拍摄”出来的对象，其他不在电影镜头区域内的舞台对象都没有显示。如图3-3所示。

（5）按下Ctrl+Enter键测试影片，观察动画效果，可以看到只显示了电影镜头区域内的图像。

（6）下面我们改变一下镜头的形状。在“图层1”的第15帧按F5键添加一个普通帧，将“图层2”解锁。在“图层2”的第15帧按F6键添加一个关键帧，将“图层2”的第15帧上的五角星放大尺寸。定义从第1帧到第15帧的补间形状。图层结构如图3-4所示。

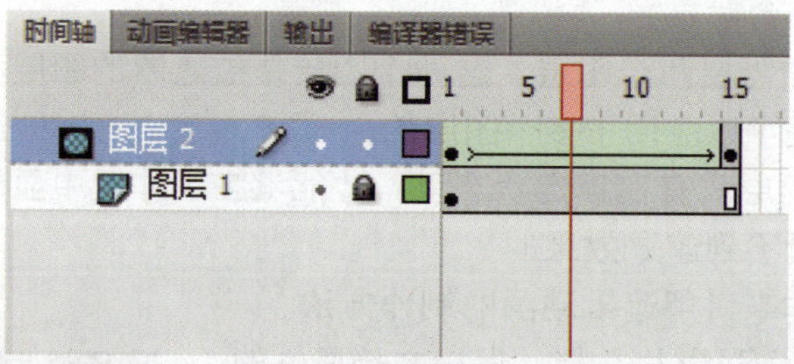

图3-4　图层结构

（7）按下Ctrl+Enter键测试影片，观察动画效果。可以看到只显示了电影镜头区域内的图像，并且随着电影镜头（五角星）的逐渐变大，显示出来的图像区域也越来越多。

（8）下面我们改变一下镜头的位置。将“图层1”上的圆放置在舞台左侧，将“图层2”的第15帧上的圆的大小恢复到原来的尺寸，并放置在舞台的右侧。

（9）按下Ctrl+Enter键测试影片，观察动画效果。可以看到随着电影镜头的位置移动，显示出来的图像内容也发生了变化，好像一个探照灯产生的效果。

根据上面的操作，可以得出这样的结论，在遮罩动画中，可以定义遮罩层中电影镜头对象的变化（尺寸变化动画、位置变化动画、形状变化动画等），最终显示的遮罩动画效果也会随着电影镜头的变化而变化。

其实除了可以设计遮罩层中的电影镜头对象变化，还可以让被遮罩层中的对象进行变化，甚至可以是遮罩层和被遮罩层同时变化。这样可以设计出更加丰富多彩的遮罩动画效果。

3.2　遮罩层动画实例

这一节主要讲述遮照层的基本操作及设计原理：包括遮照层的运动动画及被遮照层的运动

动画两种运动的方式；首先讲述遮照层的运动动画。

1．创建新元件

打开新建Flash文档，选择“插入”菜单下的新建元件，在弹出的“创建新元件”对话框中输入“圆”，单击确定按钮。这时舞台中会自动弹出我们所创建的元件“圆”绘制区域，选择工具栏中的“椭圆工具”，同时按住Shift+Alt键绘制中心圆，如图3-5和图3-6所示。

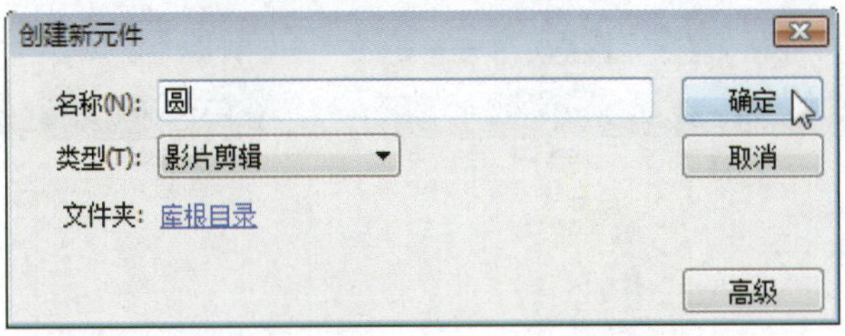

图3-5 在弹出的“创建新元件”对话框中输入“圆”

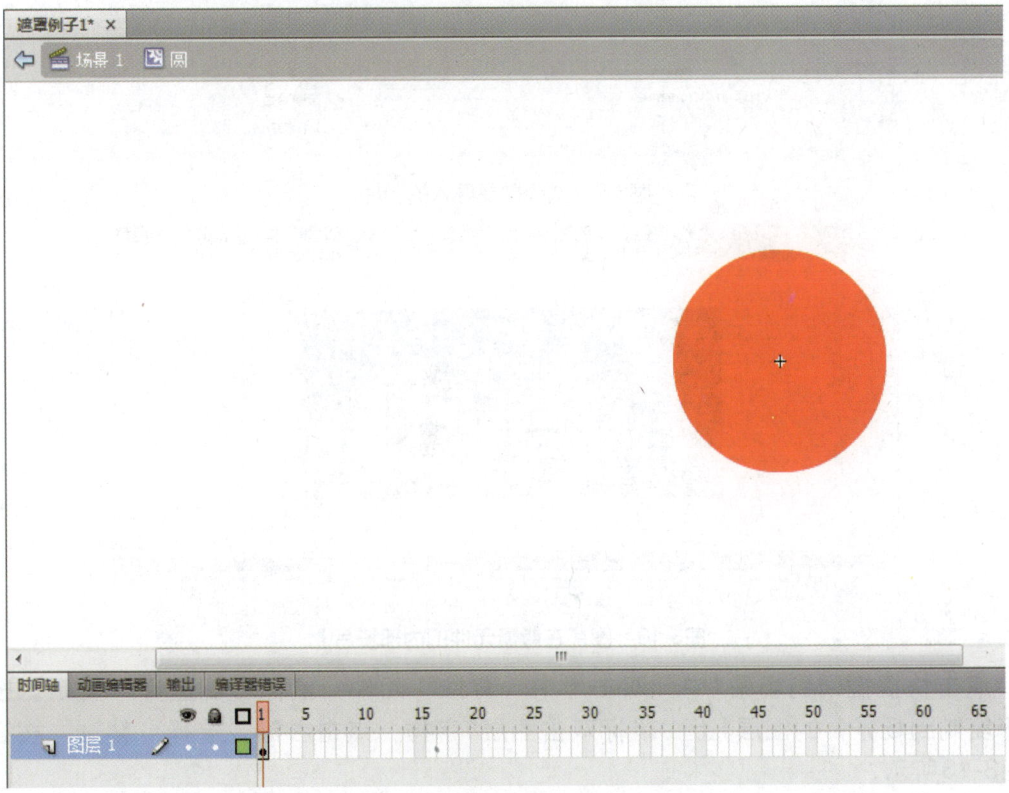

图3-6 按住Shift+Alt键绘制中心圆

2．创建背景元件

选择“插入”菜单下的“新建元件”，在弹出的“创建新元件”对话框中输入“背景”，单击确定按钮，这时舞台中会自动弹出我们所创建的背景元件绘制区域，如图3-7所示。

3．导入图片

（1）在“文件”菜单下的“导入”选项中选择“导入到舞台”按钮，在弹出的“导入”对话框中选择需要导入的图片，单击打开按钮，那么图片被导入到背景元件内部舞台上了，如图3-8至图3-10所示。

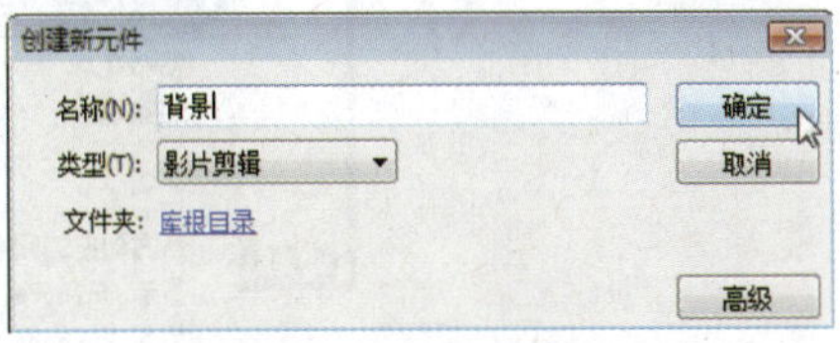

图3-7 创建新元件

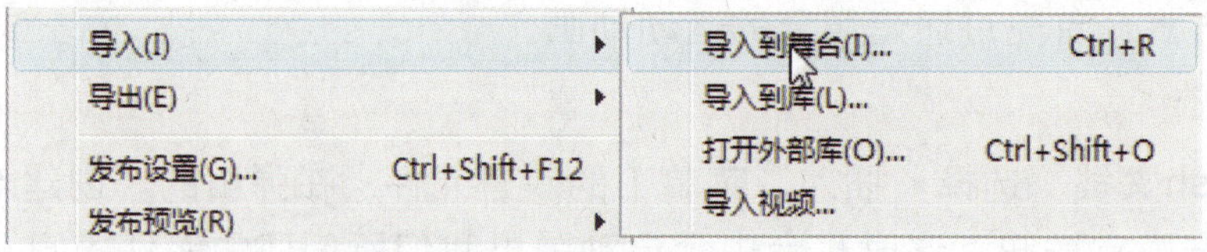

图3-8　选择导入到舞台

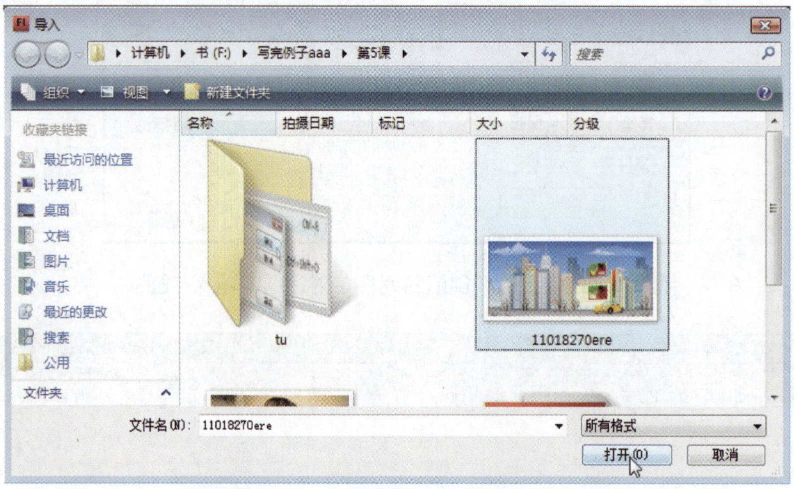

图3-9　选择需要导入的图片

图3-10　图片在背景元件的内部舞台上

（2）点击快捷键回到场景1中，双击库中“背景”元件，鼠标右键选择“复制”按钮，将名称快速复制到场景1 的图层1上，鼠标双击图层1字样，点击右键，选择“粘贴”按钮，如图3-11至图3-13所示。

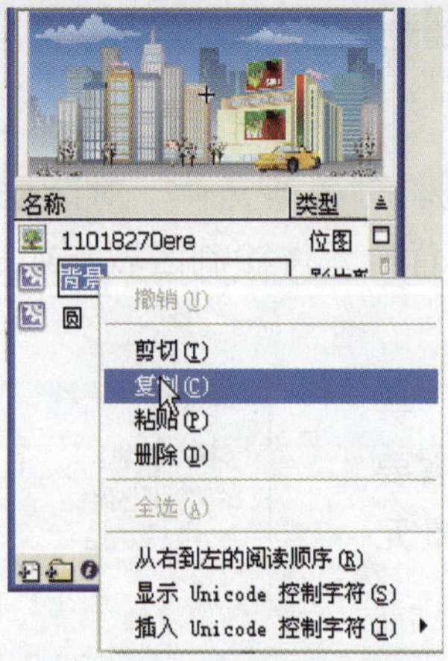

图3-11　选择“复制”按钮

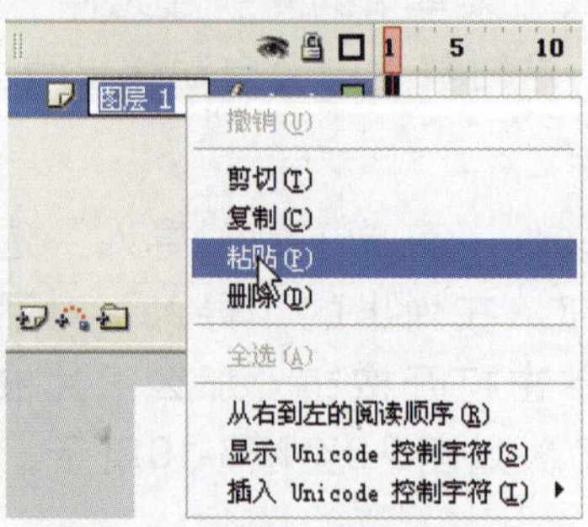

图3-12　选择“粘贴”按钮

（3）用鼠标将库中元件“背景”拖曳到场景1的背景层上，然后在舞台中元件再次被激活的状态下，打开属性栏，将x值和y值都设置为0，如图3-14所示。

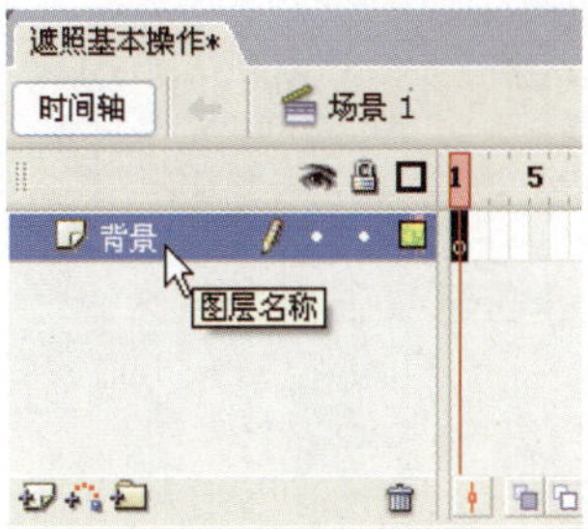

图3-13　选择“背景”

图3-14　设置x值和y值

4．新建图层

单击时间轴上的“新建图层”按钮，在弹出图层将名称改成“圆”，用鼠标拖曳库中元件“圆”到场景1图层的圆上，如图3-15和图3-16所示。

图3-15　单击“新建图层”按钮

图3-16　拖曳元件“圆”

5．创建遮照层

完成上述操作后，用鼠标右键选择图层“圆”（也就是上面一层），在弹出菜单中选择“遮照层”选项，这时遮照层效果即可完成，被遮照图像的效果可以透过遮照层形状显示出来，如图3-17和图3-18所示。

图3-17　选择“遮照层”

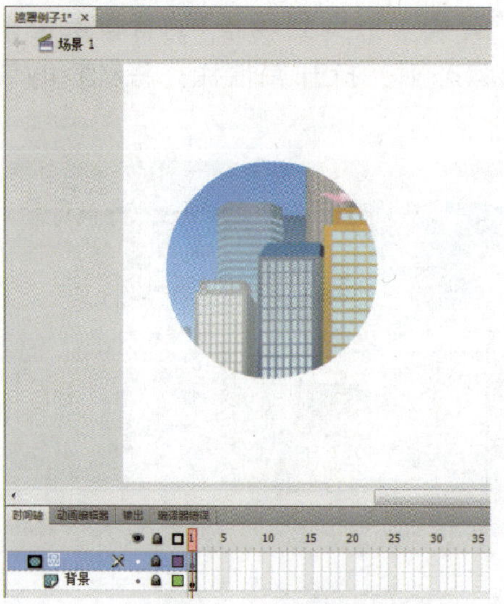

图3-18　遮照层效果

6. 创建遮照层动画

在背景图层（也就是被遮照的图像）时间轴上第40帧处“插入帧”（不进行创建动画层），点击右键，在第40帧处的弹出菜单中选择“插入帧”按钮，在“圆”图层上第40帧处“插入关键帧”（进行创建动画层），点击右键，在第40帧处的弹出菜单中选择“插入关键帧”按钮，如图3-19和图3-20所示。

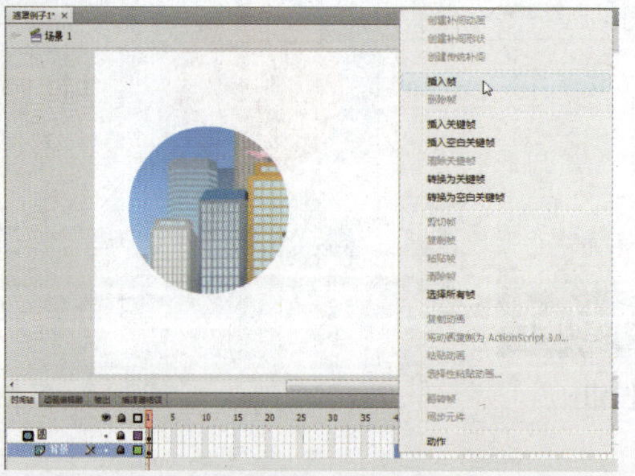

图3-19　选择“插入帧”

图3-20　选择“插入关键帧”

7. 创建补间动画

进行遮照层运动动画，在第20帧处，点击右键，在弹出菜单中选择“插入关键帧”选项，在第1～20帧之间创建补间动画，在第20～40帧之间创建补间动画，点击右键，在弹出菜单中选择“创建补间动画”，如图3-21至图3-23所示。

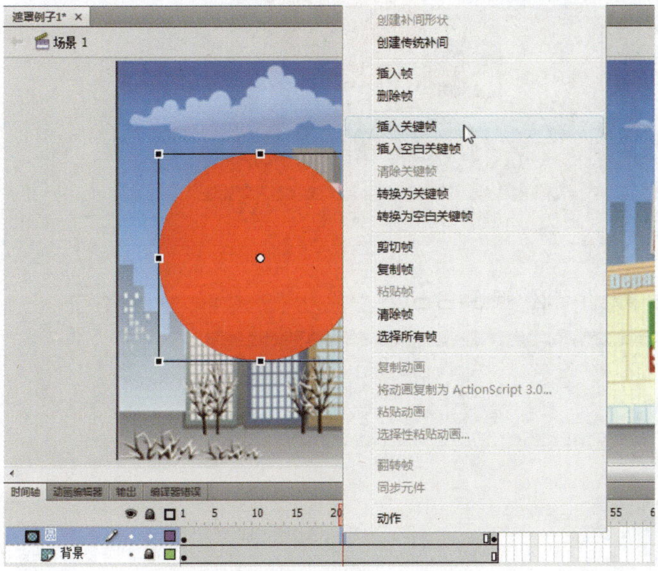

图3-21　选择“插入关键帧”

图3-22　选择“创建传统补间”

图3-23　效果图

8. 测试发布

首先移动第20帧的位置才能形成动画。在图层“圆”第20帧被激活的状态下，左键拖动舞台中元件“圆”到舞台右边（前提是在图层圆被解锁的情况下），然后选择“控制”菜单下“测试影片”，如图3-24和图3-25所示。

图3-24 拖动舞台中元件“圆”到舞台右边

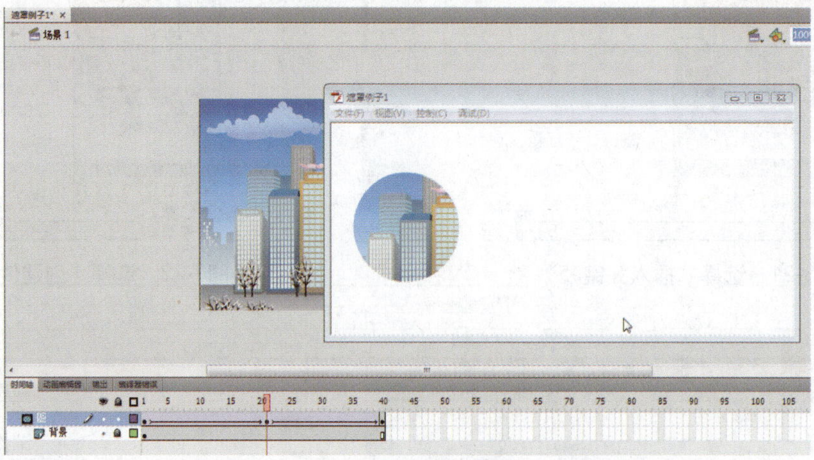

图3-25 测试影片

9. 创建被遮照层动画

（1）在上面实例的基础上改成被遮照层动画，将两个图层全部解锁，鼠标选中从第2帧到最后一帧，点击右键，在弹出菜单中选择“删除帧”选项，如图3-26所示。

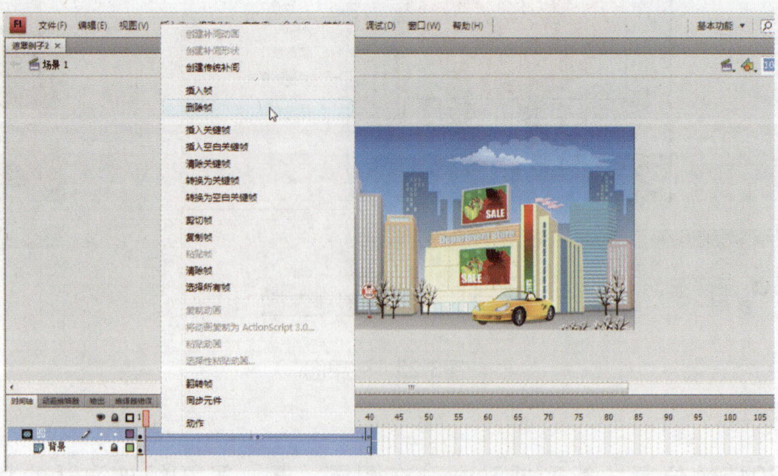

图3-26 选择“删除帧”

（2）在“圆”图层（也就是遮照层的形状）的时间轴上第40帧处“插入帧”（不进行创建动画的层），点击右键，在第40帧处的弹出菜单中选择“插入帧”按钮，这时会出现补间动画点状，点击右键，在弹出菜单中选择“删除补间”即可，如图3-27和图3-28所示。

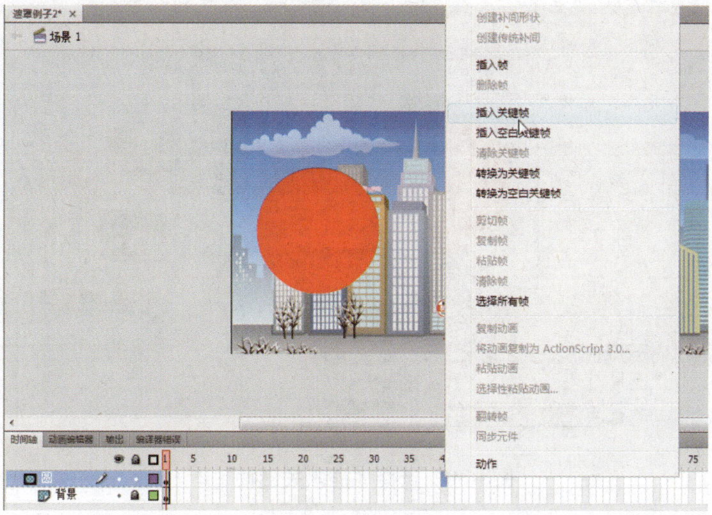

图3-27　在第40帧处的弹出菜单中选择“插入帧”按钮

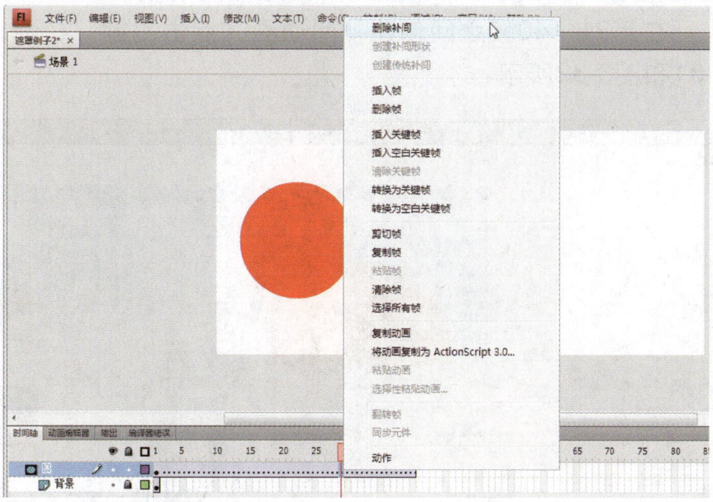

图3-28　在弹出菜单中选择“删除补间”

10．插入关键帧

在背景图层上第40帧处“插入关键帧”（进行创建动画的层），点击右键，在第40帧处的弹出菜单中选择“插入关键帧”选项，在背景层中间位置，点击右键，在弹出菜单中选择“插入关键帧”选项，如图3-29和图3-30所示。

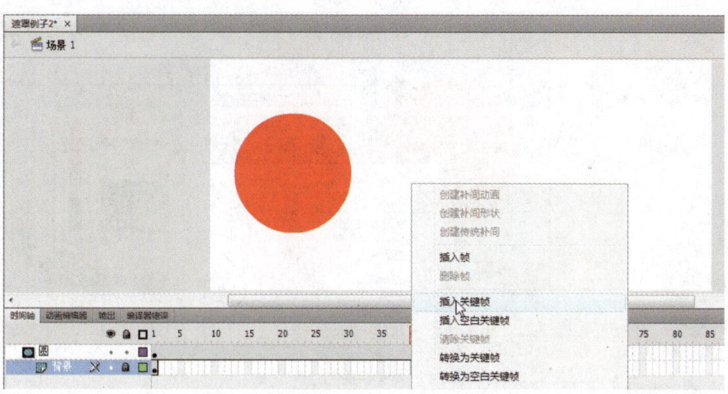

图3-29　选择“插入关键帧”1

图3-30　选择“插入关键帧”2

11. 创建补间动画

进行被遮照层的运动动画，在第1～20帧之间创建补间动画，点击右键，在弹出菜单中选择“创建补间动画”，在第21～40帧之间创建补间动画，点击右键，在弹出菜单中选择“创建补间动画”，如图3-31和图3-32所示。

图3-31　第1～20帧之间的补间动画

图3-32　第21～40帧之间的补间动画

12. 测试发布

要移动到第20帧的位置形成动画。在图层背景第20帧被激活的状态下，左键拖动舞台中元件“背景”到舞台左边（前提是在图层背景被解锁的情况下），然后选择“控制”菜单下“测试影片”，如图3-33至图3-36所示。

图3-33　移动到第20帧

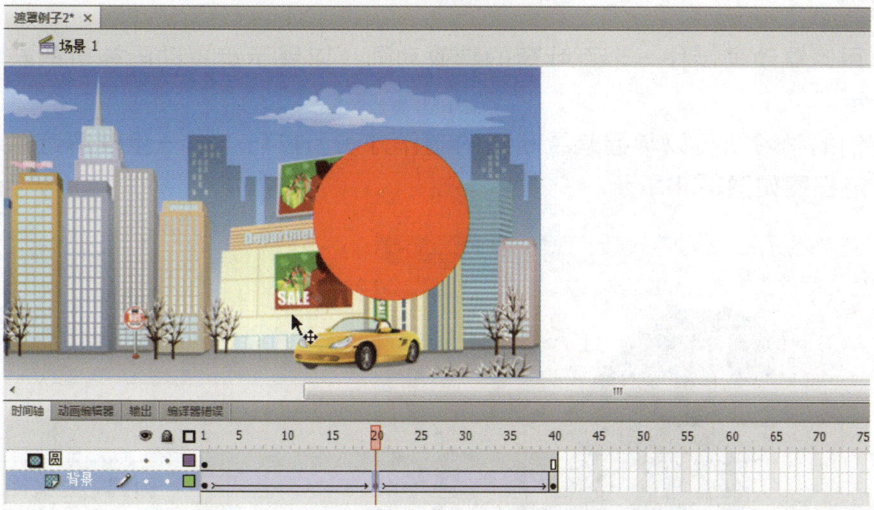

图3-34　左键拖动舞台中元件“背景”到舞台左边

图3-35　锁定或解除锁定所有图层

图3-36　测试影片

3.3　实战范例——百叶窗

遮罩动画是Flash动画类型中变化最为神奇和丰富的一种类型。它可以模拟流水、瀑布等很多复杂动感的场景，形变过程魅力无穷，极富表现力。

范例简解

本范例利用遮罩动画制作一个百叶窗的特效动画，以展示遮罩动画神奇的表现力。范例效果如图3-37所示。

通过本范例的学习，可以掌握遮罩动画的制作方法和技巧，进一步理解遮罩动画的原理。本范例的制作流程图如图3-38所示。

图3-37　范例效果

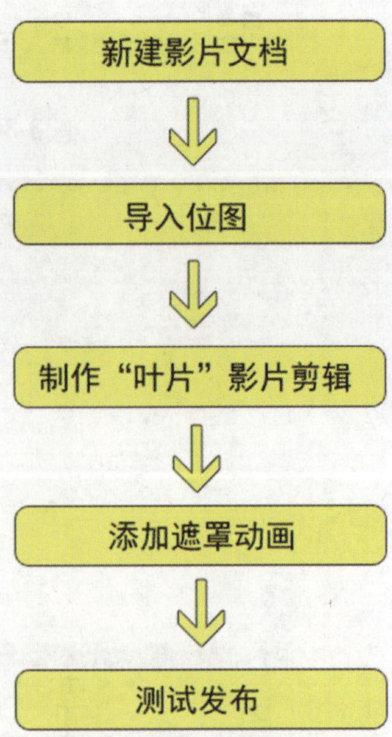

图3-38　范例制作流程图

制作步骤

1．新建影片文档和设置文档属性

（1）启动Flash CS4，按下快捷键“Ctrl+N”新建影片文档。

（2）展开“属性”面板，按下快捷键“Ctrl+J”，弹出“文档属性”对话框。设置影片尺寸为512×600像素，其他参数保持默认。

2．导入位图

（1）选择“文件”→“导入”→“导入到库”命令，导入准备好的两幅图片，如图3-39和图3-40所示。

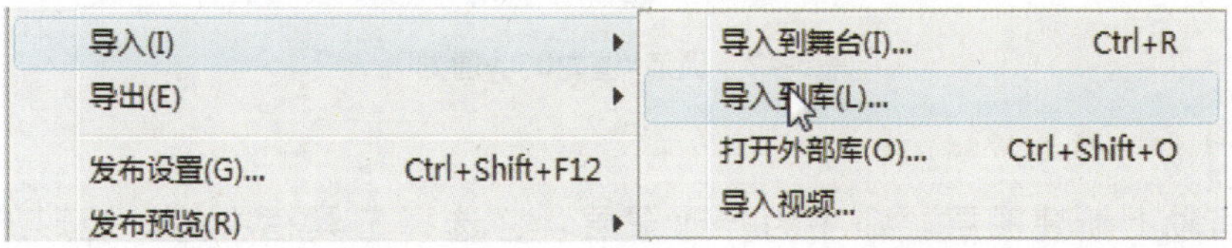

图3-39 选择“文件”→“导入”→“导入到库”命令

图3-40 导入准备好的两幅图片

（2）选择“修改”→“文档属性”，在弹出的“文档属性”对话框中设置尺寸为512×600像素，其他设置为默认值，单击确定按钮，如图3-41所示。

图3-41 设置尺寸为512×600像素

（3）在属性栏中“位置和大小”调节x值为0、y值为0，如图3-42所示。

图3-42　调节x值为0、y值为0

3．制作“叶片”影片剪辑

（1）在时间轴上新建图层，命名为“遮罩层”，选择工具栏中的“矩形工具”绘制一个红色横条，点击右键，在菜单中选择“转化为元件”，在弹出的“转化为元件”对话框中键入“横条”，类型模式选择“影片剪辑”，单击确定按钮，如图3-43和图3-44所示。

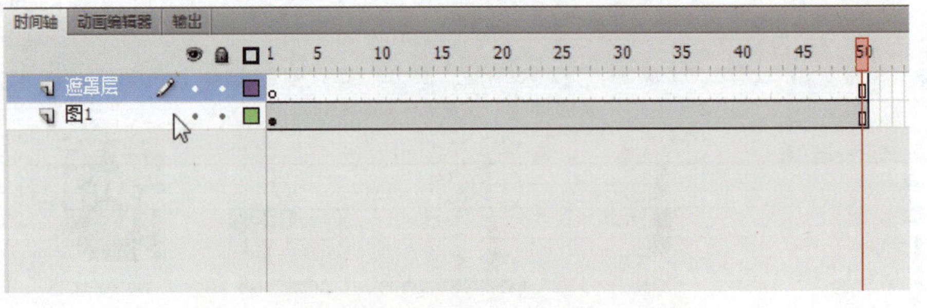

图3-43　在时间轴上新建图层，命名为“遮罩层”

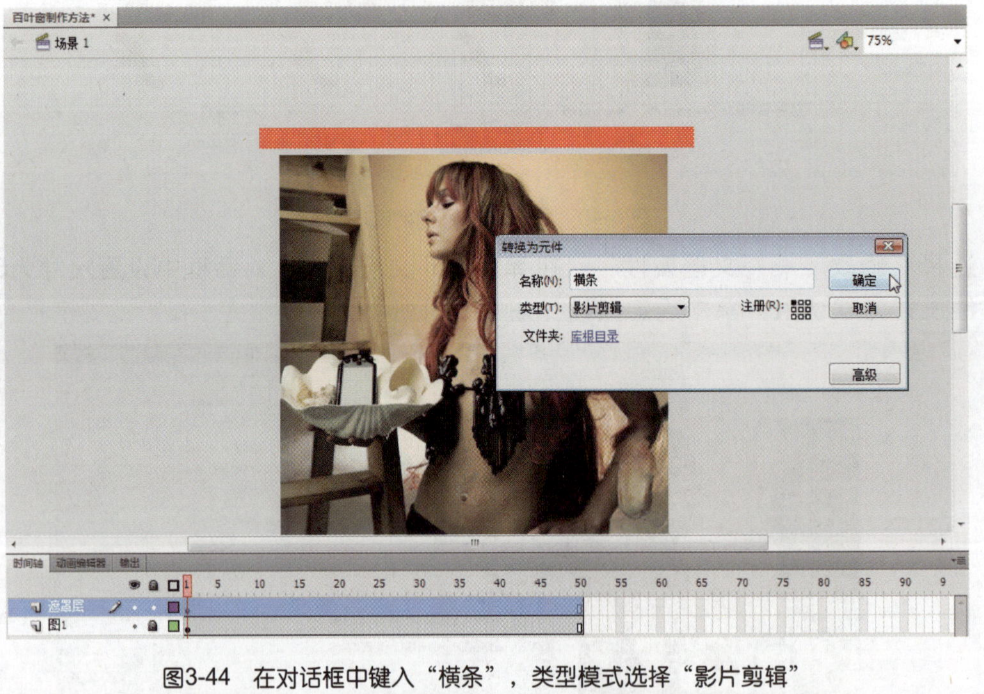

图3-44　在对话框中键入“横条”，类型模式选择“影片剪辑”

（2）按住“Alt+鼠标左键”，依次复制“横条”，影片剪辑到图像下端画面之外，选择“窗口”菜单下“对齐”选项，全部选中“对齐”，在这个对话框中选择“左对齐”、“垂直居中分布”选项命令，如图3-45和图3-46所示。

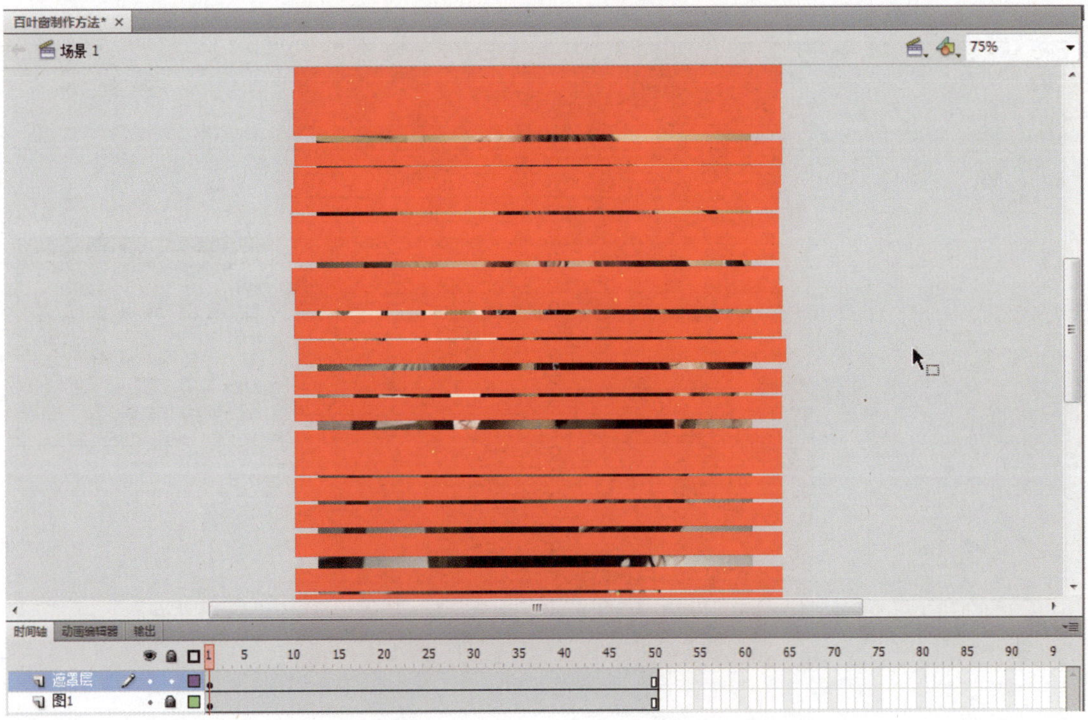

图3-45　依次复制“横条”，影片剪辑到图像下端画面之外

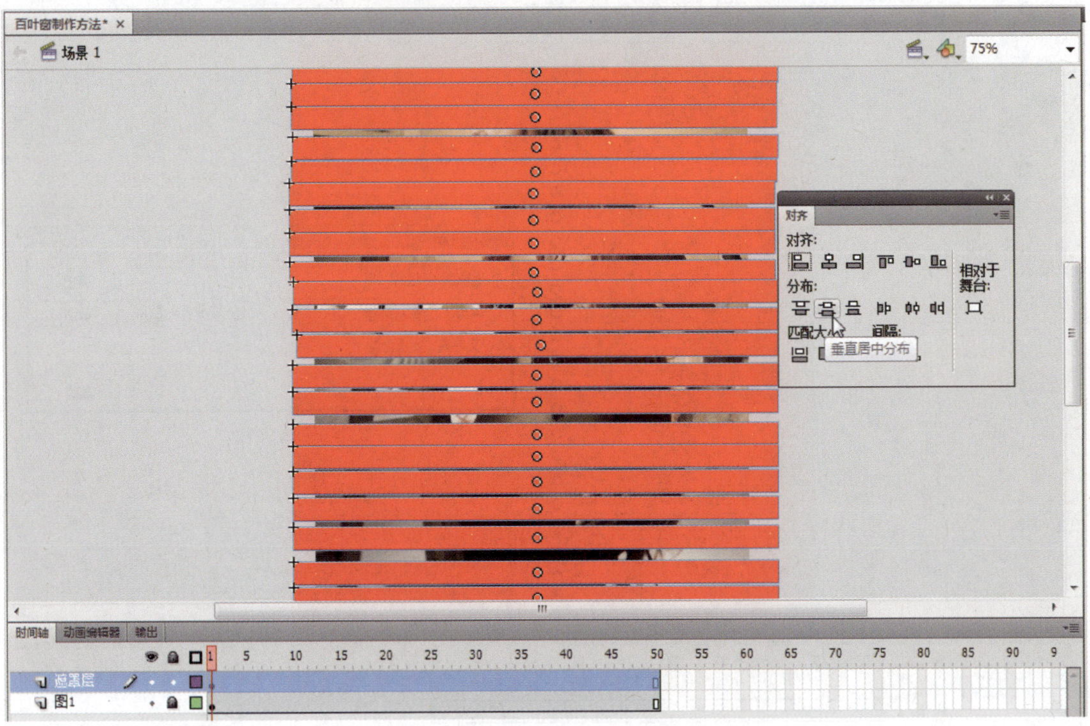

图3-46　选中“对齐”，在这个对话框中选择“左对齐”、“垂直居中分布”选项命令

（3）反复调节“横条”元件，直至调节到各个“横条”元件对齐边线，选择全部“横条”元件，点击右键，选择“转化为元件”的选项，在弹出的对话框中键入“组合”，类型模式选择“影片剪辑”，单击确定按钮，如图3-47和图3-48所示。

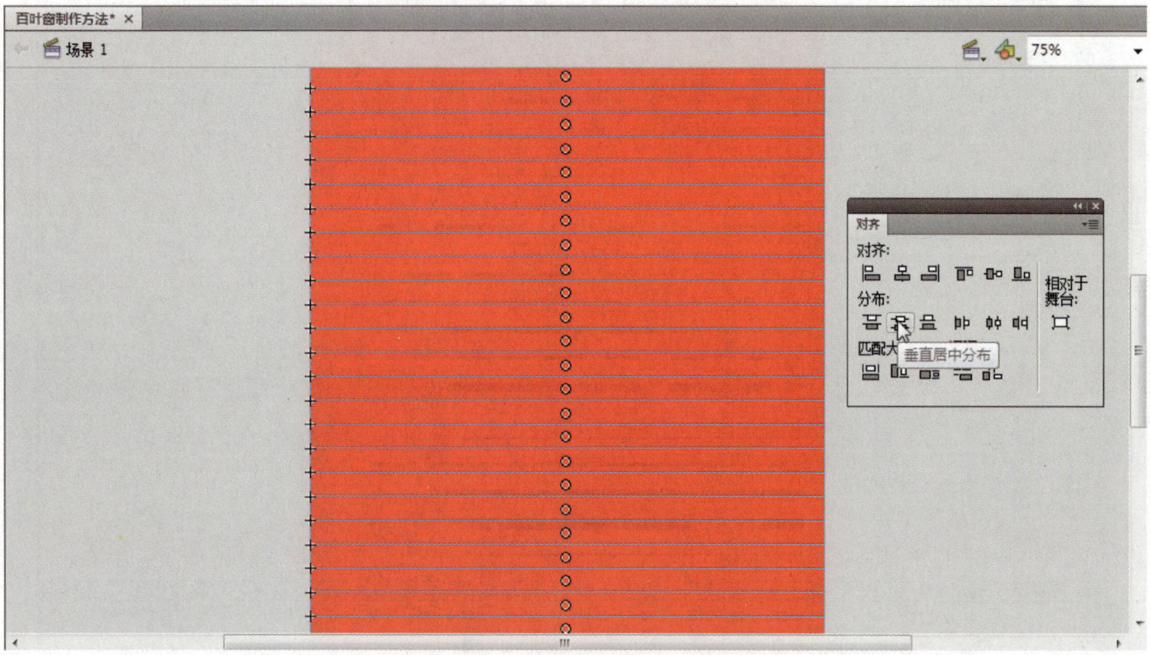

图3-47 “垂直居中分布”效果

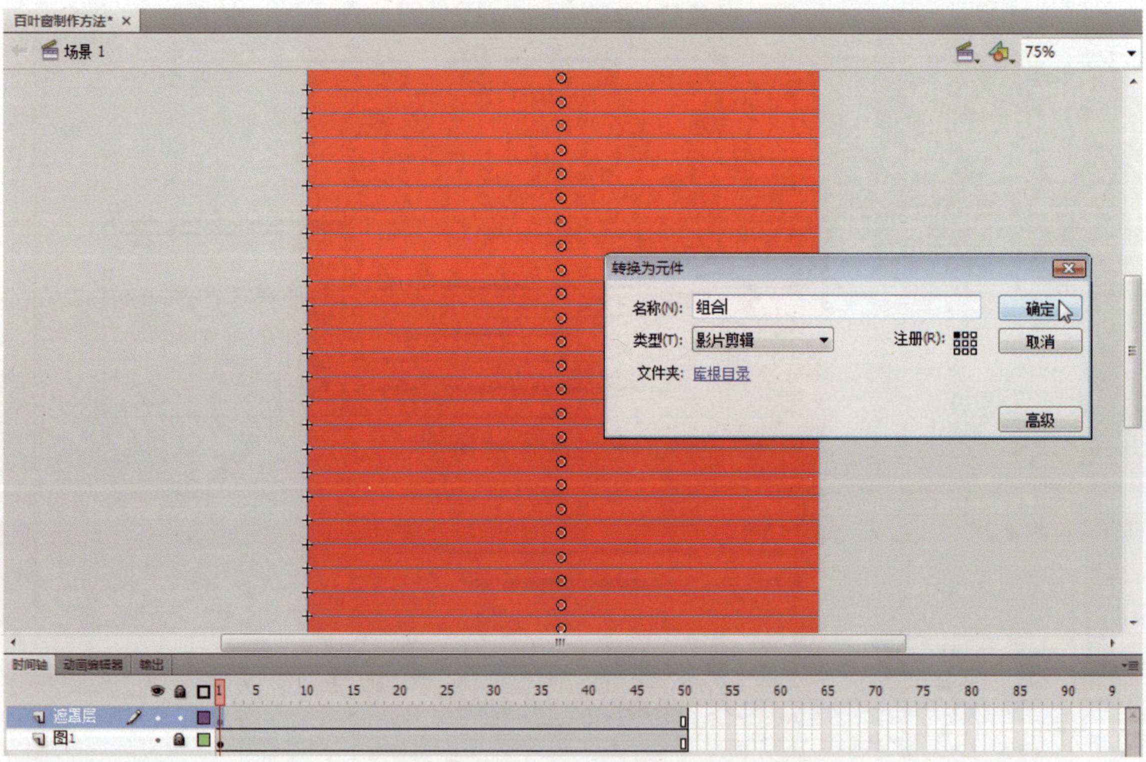

图3-48 在对话框中键入“组合”，类型模式选择“影片剪辑”

（4）双击进入“横条”影片剪辑内部，点击右键，在时间轴第10帧处的菜单中选择“插入关键帧”选项命令，点击右键，在第1～15帧之间的菜单中选择“创建补间形状”选项命令，如图3-49和图3-50所示。

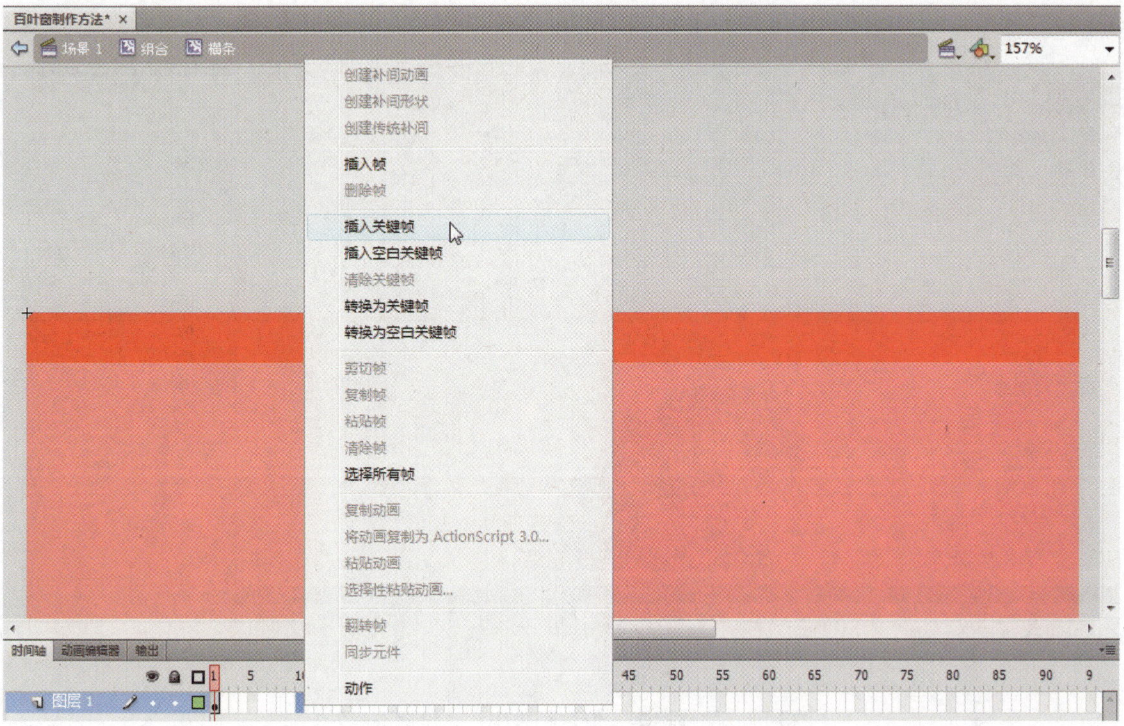

图3-49　在菜单中选择“插入关键帧”选项命令

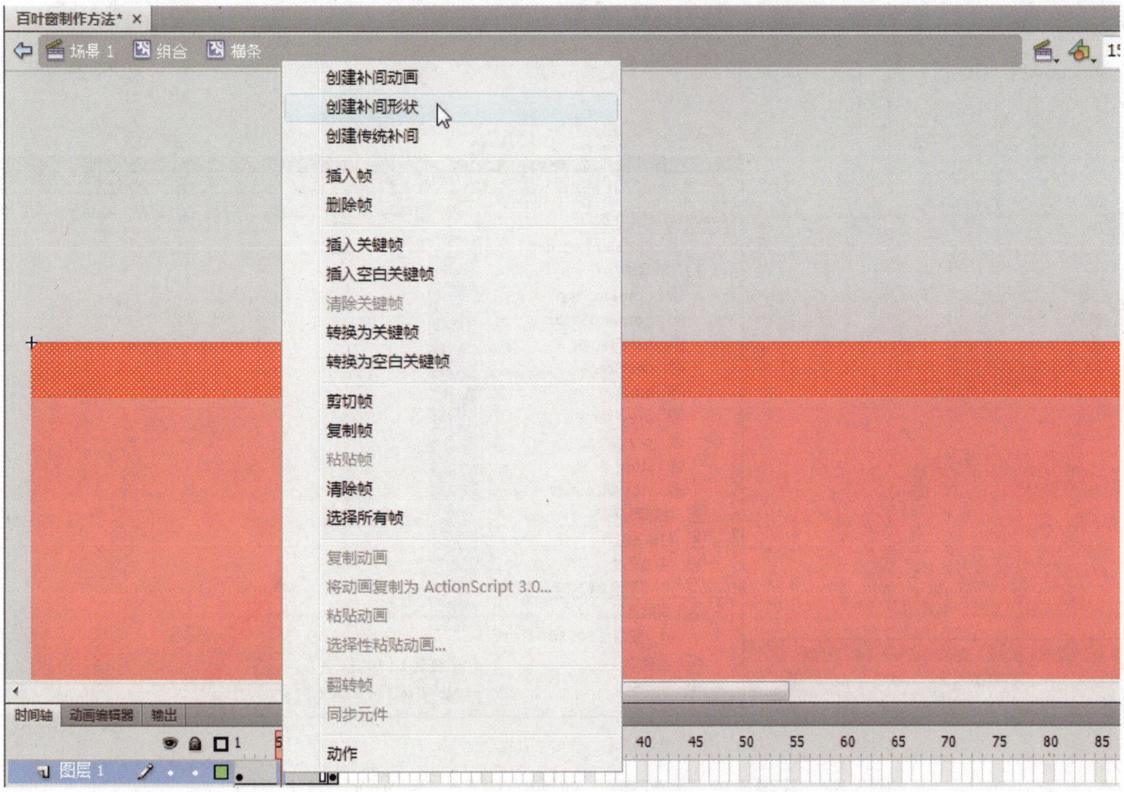

图3-50　在菜单中选择“创建补间形状”选项命令

（5）在第1帧处打开属性栏中“位置和大小”选项，设置高度为1，点击右键，在第10帧处的菜单中选择“动作”，在弹出的“动作-帧”对话框中键入“stop();”停止语句，如图3-51和图3-52所示。

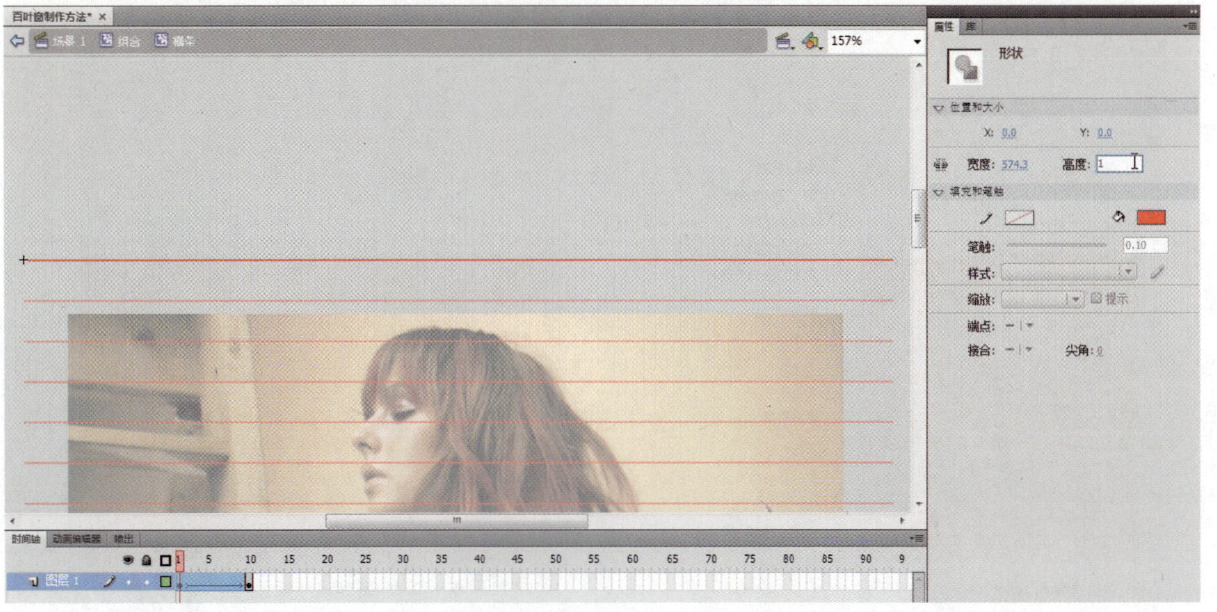

图3-51　属性栏中“位置和大小”，设置高度为1

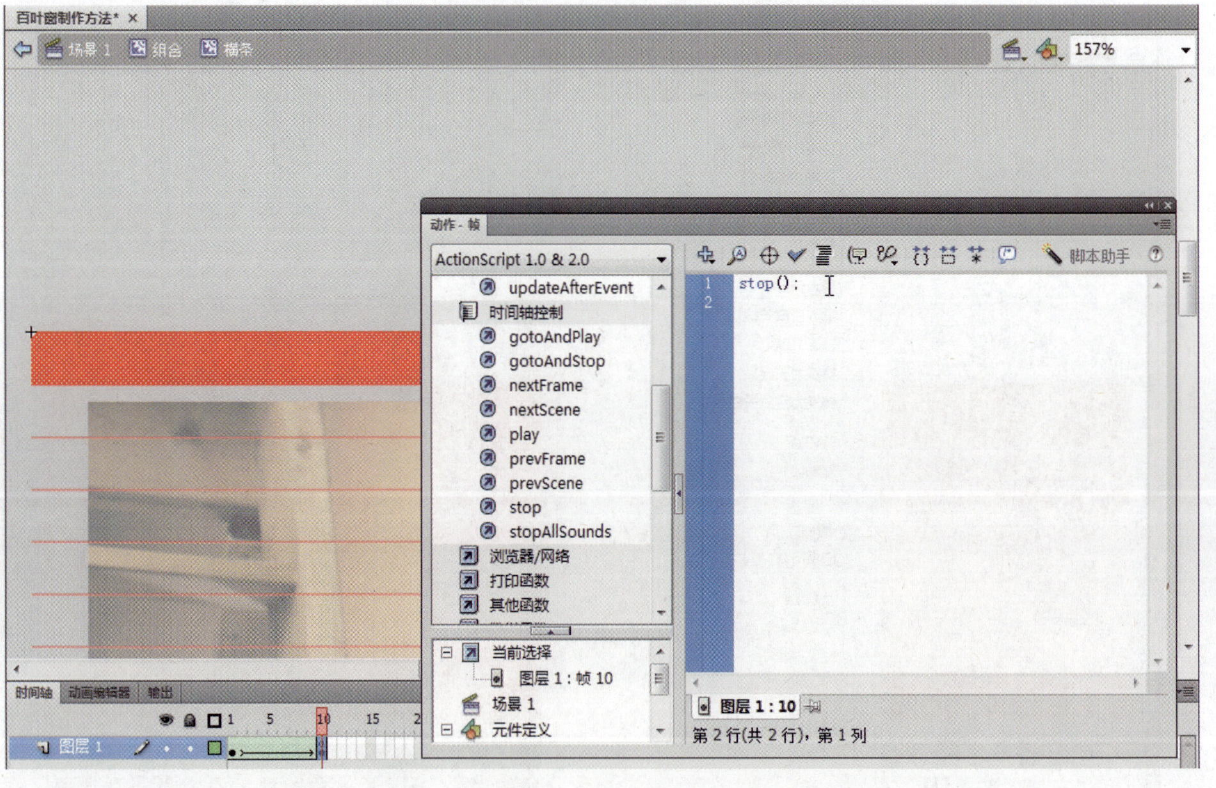

图3-52　在弹出的“动作-帧”对话框中键入“stop();”停止语句

（6）用“Ctrl+A”选择所有“横条”影片剪辑，点击右键，在菜单中选择“分散到图层”选项命令，将每个图层“横条”影片剪辑依次错开，如图3-53和图3-54所示。

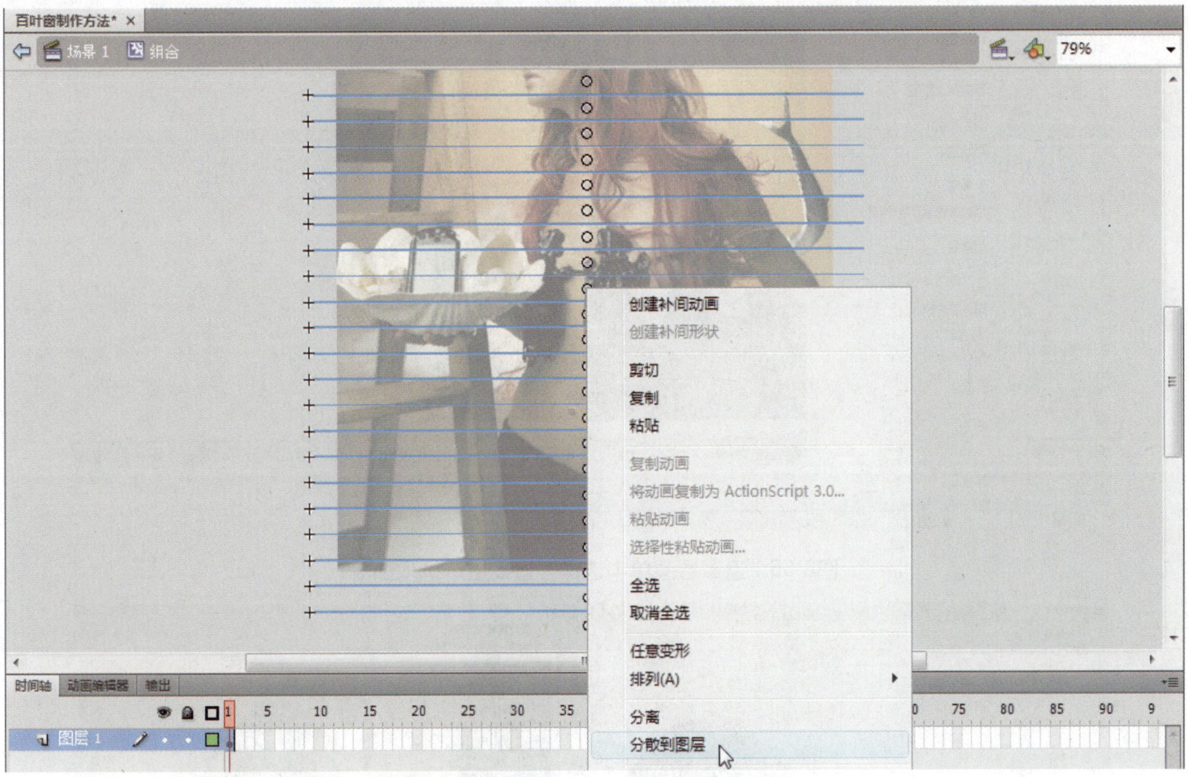

图3-53　在菜单中选择“分散到图层”选项命令

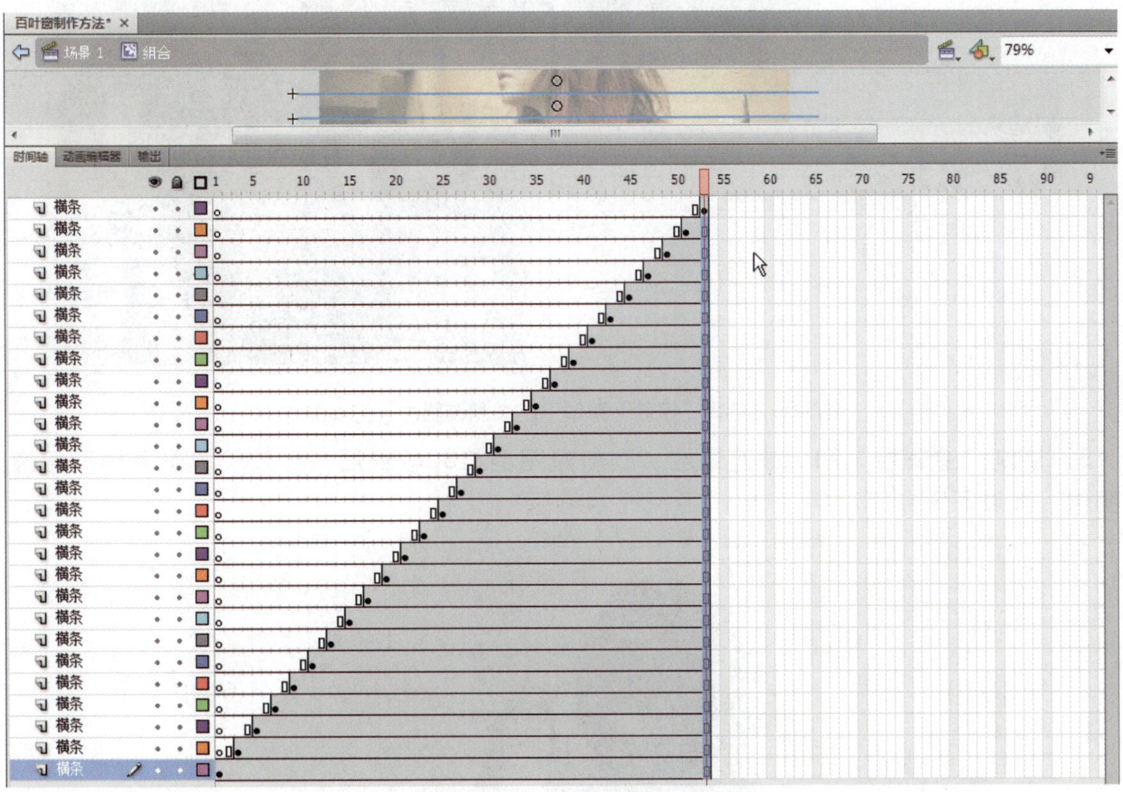

图3-54　每个图层“横条”影片剪辑依次错开

（7）选择制作好的遮罩层，点击右键，在菜单中选择“遮罩层”选项命令，选择“控制”→“测试影片”选项命令，如图3-55和图3-56所示。

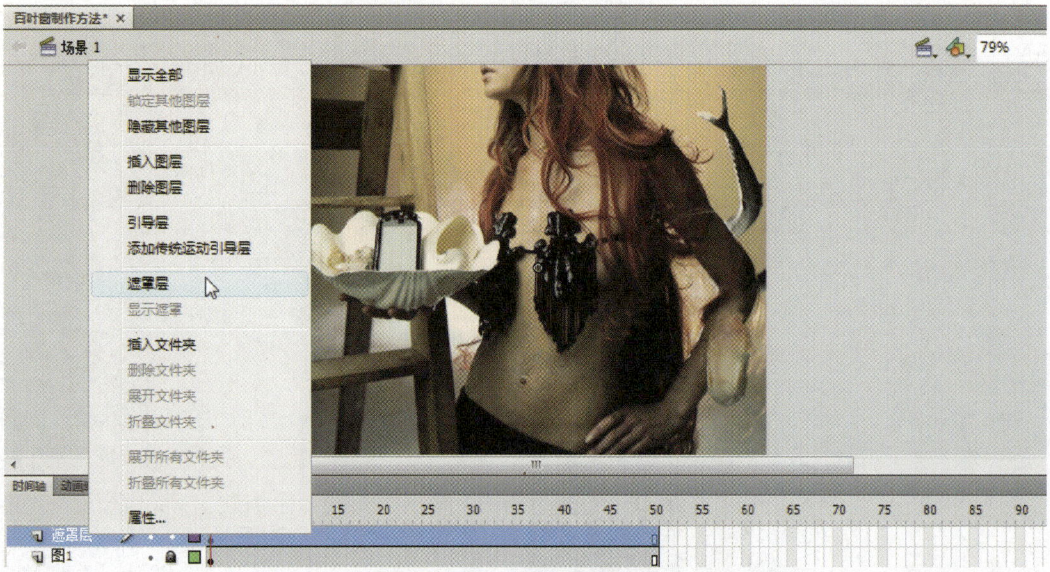

图3-55　遮罩层菜单中选择“遮罩层”选项命令

图3-56　选择“控制”菜单下的“测试影片”选项命令

（8）复制“遮罩层”和“被遮罩层”到新建图层第60帧处后，更改“被遮罩层”图像为第2张图像，如图3-57所示。

图3-57　更改“被遮罩层”图像为第2张图像

（9）复制“遮罩层”和“被遮罩层”到新建图层第120帧处后，更改“被遮罩层”图像为第1张图像，如图3-58所示。

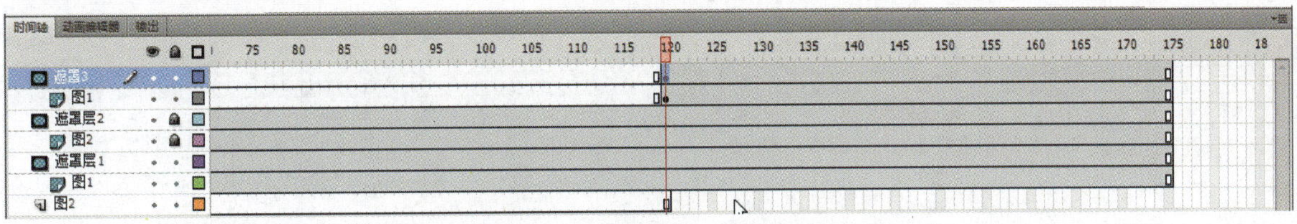

图3-58　更改“被遮罩层”图像为第1张图像

（10）选择“遮罩3”层的遮罩效果，选择“修改”→“变形”→“顺时针旋转90度”选项，如图3-59所示。

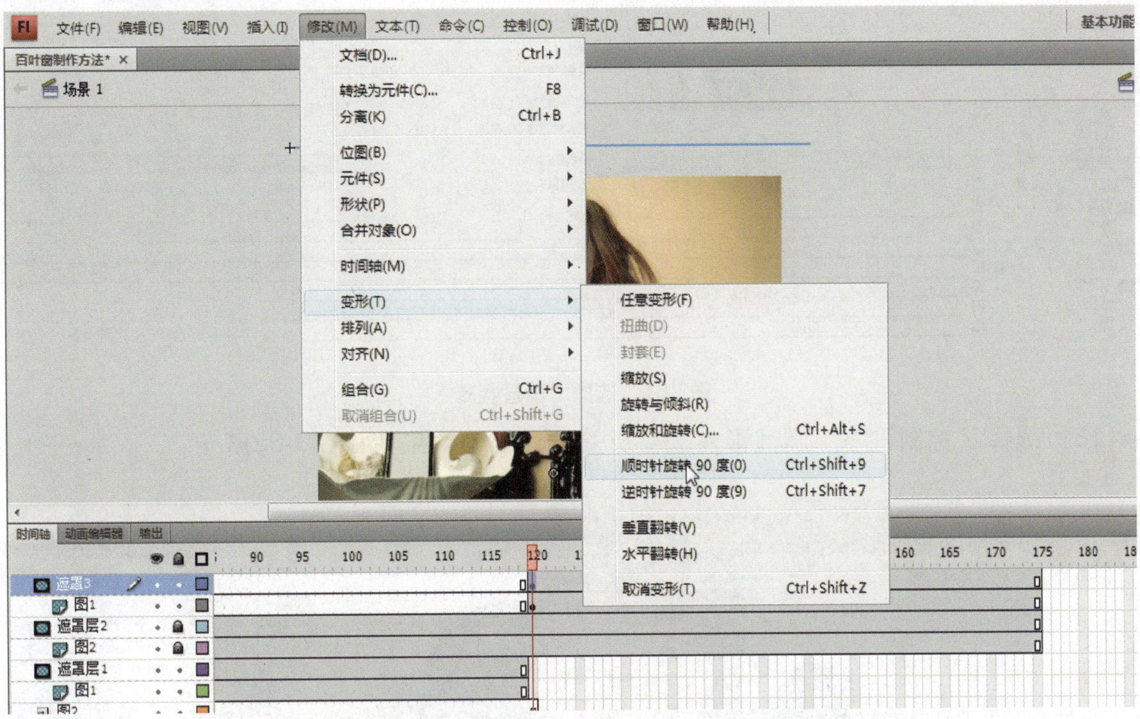

图3-59　选择“修改”菜单下“变形”工具中“顺时针旋转90度”选项

（11）在打开的属性栏中设置高度，这个高度要超过画面高度，如图3-60所示。

图3-60　设置后的效果

（12）选择“遮罩2”层的遮罩效果，选择“修改”→“变形”→“垂直翻转”选项，如图3-61所示。

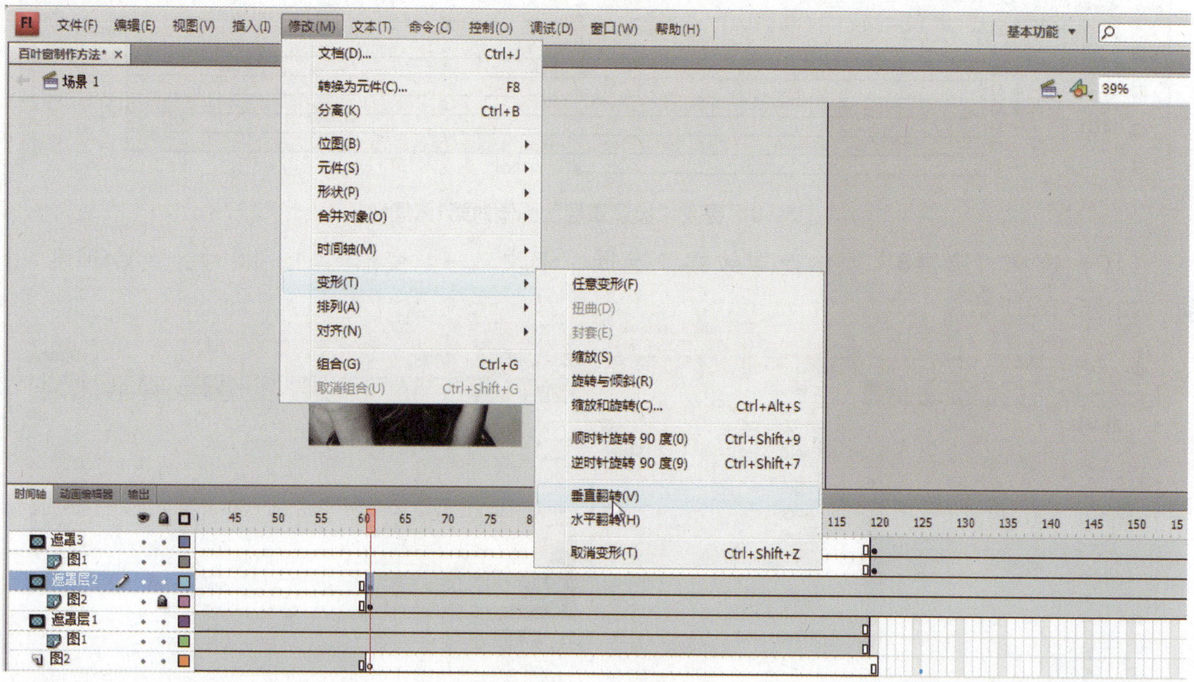

图3-61 选择“垂直翻转”

（13）选择“控制”→“测试影片”，反复调试画面效果，如图3-62所示。

图3-62 调试画面效果

第4章　卡通角色绘制及动作

4.1　卡通角色绘制

图4-1　鼠标绘制卡通人物形象

【学习重点】

（1）熟练掌握常用绘线工具的使用技巧。
（2）熟练使用线条工具。
（3）熟练使用椭圆工具。
（4）熟练使用选择工具。
（5）熟练使用墨水瓶工具。

具体制作

在绘制卡通人物形象之前，首先要想好将卡通人物的各个关节（最好将各个部分）分为各个图层；例如眼睛、耳朵、胳膊、胸部、腿部、鞋子等；然后就是在相应层的内容绘制了，即利用椭圆工具、线条工具和选择工具画出相应的内容。

提示：在考虑分层绘制时要想到后面对卡通人物进行的动画制作，所以要先考虑将每个图层独立出来，抓住主要的部位，这里要有动画运动规律的意识，这样才能更好更合理地绘制卡通角色。

（1）首先利用椭圆工具画出卡通人物的头部，如图4-2图4-3所示。

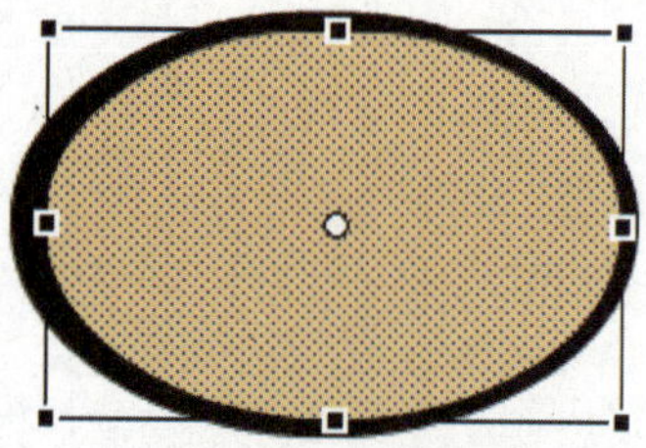

图4-2　绘制椭圆脸部

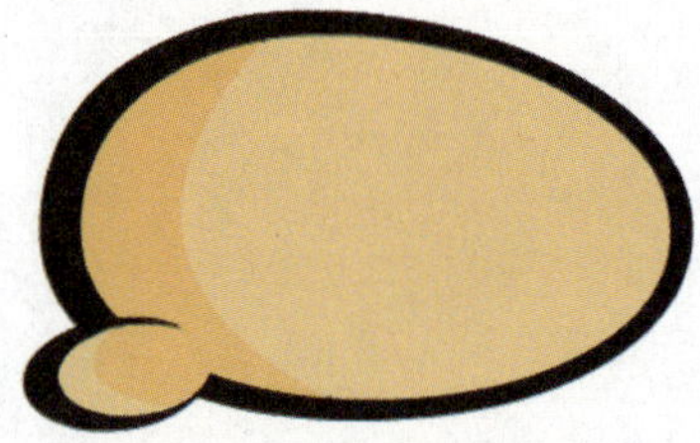

图4-3　将形象具体化

（2）此时的线条不能用鼠标选择工具拉弯，为了能将图形的边线效果变成能够拉伸，要在边线被鼠标激活的状态下，选择“修改”→“形状”→“将线条转换为填充”选项。这时就可以用鼠标选择工具操作了，如图4-4所示。

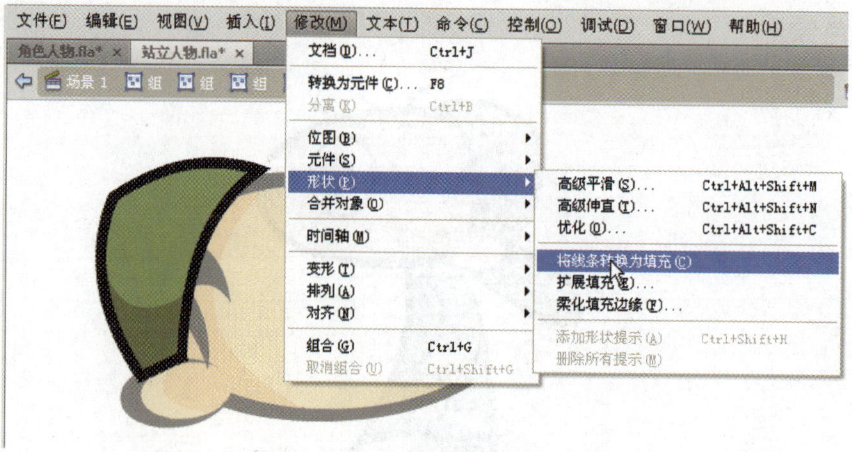

图4-4　选择“形状”下的“将线条转换为填充”

（3）利用直线工具将形象的帽子绘制出来，并将其群组，这个地方要注意耳朵底下帽子的形状。将帽子分成两部分进行绘制，一部分在脸部的上面，另一部分在耳朵的下面；鼠标选择后画的帽子，点击右键，在弹出的菜单中选择“排列”下面的移至底层，如图4-5和图4-6所示。

提示：在绘制图形线条时，如果是用墨水瓶工具将某个图形进行填充边线，那么系统默认是圆角线。在属性栏里将调解边线宽度及线末端调节成直角，这样线条更具力度。

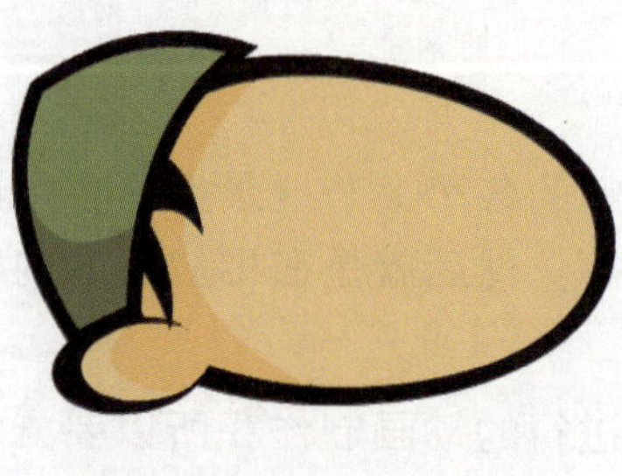

图4-5　绘制帽子形状

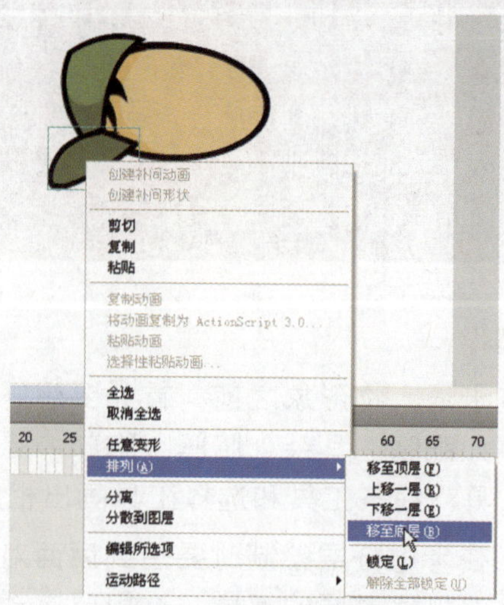

图4-6　将形状移至底层

（4）用工具栏中的椭圆工具制作出卡通人物形象的眼睛、鼻子，然后将眼睛(ctrl+g)群组，另一个眼睛复制出一个一样的就可以，利用变形工具将其等比例缩小，如图4-7和图4-8所示。

提示：在绘制图层时，并不是所有图形都要分成各个图层，要抓住主要的关键部位分层；例如如果头部我们后面不再进行动画设置，那么就可以放在一个图层上，但是一定要将绘制的各个部分进行群组。

利用椭圆工具绘制眼睛时，一定要利用“适量图形之间，不同颜色可以吃掉对方”的原理将眼睛的形状绘制出来。在复制另一个同时选择快捷方式，就是按住ctrl+鼠标左键，就可以复制一个图形。

图4-7 绘制卡通人物形象的眼睛

图4-8 复制出眼睛

（5）绘制出头发和胸部，利用直线工具和墨水瓶工具生成边线，选择修改菜单下“形状”菜单中的“将线条转换为填充”选项，这样可以用选择工具进行变形，如图4-9和图4-10所示。

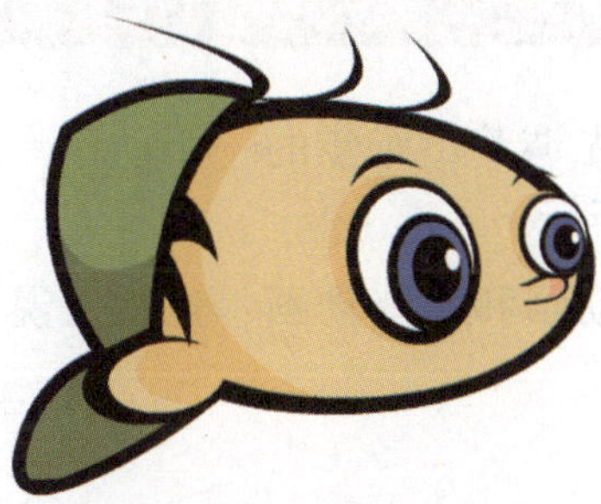

图4-9 绘制出头发形象

图4-10 绘制出胸部

提示：将线条转换为填充有两个方面的要求，一是可以放大、缩小整个人物形象时，它的边线不会等比例缩小，会随着整体比例发生变化；二是可以用选择工具使其发生形状变化。

（6）利用直线工具绘制出胳膊和腿部，如图4-11和图4-12所示。

图4-11 绘制胳膊

图4-12 绘制腿部

4.2 快速制作卡通形象逃跑实例

图4-13 将静止的卡通形象转化为逃跑的形象

【学习重点】

(1) 熟练掌握骨骼工具的使用。
(2) 熟练掌握影片剪辑的使用。
(3) 熟练掌握补间动画的使用。
(4) 熟练掌握任意变形工具使用。

(1) 为了调节好跑步动作，将上面的绘制实例先调节出跑步的一个动作，然后将需要做动作的手臂和腿转化为影片剪辑，如图4-14和图4-15所示。

提示：这里只有转化为影片剪辑才能够做补间动画和骨骼动画；也就是说只有在影片剪辑中，制作补间动画或者逐帧动画才能被播放。

图4-14 利用变形工具使其做出动作

图4-15 做出最佳动作

提示：在制作动作时，为了方便可将卡通人物分为四大影片剪辑，头、胸部、胳膊、腿和鞋四个影片剪辑。胳膊和腿只要各做一个“影片剪辑”动画就可以。

(2) 在腿部加入骨骼动画工具。

① 将腿和鞋子转为独立的影片剪辑。

② 利用工具栏中的任意变形工具激活影片剪辑，鼠标左键激活腿和鞋子的影片剪辑的中

心，移至腿和鞋的关节运动点。

③ 利用工具栏中的骨骼工具，鼠标左键选择关节点拖曳，当松开鼠标时，腿和鞋子会自动连接骨骼。

提示： 由于从关节起始位置到运动结束的位置需要一段时间，那么可以在时间轴上，在第20帧的位置插入帧后，再来操作骨骼动画。这里需要影片剪辑能够循环播放，那么可以将前20帧的内容复制到第21～40帧位置，在后20帧的位置，点击右键，在弹出的对话框中选择"翻转帧"，在最终播放时就可以进行循环播放。

④ 用鼠标调节运动路径，在起始动作到结束动作之间制作一个完整的循环动作，如图4-16和图4-17所示。

图4-16 腿的起始动作位置

图4-17 腿的结束动作位置

提示： 由于胳膊是一个图形关节而不是几个图形关节，所以我们将其转为一个影片剪辑，并双击进入其内部制作出胳膊最大波动运动路径。这里运动要与腿运动规律符合才行，所以也是20帧一个波动，后20帧复制，然后再"翻转"，快速制作一个循环。

（3）给胳膊加入补间动画，并调节运动路径。

① 将胳膊转为独立的影片剪辑。

② 利用工具栏中的任意变形工具激活胳膊影片剪辑，鼠标左键激活胳膊的影片剪辑的中心，移至关节运动点。

③ 创建补间动画，在时间轴的20帧处插入帧，用鼠标右键创建补间动画，并调节胳膊元件的位置，如图4-18和图4-19所示。

图4-18 胳膊的起始动作位置

图4-19 胳膊的结束动作位置

（4）给胳膊和腿加入缓动动作，这样更符合人体的运动规律；鼠标选择前面的时间轴的内容，打开属性栏中的缓动，将数据设置为100，如图4-20至图4-22所示。

图4-20　属性栏中的缓动，将数据设置为100

图4-21　胳膊运动效果

图4-22　腿部运动效果

提示： 缓动效果表示运动的加速度和减速度；正值表示越来越慢，负值表示越来越快。

（5）选择“控制”→“测试影片”测试效果，如图4-23所示。

图4-23　最终效果图

第5章 汽车运动实例

（本实例附带视频教程）

图5-1 由右边到左边的运动路径效果图

情景化描述： 本实例为一个汽车动画广告。首先一辆汽车从风景如画的金色树林之外缓慢开到树林之前，然后加速开过这片树林。

汽车从右边到左边的运动路径动画效果图如图5-1所示。

【学习重点】

（1）熟练使用补间动画效果制作汽车的滑动效果。

（2）利用Flash的缓动效果制作加速度及减速度的效果。

（3）熟练使用影片剪辑和影片剪辑之间的套用关系。

（4）学习利用不同格式的图片运动模拟真实的视觉适用效果。

制作流程图如图5-2所示。

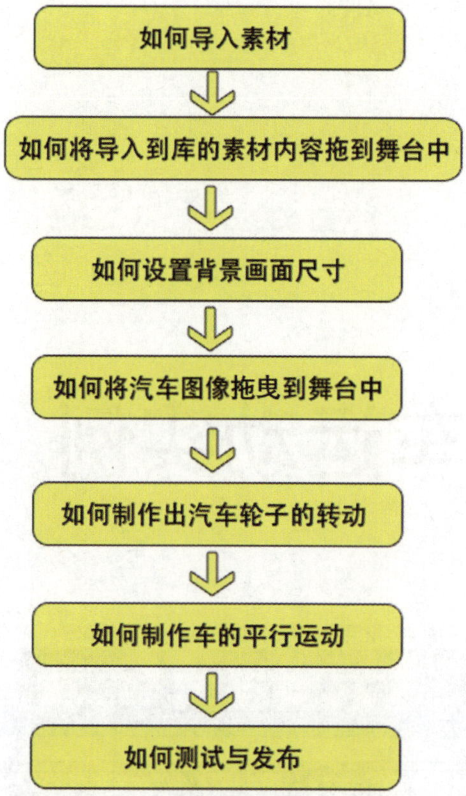

图5-2 流程图

具体制作

5.1 如何导入素材

（1）鼠标选择“文件”→“导入到舞台”或者选择直接“导入到库”选项，如图5-3所示。

（2）在弹出的对话框中选择需要的素材，如图5-4所示。

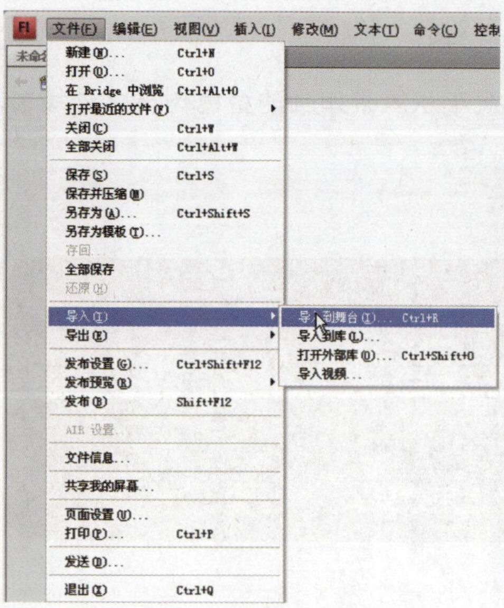

图5-3 选择导入到舞台

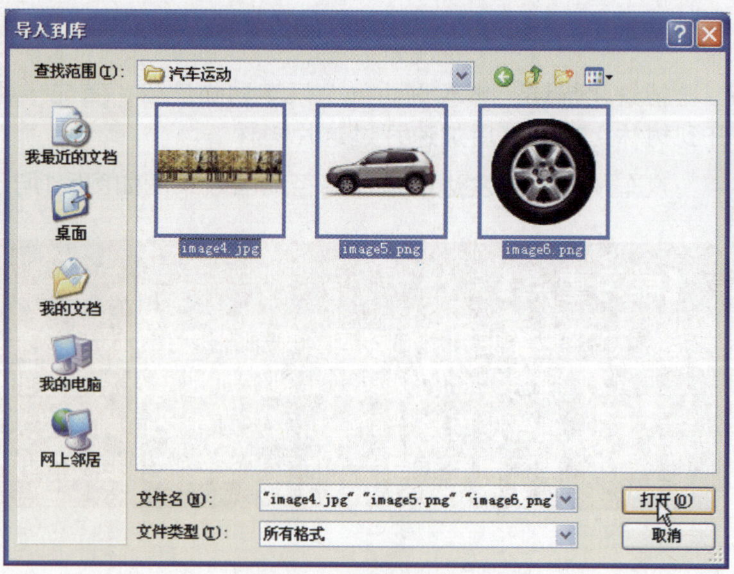

图5-4 选择需要素材

5.2　如何将导入到库的素材内容拖到舞台中

（1）鼠标选择“窗口”菜单，在弹出的菜单中选择“库”的选项，如图5-5所示。

（2）在弹出的“库”的对话框中能够看到导入的素材，如图5-6所示。

提示：导入“png”格式的图像时CS4的版本会自动生成相对应的图形元件，这是以前版本所没有的；如果是“jpeg”则不会生成相对应的图形元件。

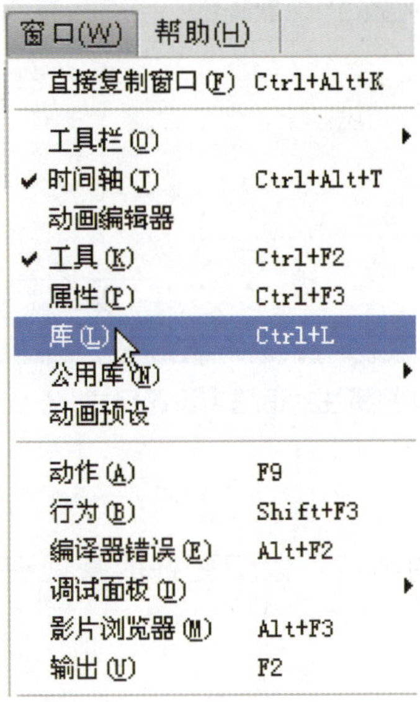

图5-5　选择“库”的选项

图5-6　“png”格式的图像导入

5.3　如何设置背景画面尺寸

（1）将库中的“images4.jpeg”设为893×270像素，这就是背景的尺寸，如图5-7所示。

图5-7　“images4.jpeg”直接拖曳到舞台中

（2）用鼠标单击舞台中的空白区域，在打开属性栏“属性”选项卡中单击“编辑”按钮，如图5-8所示。

（3）在弹出的“文档属性”对话框中将尺寸设置为893×270像素，并设置属性栏中的位置和大小，x值为0、y值为0，如图5-9所示。

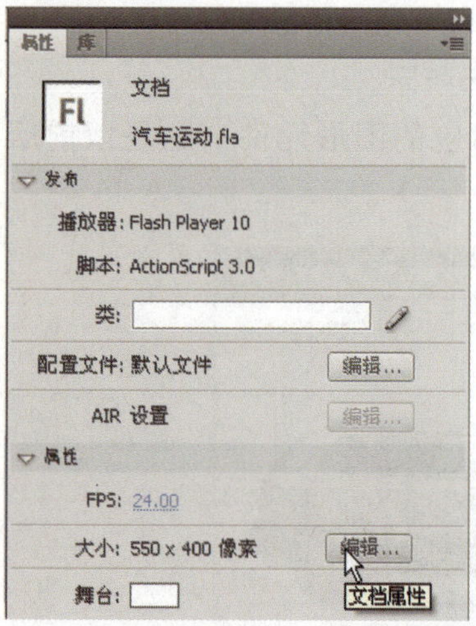

图5-8　属性设置单击“编辑”按钮

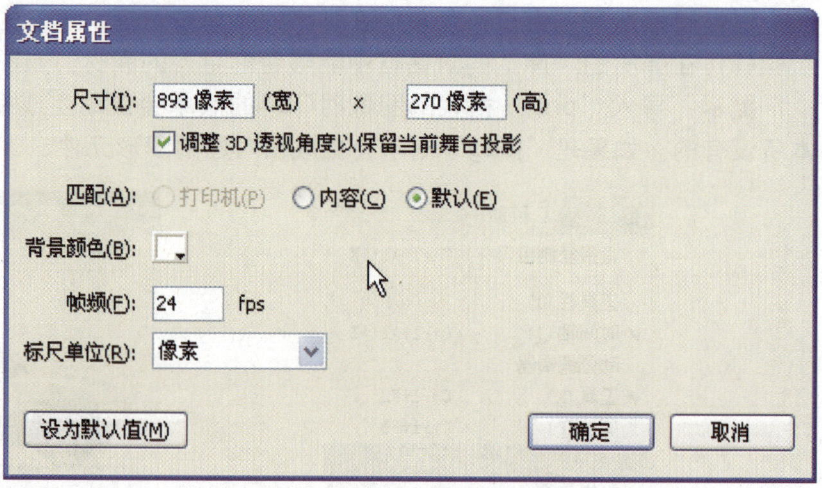

图5-9　文档属性对话框中设置尺寸

5.4　如何将汽车图像拖曳到舞台中

（1）在时间轴上将原来背景的图层名称更改成背景的名字，以便更好的管理图层。

（2）“元件2”，如图5-10所示。

图5-10　将图像元件“元件2”拖曳到新建图层之上

5.5　如何制作出汽车轮子的转动

提示：车轮是要和车一起运动的，所以我们将汽车和车轮做在一个影片剪辑中，将车的元件转化为影片剪辑。

（1）鼠标右击车的元件，在弹出的对话框中选择“转化为元件”的选项，在弹出的对话框中将元件的类型转化为“影片剪辑”，名称改成“汽车运动”，以便记录，如图5-11和图5-12所示。

图5-11　选择“转化为元件”的选项

图5-12　将元件的类型转化为“影片剪辑”

（2）左键双击新建立的影片剪辑，进入内部；为了让车轮能旋转360度，要把车轮转化为影片剪辑；鼠标右击车轮的元件，在弹出的对话框中选择“转化为元件”的选项，在弹出的对话框中将元件的类型转化为“影片剪辑”，名称改成“车轮”，以便记录，如图5-13和图5-14所示。

图5-13　车轮的元件拖曳到舞台中

（3）制作车轮转动。用鼠标左键双击车轮影片剪辑，进入内部，然后在第20帧处插入关键帧，在第1帧到第20帧之间创建补间动画；选中第1帧到第20帧之间，点击右键，在弹出菜单中选择“创建补间动画”；打开属性栏中会显示补间动画选项，选择方向旋转为“逆时针”，如图5-15至图5-17所示。

图5-14　元件的类型转化为“影片剪辑”

图5-15　第20帧处插入关键帧

图5-16　在弹出的菜单中选择“创建补间动画”

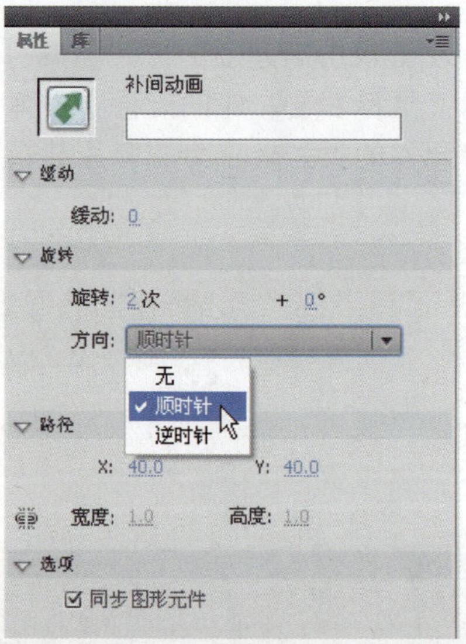

图5-17　选择方向旋转为“逆时针”

（4）将转动的一个车轮元件复制到“车”位置上层，然后鼠标单击舞台中左上角场景1的按钮，回到场景1中，用Ctrl+Enter测试画面，这时两个车轮会同时转动，如图5-18和图5-19所示。

图5-18　车轮元件复制到车位置上层

图5-19　Ctrl+Enter测试画面

5.6 如何制作车的平行运动

（1）将整个车的运动时间定为90帧的内容。

（2）在90帧处插入帧，方法是，点击右键，选择“插入帧”选项或者用快捷键F5来延长时间轴内容。

（3）在第30、60、90帧位置“插入关键帧”，如图5-20所示。

（4）选中第1～90帧之间的内容，选择创建“传统补间动画”选项，如图5-21所示。

图5-20 选择“插入帧”

图5-21 选择创建“传统补间动画”

（5）将第1帧的内容移动到画面右边，在属性栏中将位置和大小中的x值设为900，就可以达到此位置，如图5-22所示。

图5-22 属性栏中的位置和大小中的x值设为900

提示：为了使汽车能快速进入画面可以从两个方面操作：一是在相同的时间轴中操作舞台中的距离；二是利用缓动来调节加速度和减速度。

（6）在第30帧位置调节至背景右侧，第60帧位置调节至背景左侧，在属性栏中设置x值为87，如图5-23所示。

（7）第90帧位置调节至画布左侧，在属性栏中设置x值为-557，如图5-24所示。

图5-23 第60帧的位置调节在背景的左侧

图5-24 第90帧的位置调节在画布的左侧，在属性栏中设置x值为-557

提示：为了使汽车运动更符合运动规律，我们将在第1帧到第30帧的位置设置减速度，让车自然停下来进入画面；然后在第60帧到第90帧位置设置加速度，让车快速起步到画面之外。

（8）在第1帧到第30帧位置，打开属性栏中的补间栏，选中“缓动”，将其设置为100，表示越来越慢，如图5-25所示。

（9）在第60帧到第90帧位置，打开属性栏中的补间栏，选中“缓动”，将其设置为-100，表示越来越快，如图5-26所示。

图5-25 属性栏中的补间栏，选中“缓动”，将其设置为100，表示越来越慢

图5-26 属性栏中的补间栏，选中“缓动”，将其设置为-100，表示越来越快

5.7 如何测试与发布

按Ctrl+Enter，快速测试画面效果，由于时间轴跟车轮在速度上有区别，所以要依靠视觉上的感受来调节车轮的速度，可以采取调节车轮旋转速度使之变慢或者延长车轮时间轴等方法达到理想效果，如图5-27和图5-28所示。

图5-27 调节车轮的速度

图5-28　最终效果图

活学活用：

本实例为网络类广告，采用相同的技术，可以制作出图像合成动画效果。

现场创作实训：

制作摩托车、卡车、赛车等机动车动画实例。

创作要求：

(1) 用Flash绘制形象或者寻找合适场景图像。

(2) 符合动画运动规律。

(3) 画面色调协调统一。

(4) 动画寓意表达准确及创意。

第6章 气球飘动实例

（本实例附带视频教程）

图6-1 效果图

情景化描述：本实例为气球飘动动画。气球自下而上自然飘动到画面之上，各个气球的飘动没有规律。

【学习重点】

（1）熟练使用图形元件和影片剪辑。
（2）熟练掌握工具栏中绘图工具的使用。
（3）熟练掌握运动引导层的使用。

制作流程图如图6–2所示。

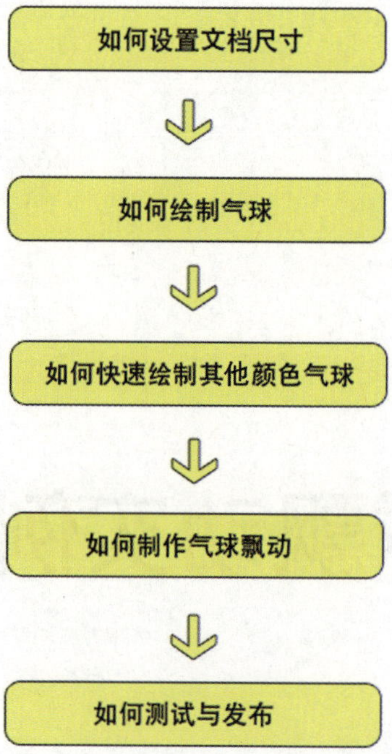

图6-2　制作流程图

具体制作

6.1　如何设置文档尺寸

选择“修改”→“文档属性”选项，在弹出的“文档属性”对话框中设置尺寸为700×200像素，背景颜色设置为黄色，帧频设置为24，单击“确定”按钮，如图6-3所示。

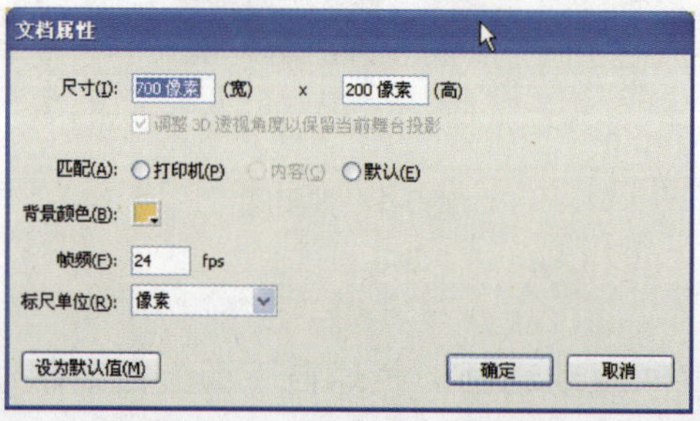

图6-3　“文档属性”设置

6.2　如何绘制气球

（1）选择“工具栏”中的“椭圆工具”，在舞台中绘制出椭圆形的气球，如图6-4和图6-5所示。

图6-4　绘制椭圆形气球形状

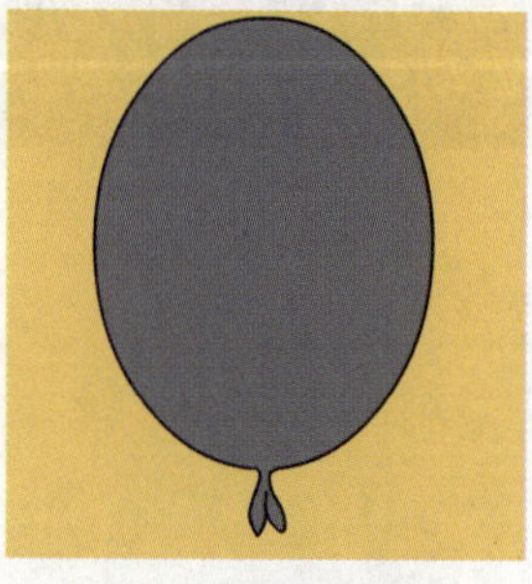

图6-5　椭圆工具

（2）选择气球形状颜色，打开属性栏中的“填充颜色”，选择红色球形渐变，如图6-6所示。

图6-6　选择红色球形渐变

（3）选择工具栏中的“渐变变形工具”，利用渐变变形工具手柄调节渐变色位置，如图6-7和图6-8所示。

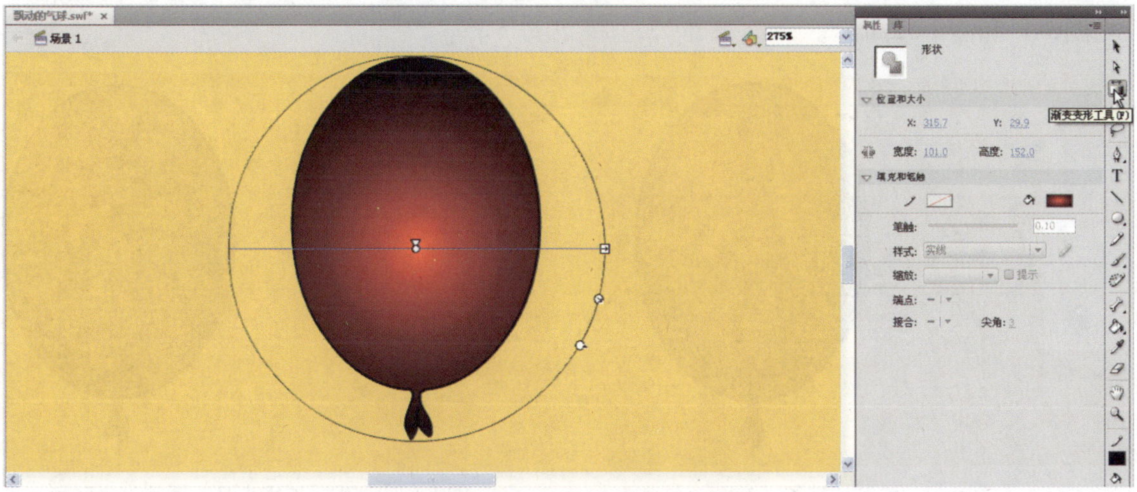

图6-7　选择工具栏中的“渐变变形工具”

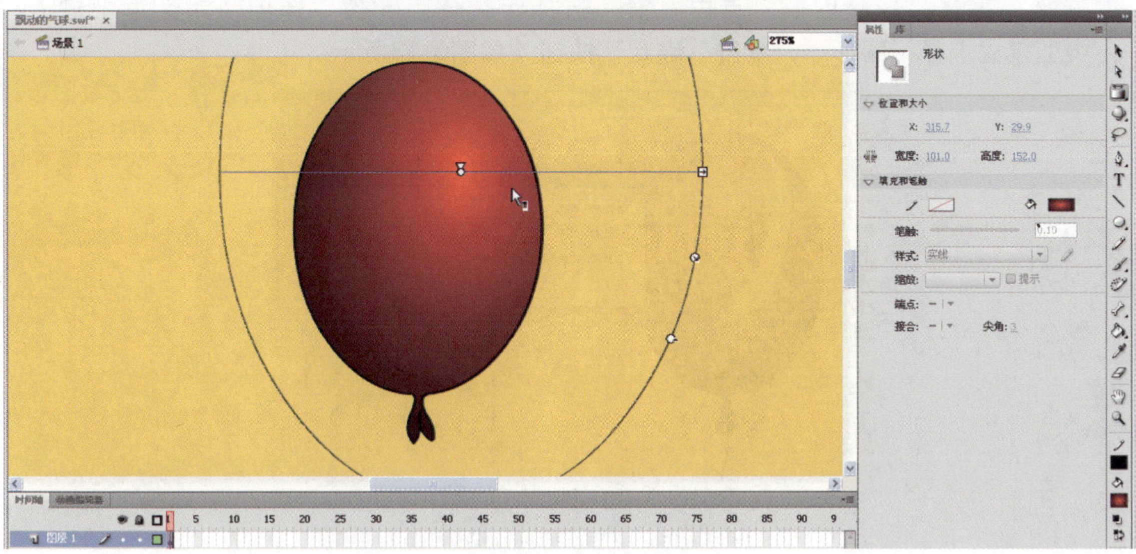

图6-8　调节渐变色的位置

（4）绘制出气球绳，选择“工具栏”中的铅笔工具，调节工具栏下端，用铅笔绘制出线条平滑度，选择曲线平滑效果，选择线条为黑色，填充色为无色，在气球下方绘制出气球绳，如图6-9和图6-10所示。

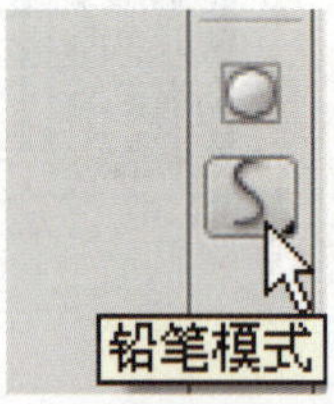

图6-9　选择曲线平滑效果

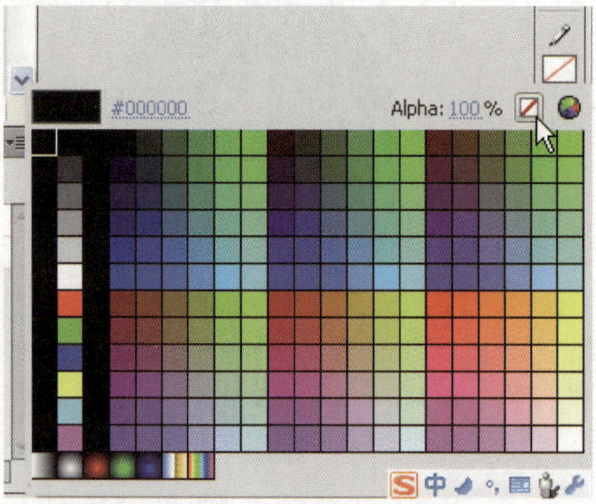

图6-10　填充色为无色

（5）绘制高光方法如下。

①选择工具栏中的“矩形工具”，在舞台中绘制长方形，利用“选择工具”调节高光形状，如图6-11和图6-12所示。

图6-11　绘制长方形

图6-12　利用“选择工具”调节高光形状

②选择“高光”形状图形，点击右键，选择“转化为元件”选项，对话框中键入“高光”，类型模式选择“图形”，单击“确定”按钮，如图6-13所示。

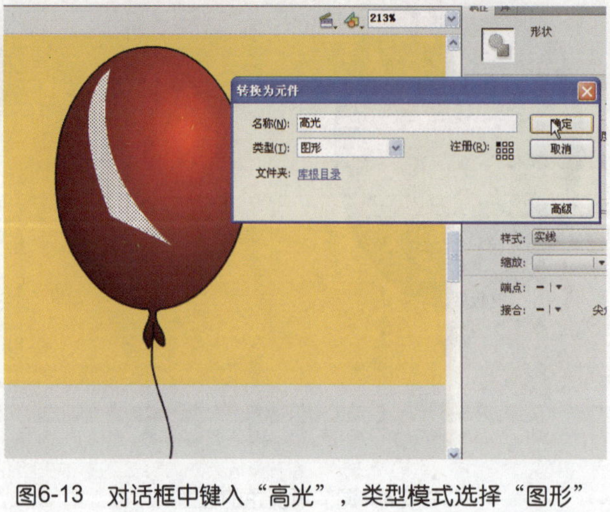

图6-13　对话框中键入“高光”，类型模式选择“图形”

③选择“高光”，用图形元件复制出气球暗部高光，选择属性栏中的“色彩效果”，在选项中样式设置暗部Alpha为16%，亮部Alpha为80%，如图6-14和图6-15所示。

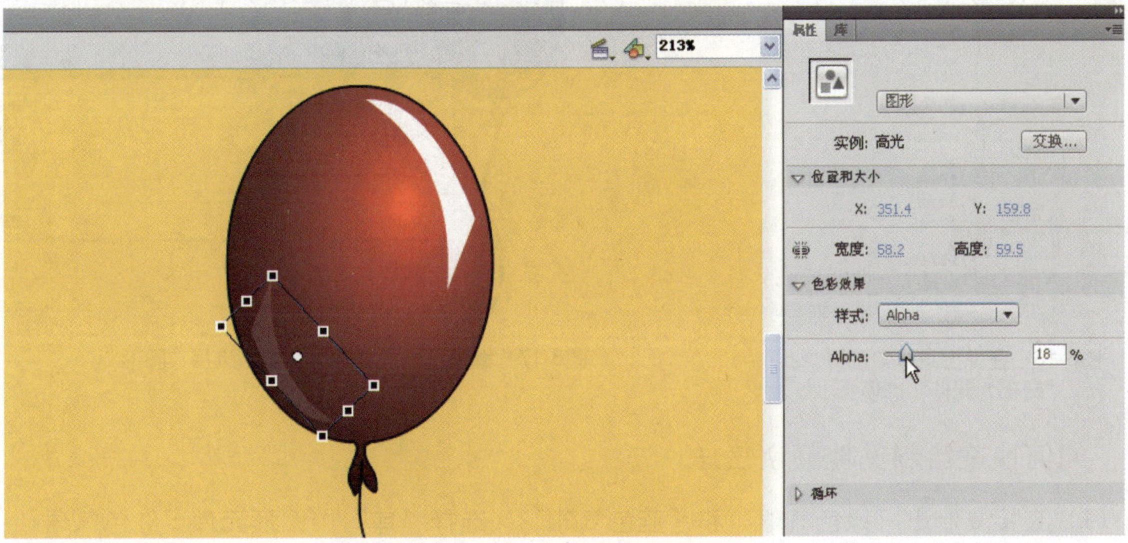

图6-14　暗部Alpha为16%

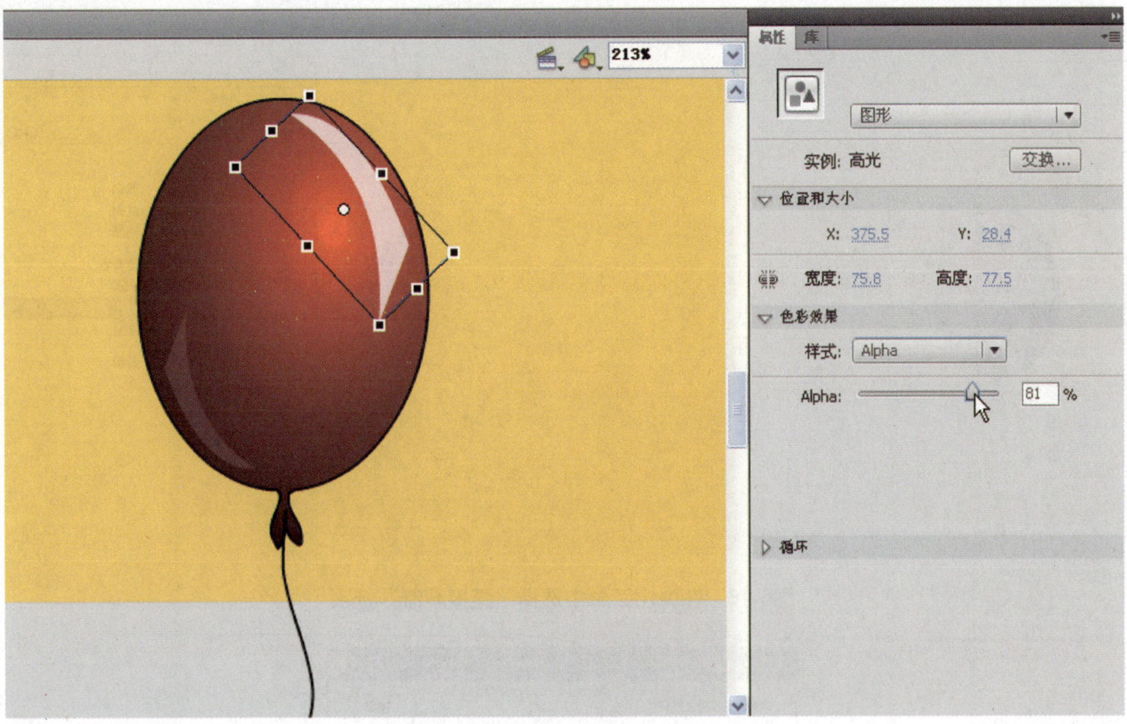

图6-15　亮部Alpha为80%

④选择气球所有组成部分，点击右键，选择“转化为元件”选项，在弹出的“转化为元件”对话框中键入“红色气球”，类型选择“图形”，单击确定按钮，如图6-16和图6-17所示。

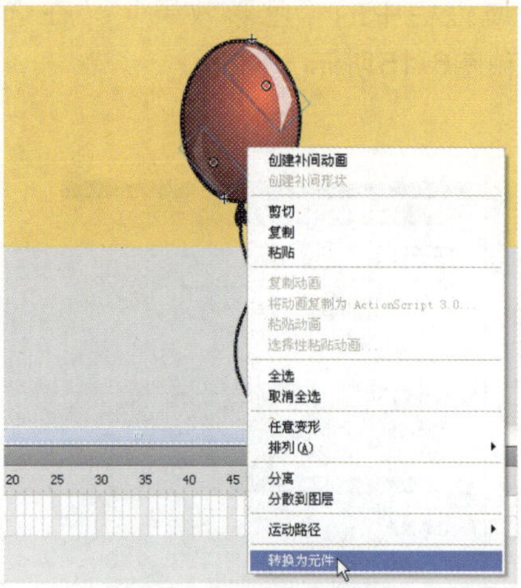

图6-16　在弹出菜单中选择“转化为元件”选项

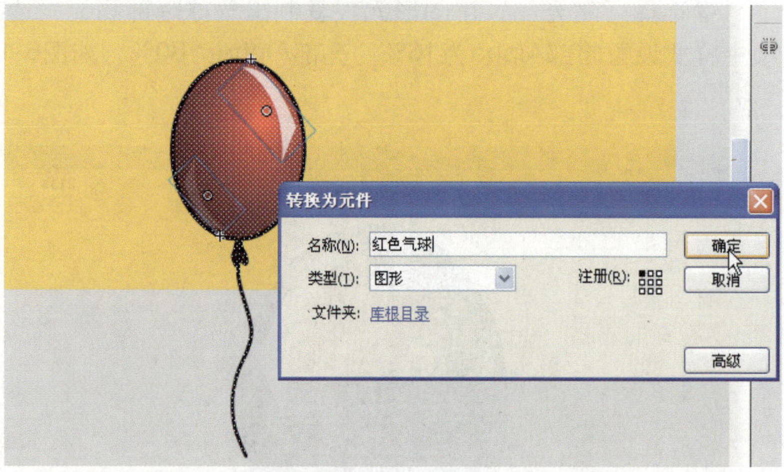

图6-17　键入“红色气球”，类型选择“图形”

6.3　如何快速绘制其他颜色气球

（1）直接复制出“绿色气球”和“蓝色气球”，选择“库”中图形元件“红色气球”，点击右键，在弹出菜单中选择“直接复制”选项，在弹出的“直接复制元件”对话框中键入“绿色气球”，类型设置为“图形”模式，单击确定按钮，如图6-18和图6-19所示。

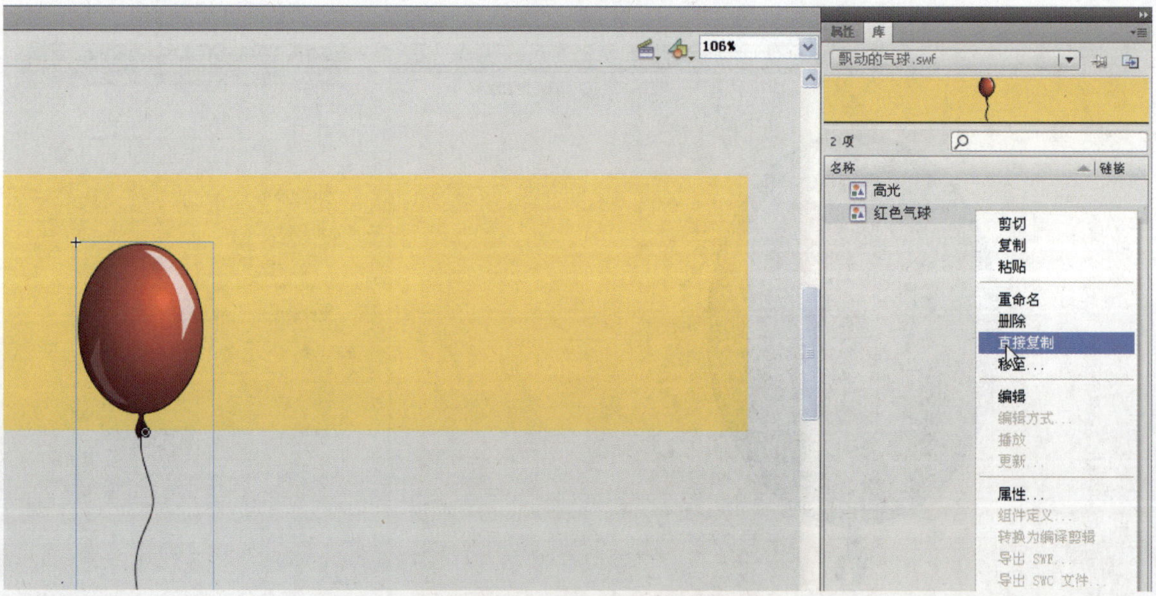

图6-18　在弹出菜单中选择“直接复制”选项

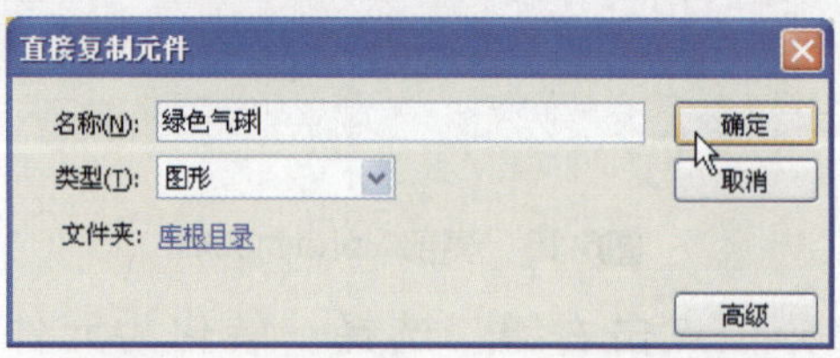

图6-19　键入“绿色气球”，类型设置为“图形”模式

（2）双击“绿色气球”图形元件进入内部，在“填充色”中选择绿色球形渐变，利用制作“绿色气球”的方法制作出“蓝色气球”，如图6-20和图6-21所示。

图6-20　在“填充色”中选择绿色球形渐变

图6-21　用制作“绿色气球”的方法制作出“蓝色气球”

6.4　如何制作气球飘动

提示：场景1舞台中，在舞台中制作“红色气球”由下往上自然飘动的效果动画。

（1）选择“红色气球”，点击右键，在菜单中选择“转化为元件”选项，在弹出的“转化为元件”对话框中键入“红色飘”，类型选择“影片剪辑”模式，如图6-22和图6-23所示。

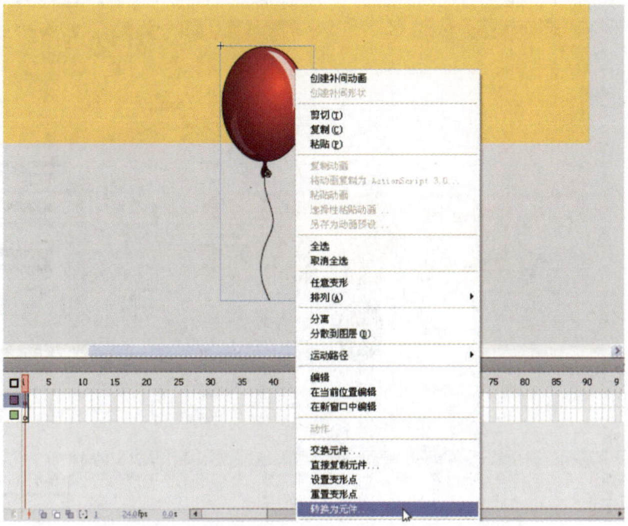

图6-22　在菜单中选择“转化为元件”选项

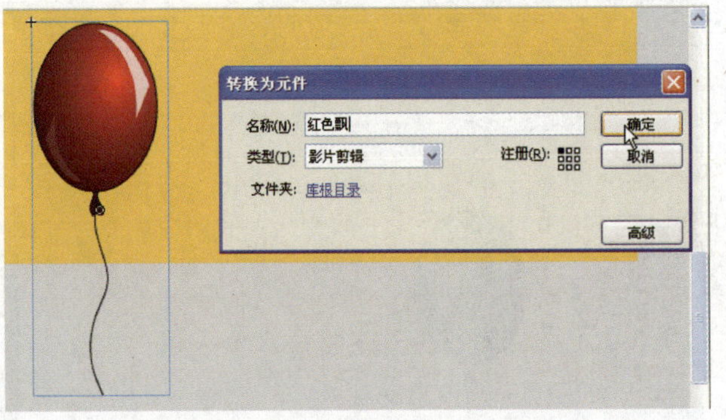

图6-23　在弹出的“转化为元件”对话框中键入“红色飘”

提示：在“红色飘”影片剪辑中给气球飘动添加“运动引导层”。

（2）双击进入“红色飘”影片剪辑中，在红色气球层中点击右键，在弹出菜单中选择“添加运动引导层”效果，如图6-24所示。

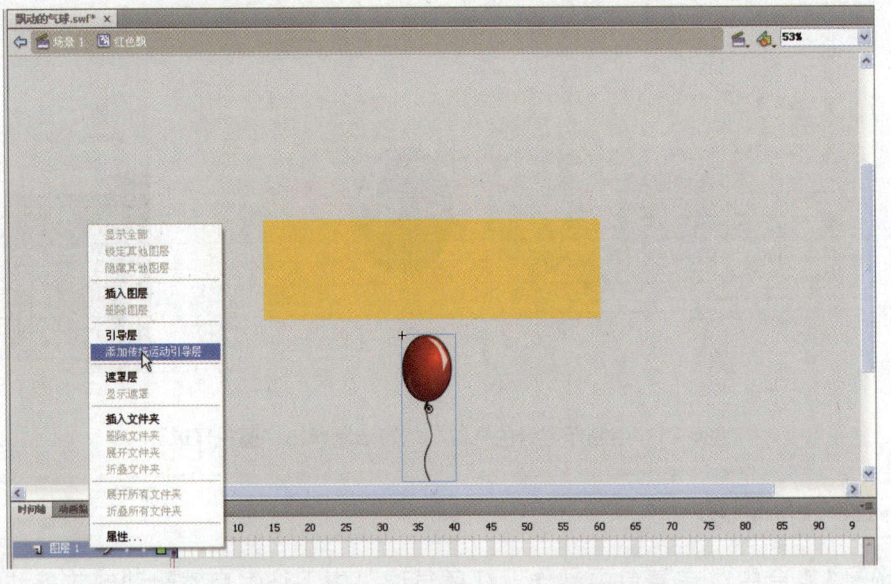

图6-24　弹出菜单中选择“添加运动引导层”

（3）选择时间轴第80帧位置，点击右键，在菜单中选择“插入帧”选项，选择图层1最后一帧，点击右键，在菜单中选择“插入关键帧”选项，如图6-25和图6-26所示。

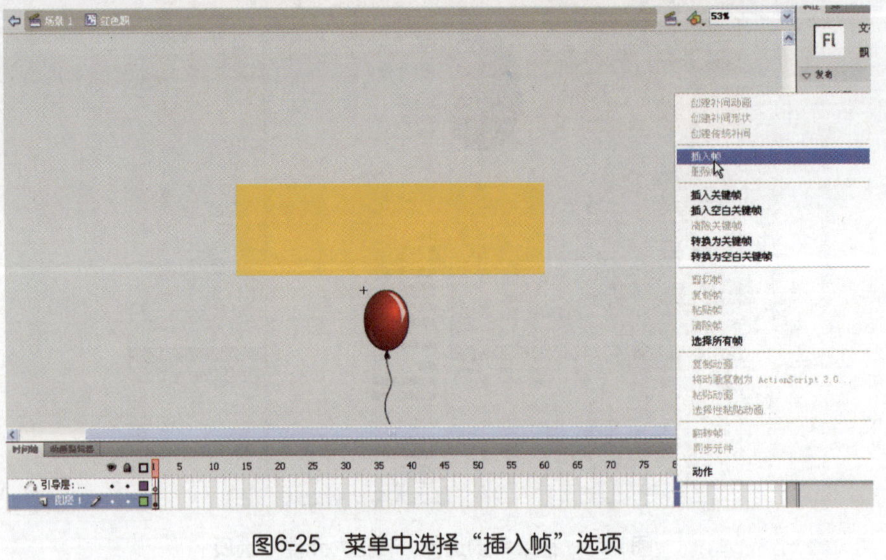

图6-25　菜单中选择“插入帧”选项

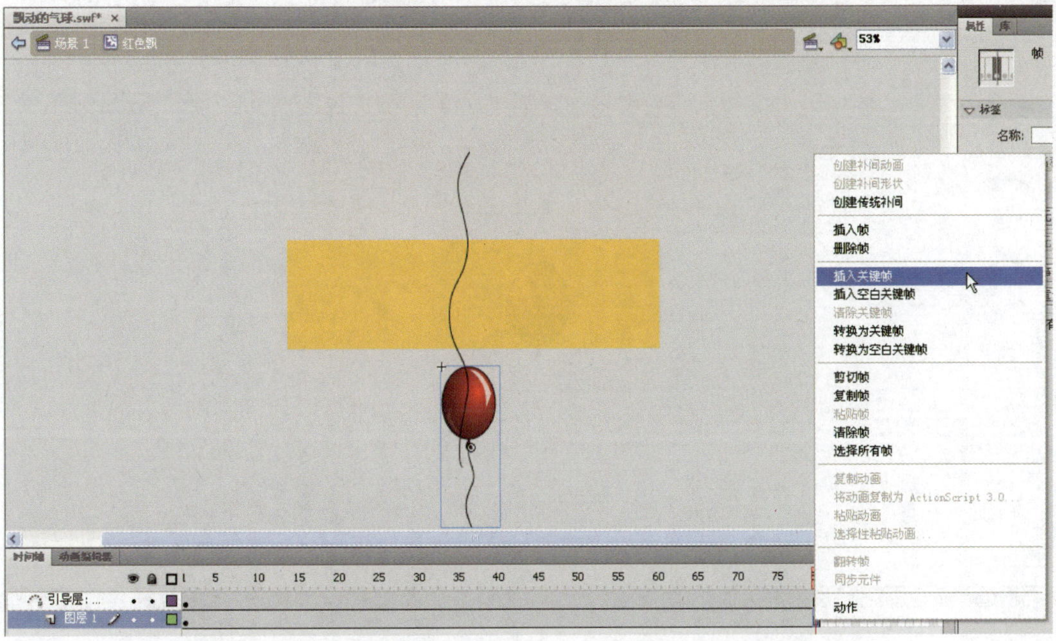

图6-26　菜单中选择“插入关键帧”选项

（4）选择图层1第1帧到第80帧之间，点击右键，在菜单中选择“创建补间动画”选项，选择激活图层1第1帧，点击舞台中的“红色气球”图形元件中心点使其吸附到运动引导线下端，选择激活图层1第80帧，点击舞台中“红色气球”图形元件中心点使其吸附到运动引导线上端，按Ctrl+Enter键测试气球飘动，如图6-27和图6-28所示。

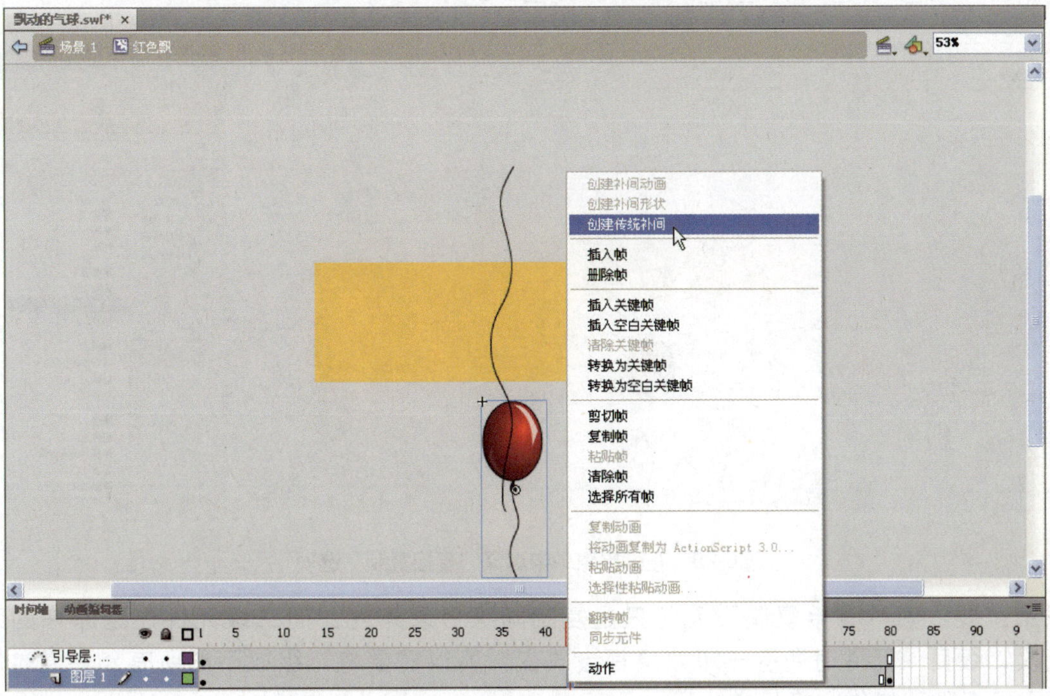

图6-27　菜单中选择“创建补间动画”选项

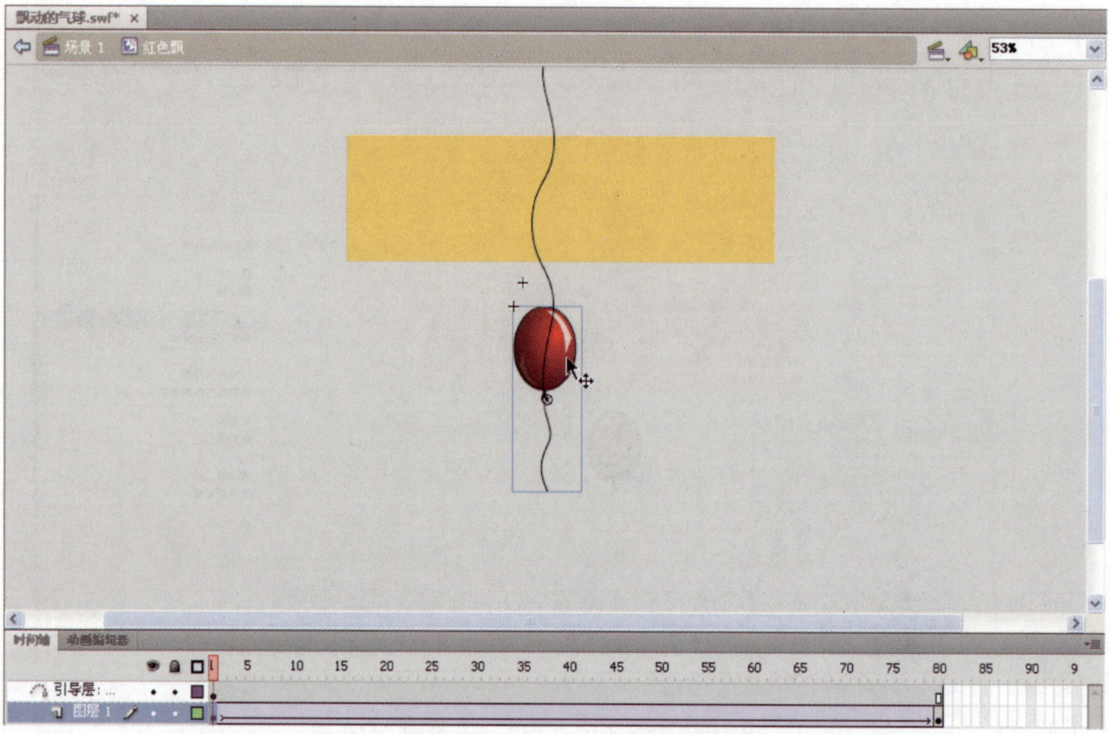

图6-28　点击舞台中“红色气球”图形元件中心点使其吸附到运动引导线下端

提示：制作完成“红色飘”影片剪辑后，利用“库”中“直接复制”原理快速复制出其他飘动气球。

(5) 选择“库”中“红色飘”影片剪辑，点击右键，在弹出菜单中选择“直接复制”选项，复制出“绿色气球”和“蓝色气球”，如图6-29所示。

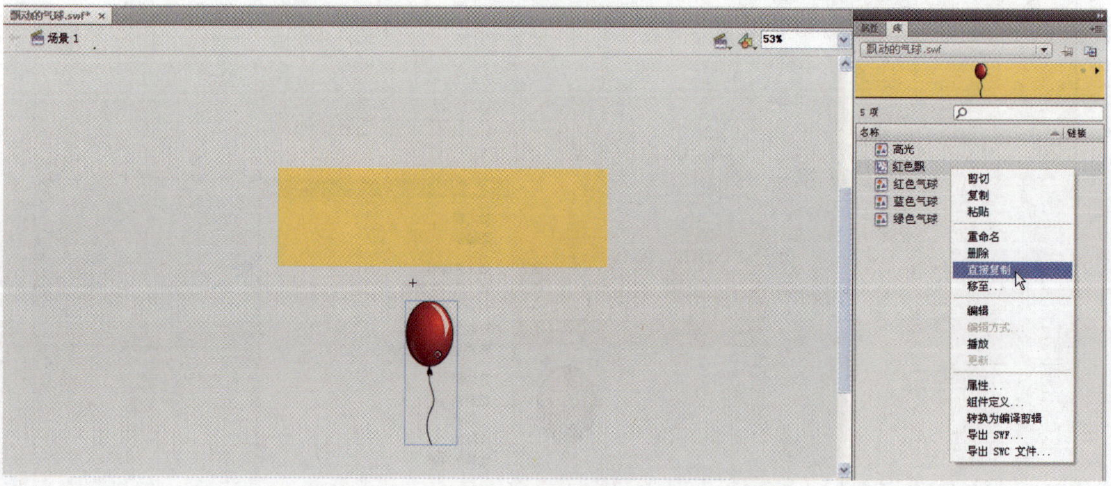

图6-29　在弹出菜单中选择“直接复制”选项

提示：要注意“直接复制”元件只是复制同级目录元件，而二级元件还是原来的元件组合，更改二级目录元件时所有一级效果都会改变，所以需要将二级以下的所有元件通过属性栏中的“交换元件”操作交换相应效果。

(6) 双击进入“绿色飘”影片剪辑内部，将时间轴光标移到第1帧位置，点击舞台中的“红色气球”元件，选择属性栏中的“交换”按钮，在弹出的“交换元件”对话框中选择“绿色气球”图形元件，如图6-30和图6-31所示。

把时间轴光标移到第80帧位置，点击舞台中的“红色气球”元件，选择属性栏中的“交换”按钮，在弹出的“交换元件”对话框中选择“绿色气球”图形元件；利用同样的方法制作出其他飘动气球，如图6-32所示。

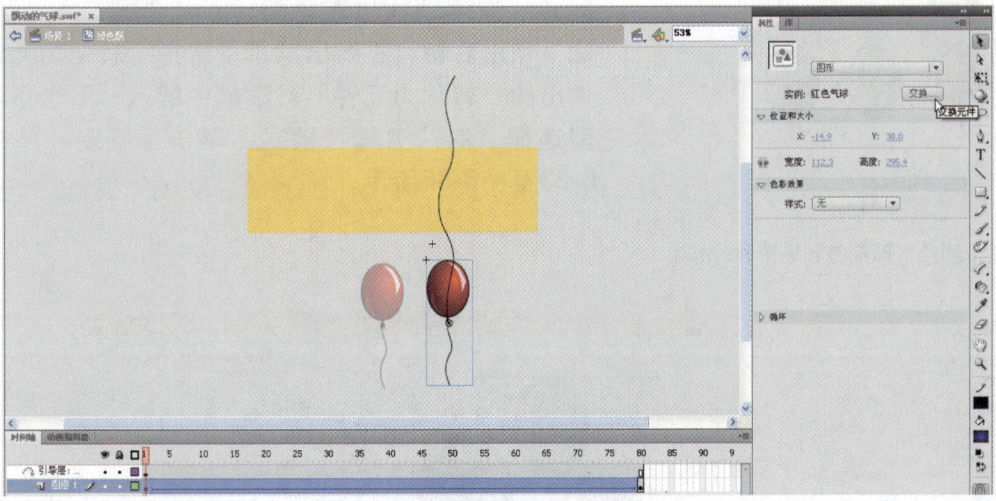

图6-30 选择属性栏中的“交换”按钮

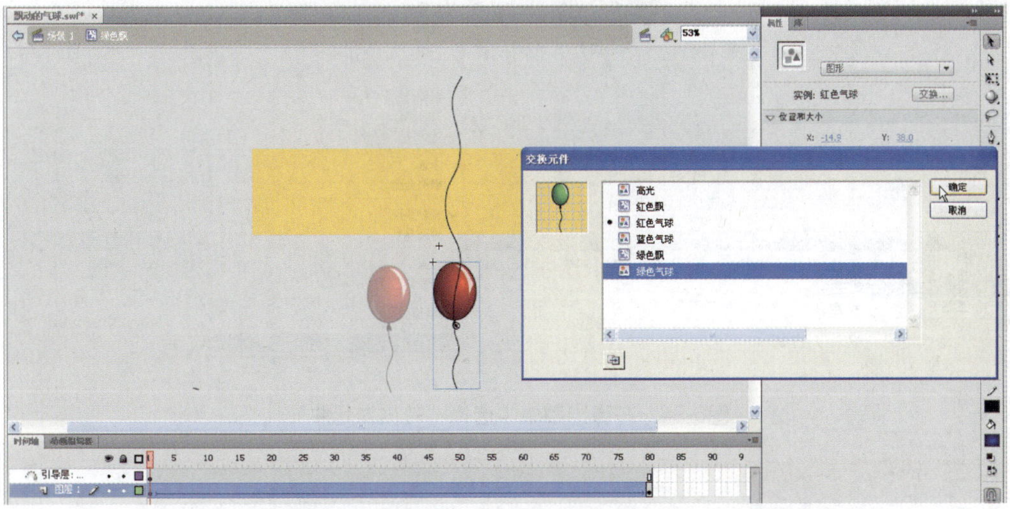

图6-31 在弹出的“交换元件”对话框中选择“绿色气球”图形元件

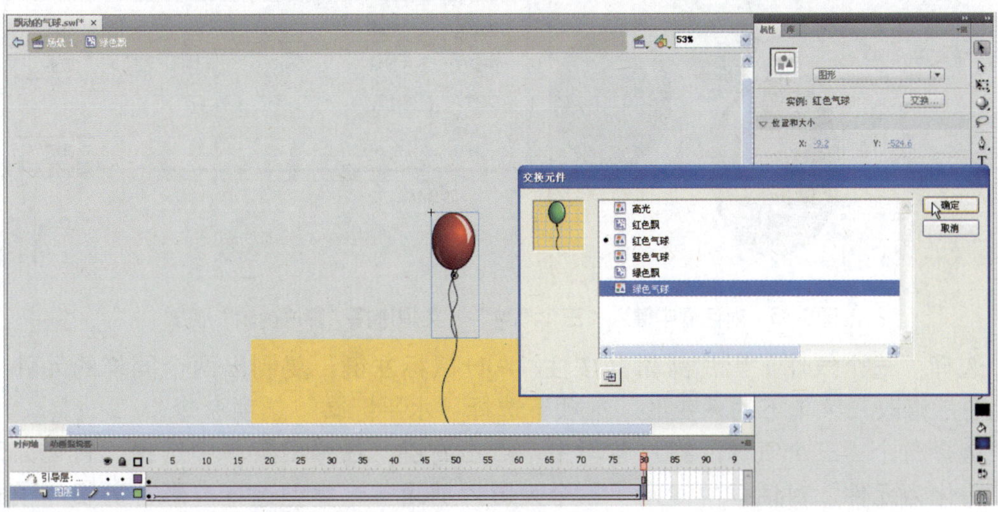

图6-32 在弹出的“交换元件”对话框中选择“绿色气球”图形元件

图6-33　三个颜色气球拖曳到场景1舞台中

（7）选择“库”中的三个颜色气球，拖曳到场景1舞台中，利用“任意变形工具”排列三个不同颜色的飘动气球的大小及位置（三个气球中有一个需要左右翻转，漂浮动作也随之翻转），选择三个颜色飘动气球，点击右键，在弹出菜单中选择“转化为元件”，在弹出的“转化为元件”对话框中键入“三个气球”，类型选择“影片剪辑”模式，单击“确定”按钮，如图6-33至图8-35所示。

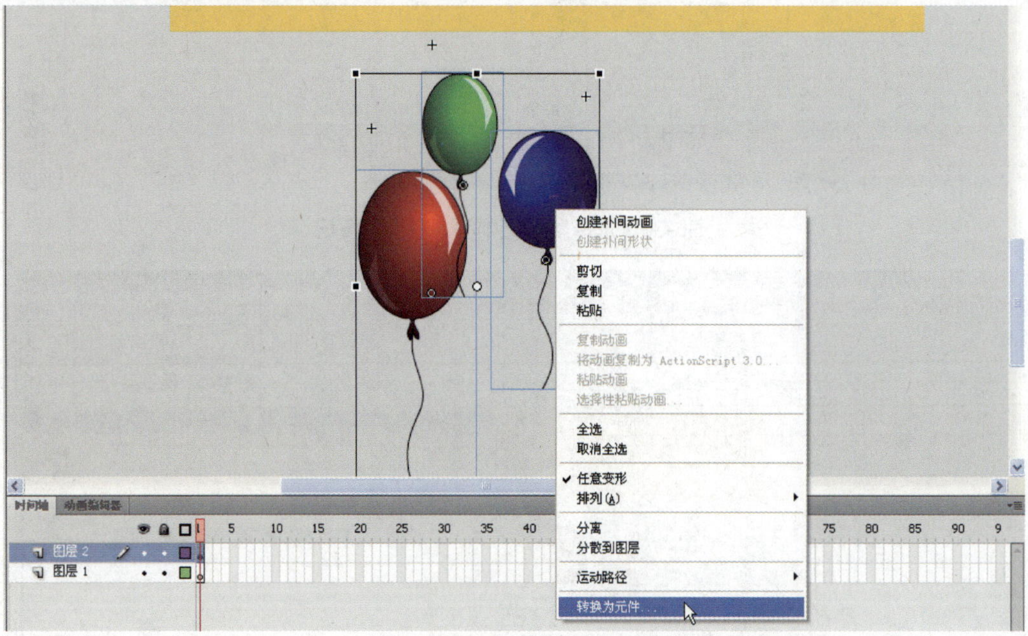

图6-34　在弹出菜单中选择“转化为元件”

图6-35　对话框中键入“三个气球”，类型选择“影片剪辑”模式

（8）选择“三个气球”影片剪辑，按住“Alt+鼠标左键”复制出两个同样的元件，选择其中一个，在“修改”菜单下的“变形”选项下选择“水平翻转”选项命令。

（9）选择三个“三个气球”影片剪辑中，点击右键，在弹出菜单中选择“转化为元件”选项，在“转化为元件”对话框中键入“三个大影片剪辑”，类型选择“影片剪辑”模式，单击“确定”按钮，如图6-36所示。

图6-36　对话框中键入“三个大影片剪辑”

（10）按住“Alt+鼠标左键”，复制出与“三个大影片剪辑”同样的元件，快速丰富气球数量，选择所有气球元件，在属性栏中“色彩效果”下选择“ALPHA”为80%左右，如图6-37所示。

图6-37　选择“ALPHA”为80%左右

提示：按住“Ctrl+Enter”测试效果后，发现气球都是以一样的速度和一样的效果出现，没有随机动画效果，可以通过调节各个颜色飘动时间轴的不同帧数来调节气球飘动效果。

（11）双击进入“蓝色飘”影片剪辑内容，把图层1时间轴延长至135帧左右。双击进入“红色飘”影片剪辑内容，把图层1时间轴延长至100帧左右。双击进入“绿色飘”影片剪辑内容，把图层1时间轴延长至125帧左右。按住“Ctrl+Enter”测试不规则飘动效果，如图6-38和图6-40所示。

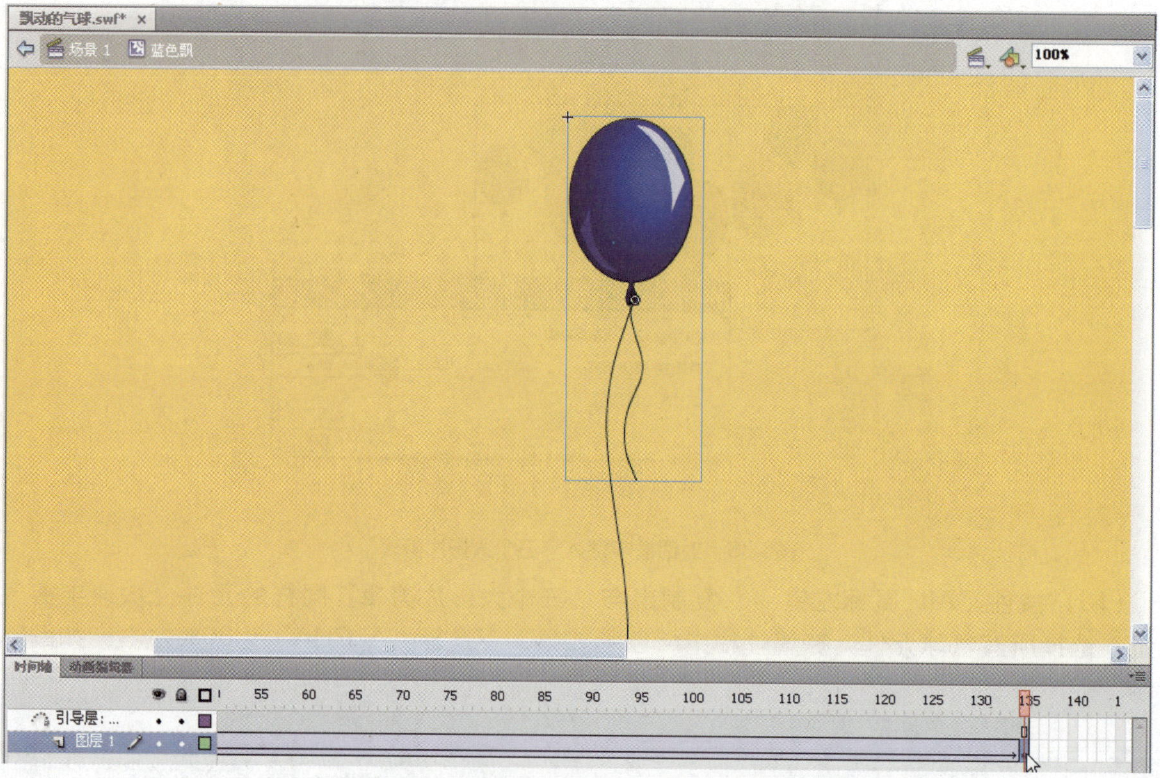

图6-38　进入“蓝色飘”影片剪辑内容，使图层1时间轴延长至135帧左右

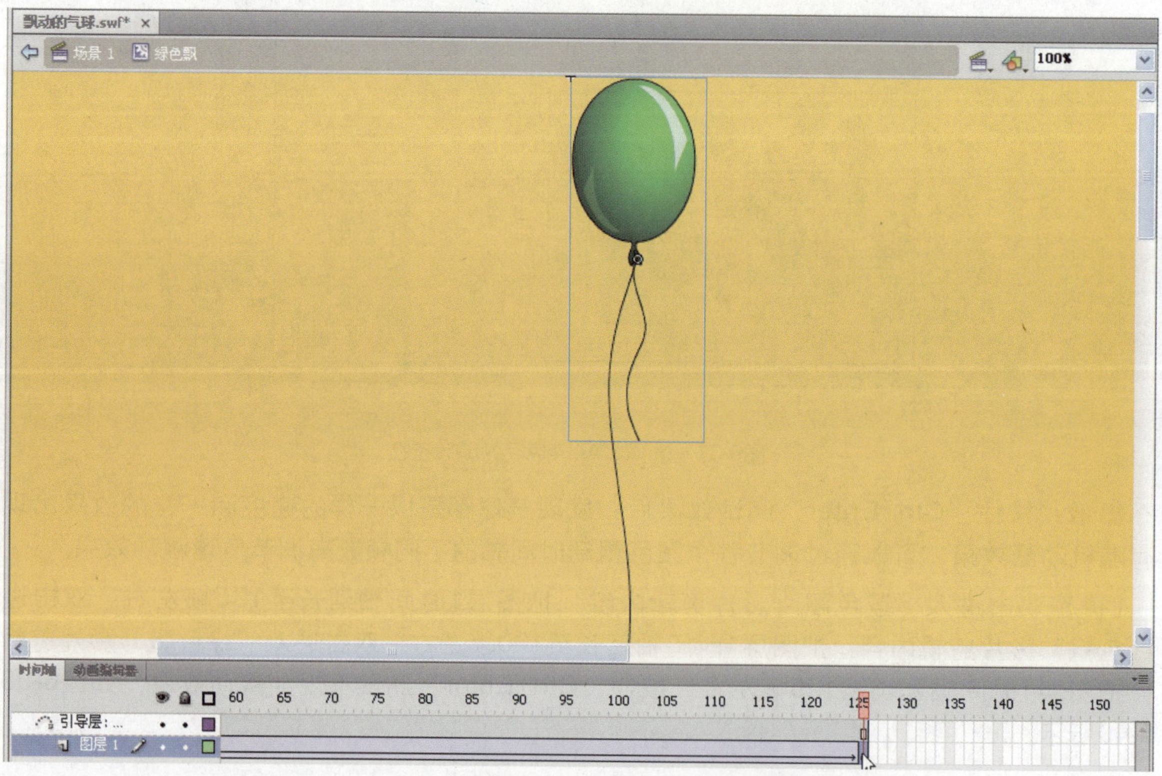

图6-39　进入“绿色飘”影片剪辑内容，使图层1时间轴延长至125帧左右

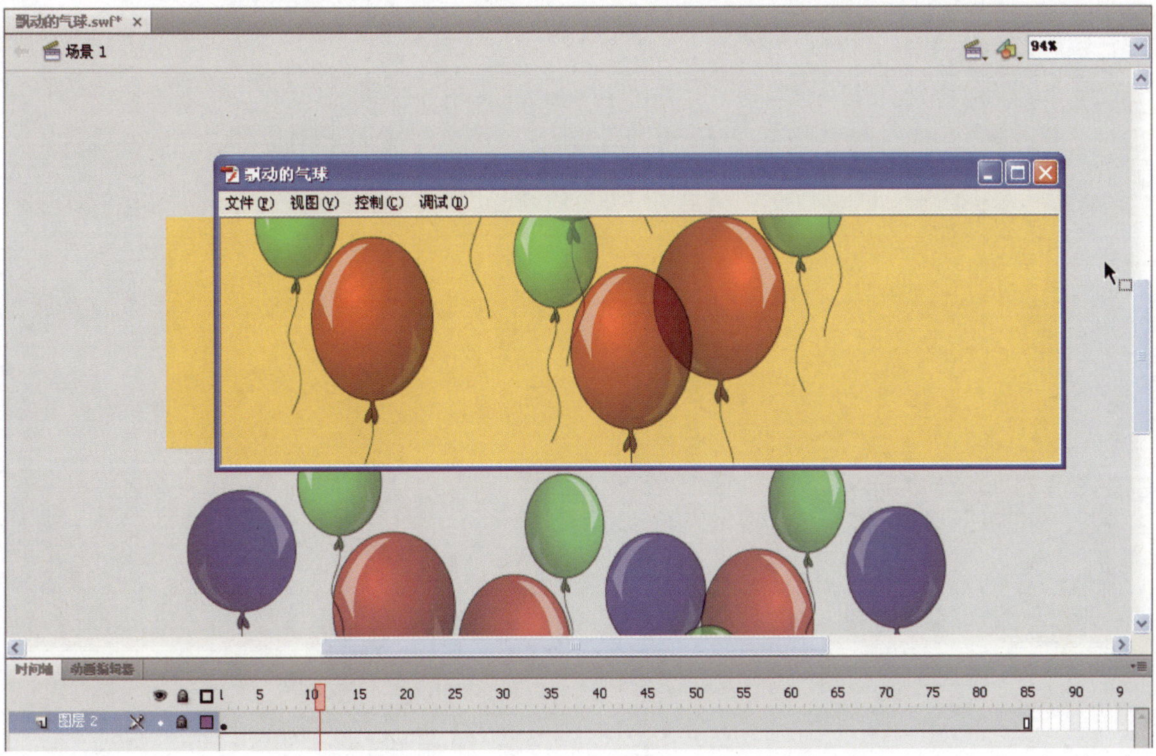

图6-40 按住“Ctrl+Enter”测试不规则飘动效果

活学活用：

本实例为网络类广告，采用相同的技术，可以制作出不规则的影片动画效果。

现场创作实训：

制作水泡、飞机、大雁等动画实例。

创作要求：

（1）用Flash绘制形象或者寻找合适图片形象。

（2）符合动画运动规律。

（3）画面色调协调统一。

（4）动画寓意表达准确及创意效果。

第7章　台球绘制及运动实例

（本实例附带视频教程）

情景化描述：通过本实例（如图7-1所示）详细学习使用填充渐变色及渐变任意工具，根据台球下落的运动规律，利用缓动编辑调节下落运动。

图7-1　效果图

【学习重点】

（1）熟练掌握渐变填充色的使用。

（2）熟练掌握渐变任意工具的使用。

（3）熟练掌握缓动效果的使用。

制作流程图如图7-2所示。

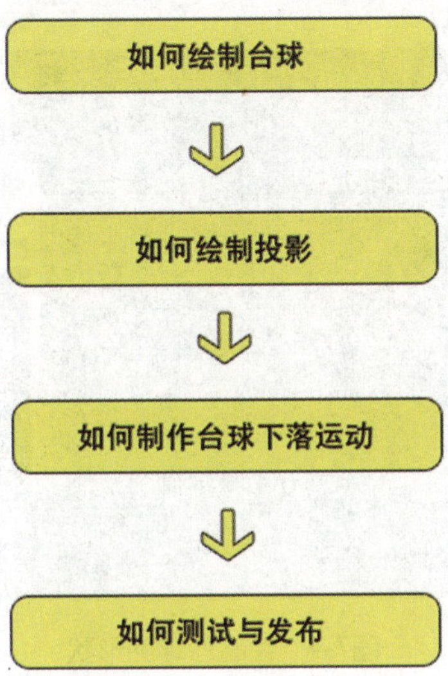

图7-2　流程图

具体制作

7.1 如何绘制台球

1. 绘制背景色

提示：绘制台球桌面背景色时，由于文档属性的背景色只能调节单色，所以需要在时间轴上独立一个图层将背景色绘制出来，利用填充渐变色及渐变任意工具调节背景效果。

选择工具栏中的“矩形工具”，在舞台中绘制出方形，在属性栏对话框中调节宽为550像素、高为400像素，并将位置调整为x=0、y=0，使其与画布大小相同，如图7-3所示。

图7-3 绘制台球的背景色

2. 绘制台球形状及颜色

提示：利用工具栏中的“椭圆工具”绘制其形状，然后利用圆型渐变填充色调节反光色，使其具有立体效果。

（1）选择工具栏中的“椭圆工具”，在时间轴上新建图层，并在舞台中心按住“Shift+Alt”键绘制出正圆大小，如图7-4所示。

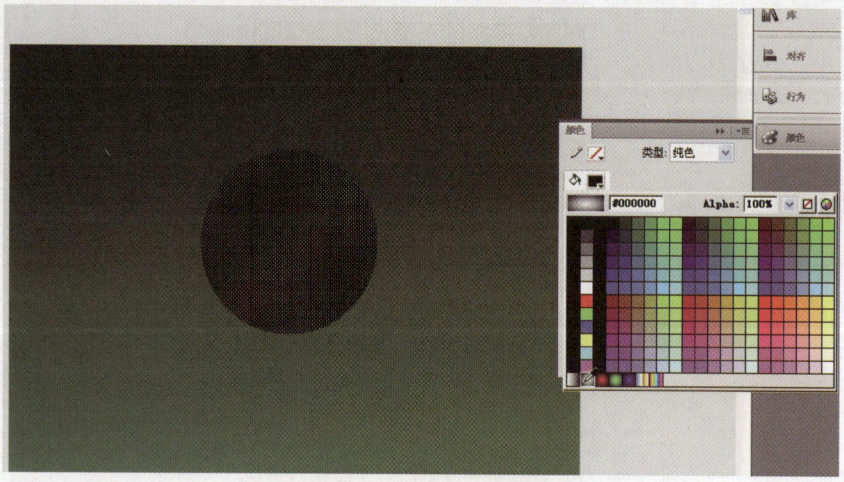

图7-4 绘制台球的形状

（2）在颜色对话框中选择“圆型黑白渐变填充色”将其填充，然后在颜色对话框中调节两端渐变色为“黑色”，调节右端颜色为反光色，将其调整为“暗绿色”。

（3）在工具栏中用“渐变任意工具”将其调节为合适的反光效果，如图7-5所示。

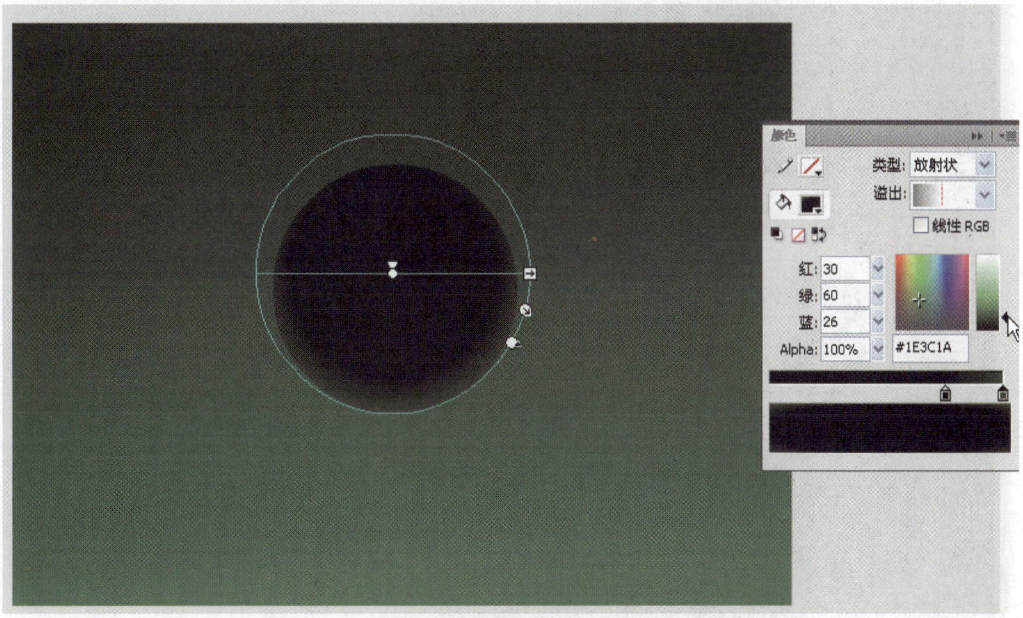

图7-5　调节台球的反光色

3．绘制台球表面数字形状

提示：绘制台球表面的数字形状需要在时间轴上新建图层，以便更好地管理图层。

（1）在时间轴上新建图层，选择工具栏中的“椭圆工具”，在舞台中绘制出“椭圆形状”；选择颜色对话框中的“黑白渐变色”，然后利用工具栏中的“渐变任意工具”调节颜色方向及位置，如图7-6所示。

图7-6　调节黑白渐变色

（2）选择工具栏中的“文字工具”，在这层上输入“8”，打开“属性”对话框中的“字符”，将字体样式改为英文字体“Arial”，样式改为“Bold”，大小改为“58”，颜色为“黑色”，如图7-7所示。

图7-7　键入文字效果

（3）选择调整文字效果，点击右键，在弹出的对话框中选择“分离”，选择工具栏中的“任意变形工具”，按住“Ctrl+鼠标左键”调节其透视效果，如图7-8和图7-9所示。

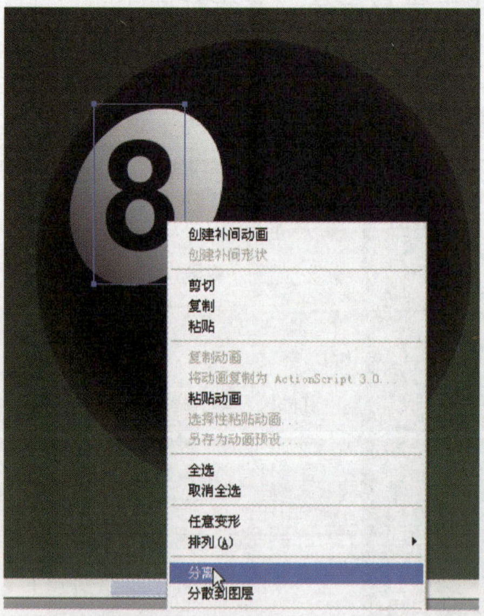

图7-8　在弹出的对话框中选择“分离”

图7-9　调节其透视效果

4．绘制台球的高光效果

提示： 首先新建图层绘制出高光的形状，再将其填充渐变色，然后利用线条将“高光形状”裁切出来，利用渐变任意工具调整渐变效果。

（1）选择工具栏中的“椭圆工具”，在新建图层中绘制出跟台球一样大小的圆形，选择工具栏中的“墨水瓶工具”，将铅笔颜色改为白色，鼠标点击圆边，然后选择白色边线，将圆裁切成如下形状，如图7-10至图7-13所示。

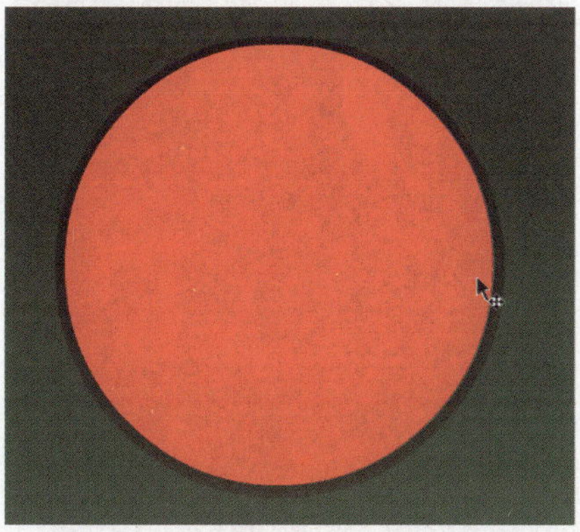

图7-10　绘制跟台球一样大的圆形

图7-11　用边线裁切圆的形状1

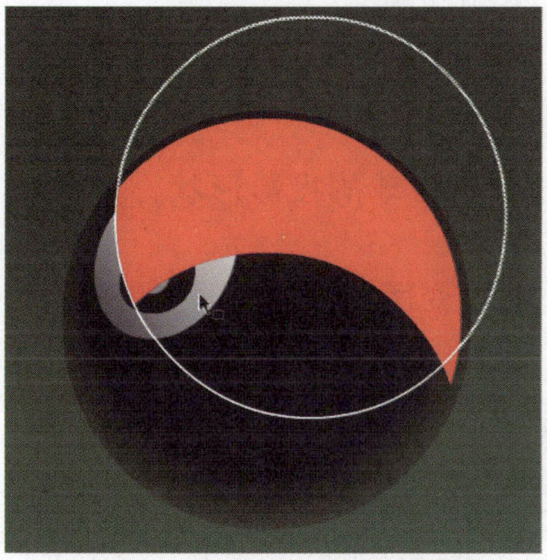

图7-12　用边线裁切圆的形状2

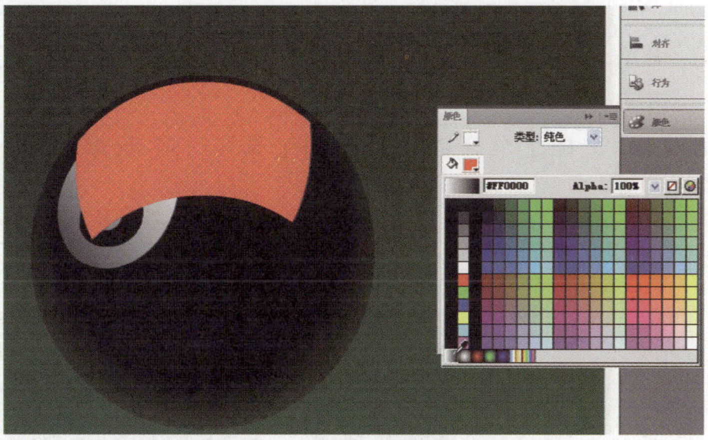

图7-13　用边线裁切圆的形状3

（2）选择工具栏中填充“黑白渐变色”，打开“颜色”对话框，调节两端颜色为白色，然后将一端白色“Alpha”调整为0，选择工具栏中“渐变变形工具”调节手柄，调节高光位置和效果至合适颜色，如图7-14和图7-15所示。

图7-14　将一端的白色“Alpha”调整为0

图7-15　调节手柄调出高光的位置

图7-16　绘制出投影的大小

7.2　如何绘制投影

提示：台球投影出现在台球的后面，所以可以直接在背景色图层上新建图层，绘制出投影，利用“填充渐变色”将其调出。

（1）选择工具栏中的“椭圆工具”，在新建图层上绘制出台球的投影形状，如图7-16所示。

（2）打开“颜色”对话框，选择填充圆形黑白渐变色，将渐变两端颜色都调整为黑色，并将右端黑色的“Alpha”调整为0，如图7-17所示。

图7-17　右端黑色的“Alpha”调整为0

（3）利用工具栏中的“渐变变形工具”调整为如下所示位置，如图7-18至图7-20所示。

图7-18　用渐变变形工具旋转到垂直的位置

图7-19　渐变变形工具

图7-20　调整外圈直至合适效果

7.3　如何制作台球下落运动

1. 制作台球元件

提示：前面制作台球的各个部分都是分层做的，在这里需要将每一部分进行“群组”，再转化为一个元件，后面才能制作补间动画（影片剪辑和图形元件）。

（1）首先将台球每个部分“按住Ctrl+G”进行“群组”，鼠标选中台球每个层，点击右键，在弹出菜单中选择“转化为元件”选项，如图7-21所示。

（2）在弹出对话框中键入“台球”，类型选择“影片剪辑”，单击“确定”按钮，最后将其他空白层删掉，如图7-22所示。

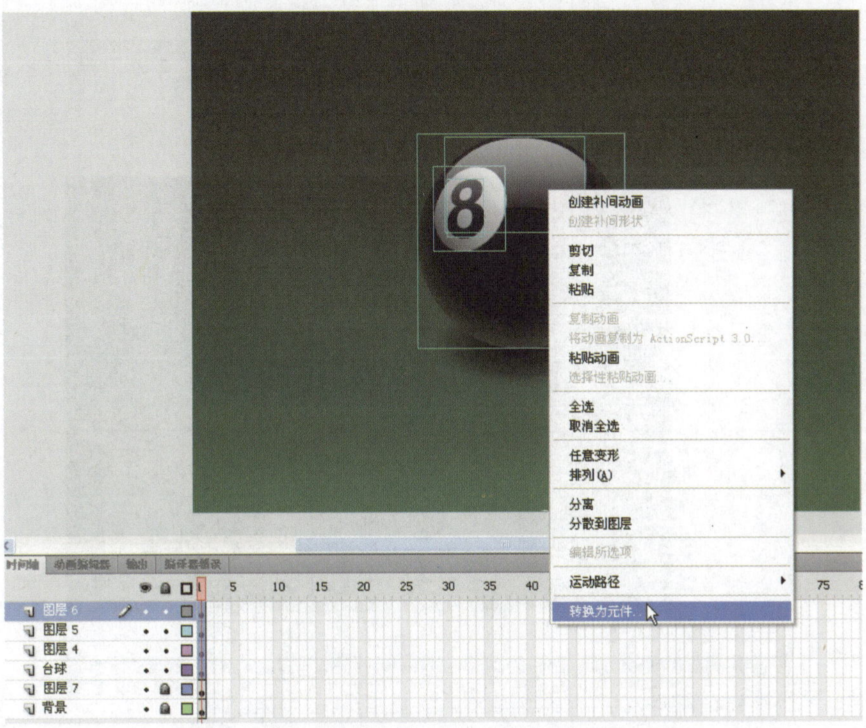

图7-21　在弹出的菜单中选择“转化为元件”选项

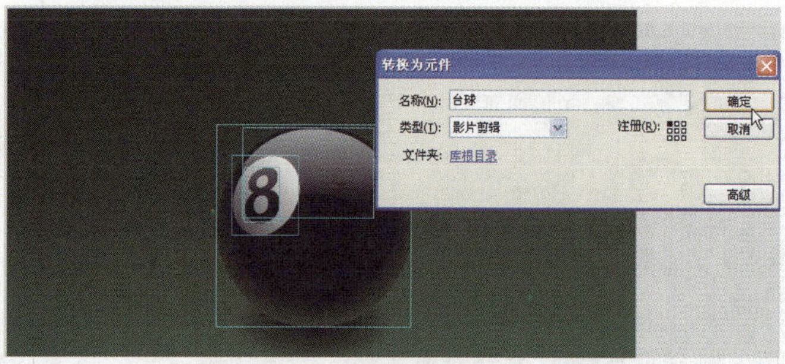

图7-22　在弹出的对话框中键入“台球”

2．制作台球下落

提示：分为三层，一是台球元件的层，二是台球投影的层，三是台球背景的层；制作台球和投影的补间动画使其符合运动规律。

在三个层第60帧的位置，点击右键，在弹出菜单中选择“插入帧”选项；在台球层第60帧位置，点击右键，在弹出对话框中选择“插入关键帧”选项；在台球层中间，点击右键，在弹出菜单中选择“创建传统补间”，点击第1帧台球，把它从舞台中移动到画面之上，测试画面效果如图7-23和图7-24所示。

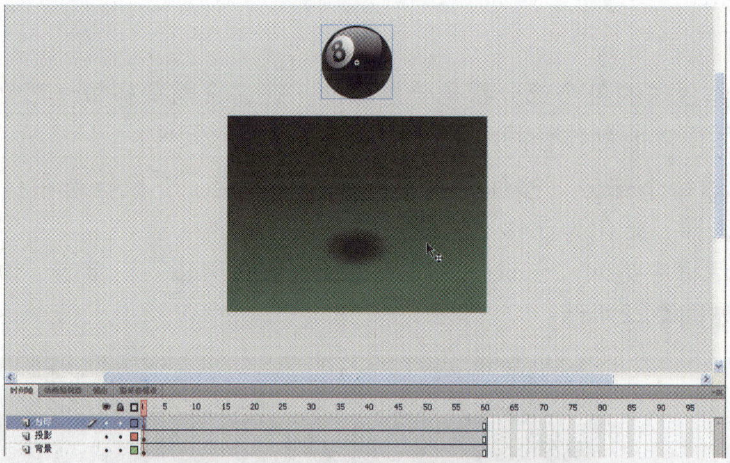

图7-23　第1帧的位置移动到画面之外

图7-24　第60帧的位置移动到画面中间

3．制作缓动效果

提示：只调节缓动值并不符合台球下落的运动效果，还需要学习调节缓动编辑对话框来处理运动效果。

选中台球层中间，打开属性栏中 “编辑缓动” 按钮，在弹出的对话框中调节运动效果，如图7-25和图7-26所示。

图7-25　打开属性栏中的“编辑缓动”按钮

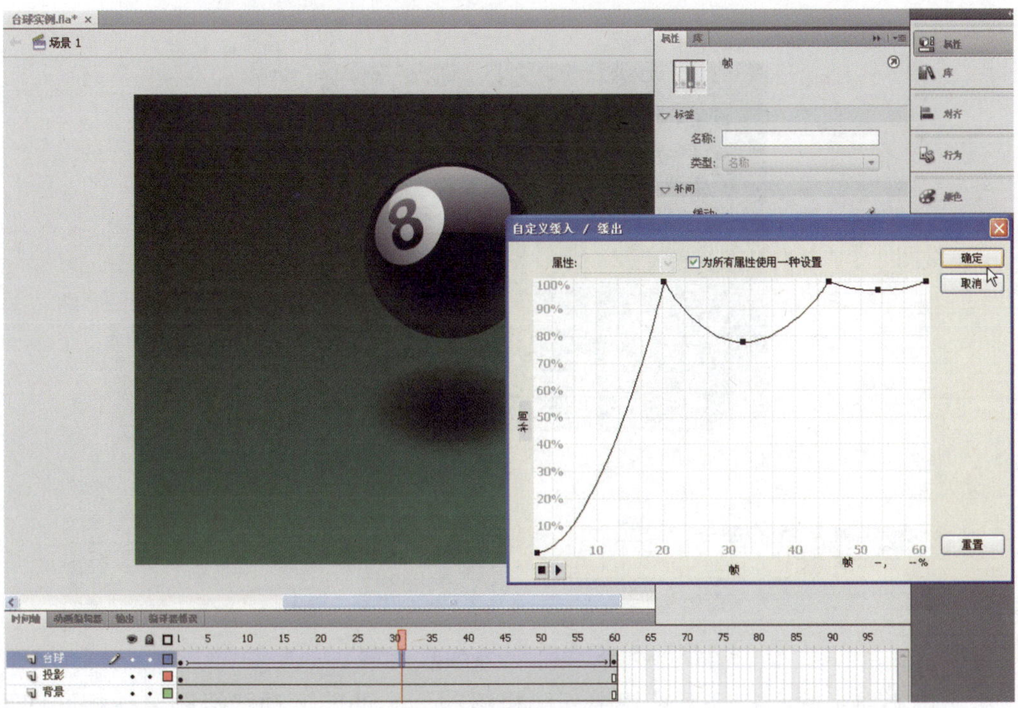

图7-26　调节运动效果

4. 制作投影效果

提示：投影效果要随着台球下落而发生运动变化，也就是说投影缓动效果要与台球相同。

（1）在投影层最后一帧上点击右键，在弹出菜单中选择“插入关键帧”选项，如图7-27所示。

图7-27　在弹出的对话框中选择“创建传统补间”

（2）点击中间，点击右键，在弹出的对话框中选择“创建传统补间”，点击第1帧位置，将舞台中投影“属性栏”的色彩模式“Alpha”设置为0，如图7-28所示。

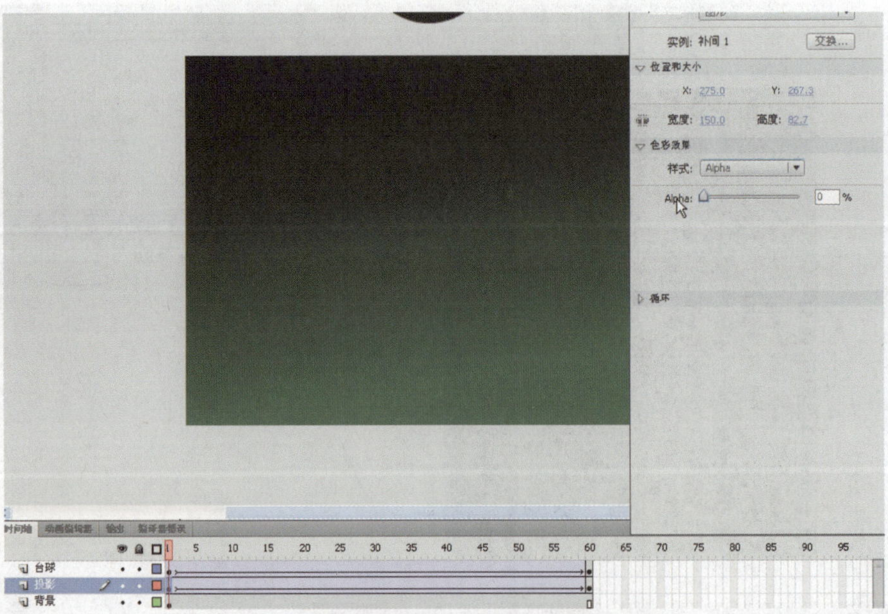

图7-28　色彩模式“Alpha”设置为0

（3）点击投影层中间，打开属性栏中“编辑缓动”，调节运动路径跟台球相同即可，最后测试画面效果，如图7-29和图7-30所示。

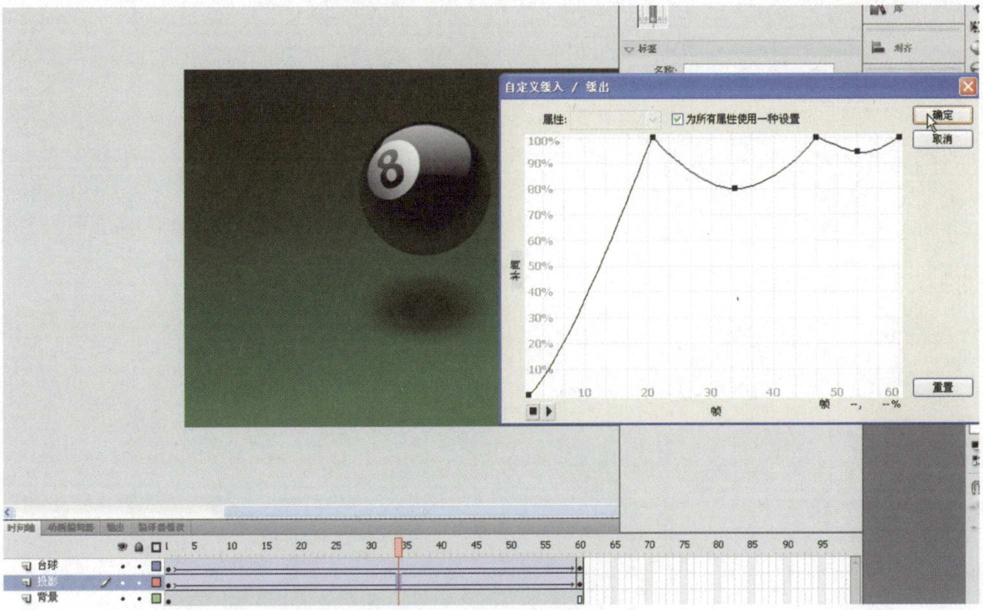

图7-29　调节运动路径

图7-30　最终效果图

活学活用：

本实例为台球下落运动动画，采用相同的技术，可以制作出不同物体下落运动的动画效果。例如篮球、足球、气球、水泡等落地动画实例。

现场创作实训：

制作一个用台球杆打台球的运动画面。

创作要求：

（1）用Flash绘制形象或者寻找合适的图片形象。

（2）符合动画运动规律。

（3）画面色调协调统一。

（4）动画寓意表达准确及创意效果。

第8章　啤酒广告实例

（本实例附带视频教程）

情景化描述：本实例为一个啤酒网络动画广告。水珠由上往下走形成水珠的自然下落运动，体现啤酒具有水的特性，文字效果由上往下交替出现，充分体现广告的标语，啤酒瓶的图像由左往右循环出现。

图8-1　效果图

【学习重点】

（1）熟练掌握渐变填充色的使用。

（2）熟练掌握补间动画的使用。

（3）熟练掌握缓动效果的使用。

（4）熟练掌握水珠下落的物理运动效果。

制作流程图如图8-2所示。

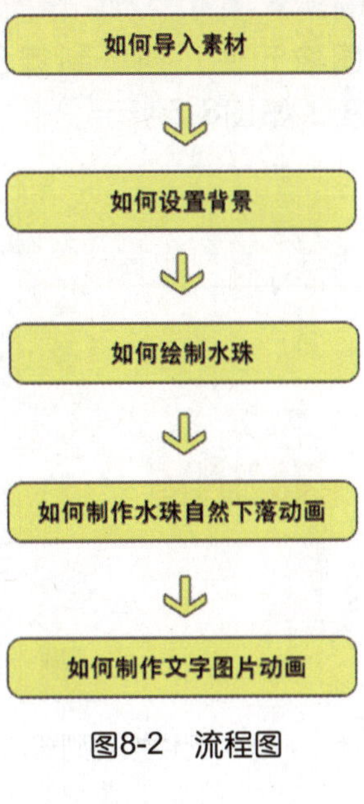

图8-2　流程图

具体制作

8.1 如何导入素材

提示： 素材导入时首先要在Photoshop软件里将图片处理成需要的图像，一般导入到Flash文件的图片为jpeg\gif\png三种文件格式，导入时前提图像分辨率为72dpi。

（1）选择“文件”菜单“导入”中的“导入到库”，在弹出对话框中选择要导入的三张“png”图片，并选择“打开”按钮。因为动画需要透过图像看到水珠效果，所以要使用png图像以保证画面清晰效果，如图8-3所示。

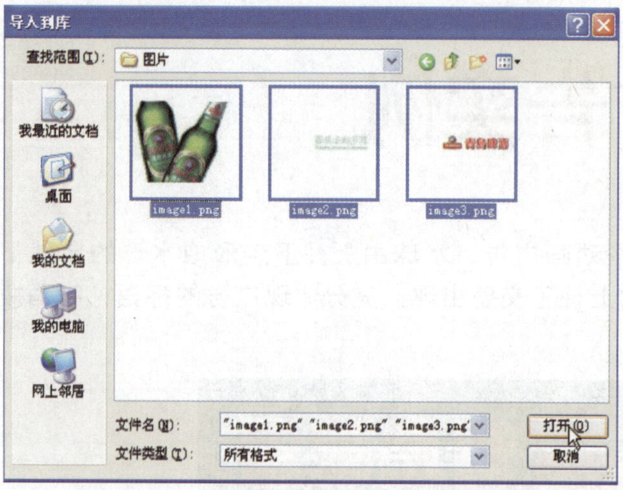

图8-3 文件菜单中的“导入”中的“导入到库”

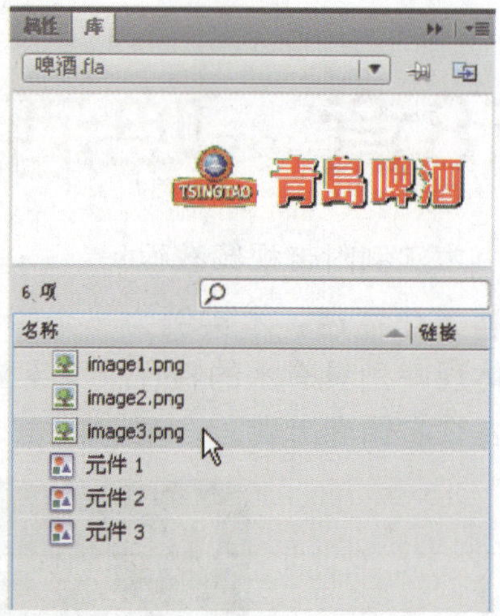

图8-4 库中的三个图形元件

提示： 只有Flash CS4版本才具有将png格式图片直接在“导入到库”时转化为图形元件，其他常用格式例如jpeg则不会出现图形元件格式。

（2）选择“窗口”菜单下的“属性”，“属性”对话框中显示三个“png”格式图像和三个“图形”元件，如图8-4所示。

8.2 如何设置背景

提示： 将导入文字“青岛啤酒”图像元件字样拖曳到舞台中，在“属性栏中”看大小数据，根据数据来设置背景大小。

（1）选择“库”中的一个文字图像元件，拖曳到舞台中单击图像，打开属性栏中看图片大小，宽度为470像素，高度为95像素，如图8-5所示。

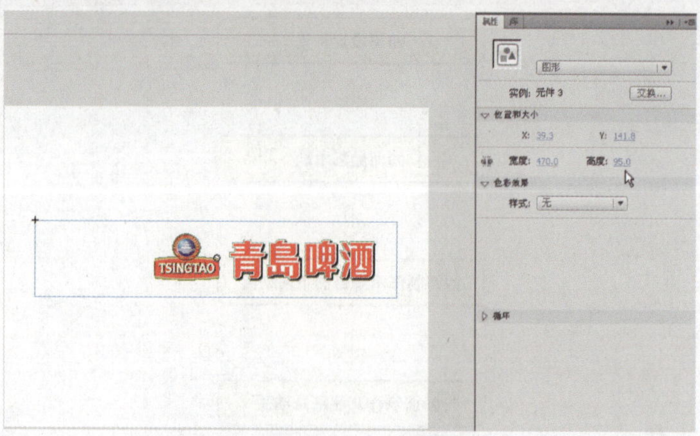

图8-5 将图片元件拖曳到舞台中

提示： 将背景画布大小设置为470×95像素，背景颜色设置为绿色，帧频设置为24默认值即可，或者在最后测试画面时再调节帧频。

（2）选择“修改”菜单下的“文档属性”，在弹出的“文档属性”对话框中键入470×95像素，单击确定按钮，如图8-6所示。

（3）打开“属性栏”，在属性菜单中选择舞台颜色设置，在弹出的舞台颜色设置对话框中吸取绿色，颜色值为 #006633，帧频设置为24，如图8-7所示。

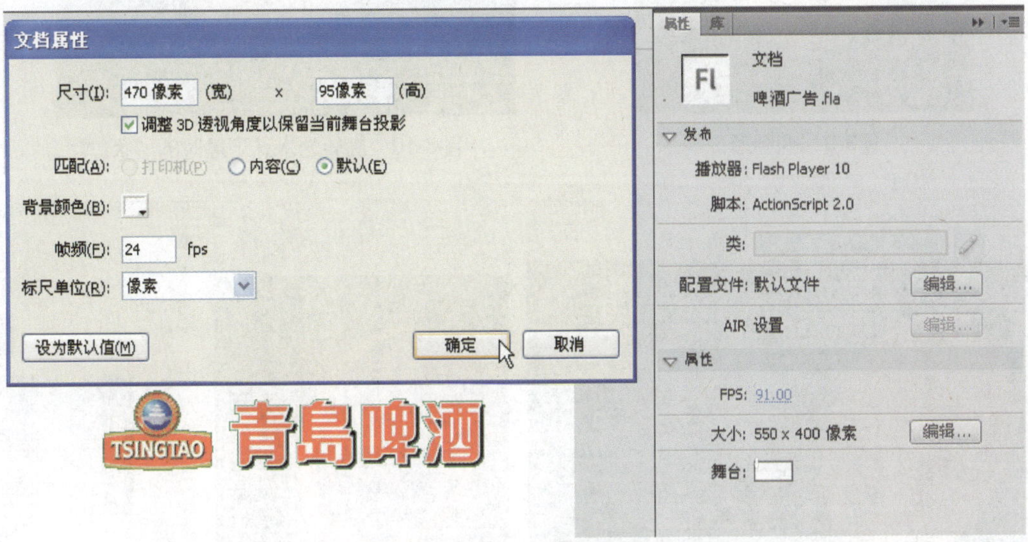

图8-6 将背景画布的大小设置为470×95像素

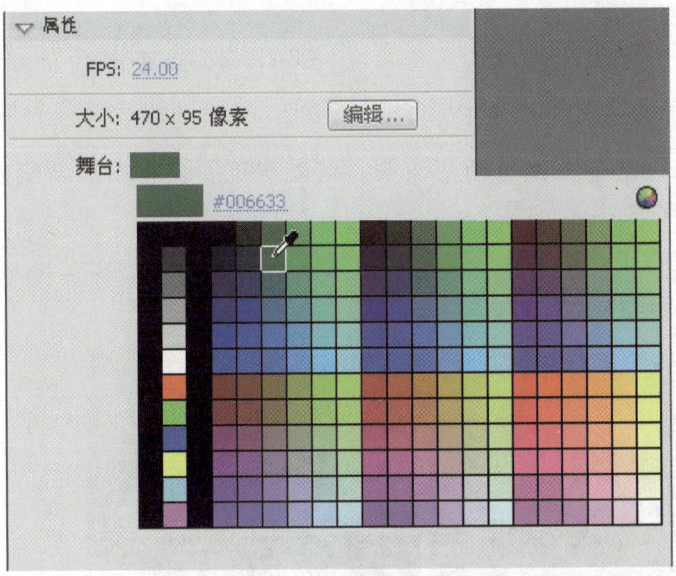

图8-7 对话框中吸取绿色

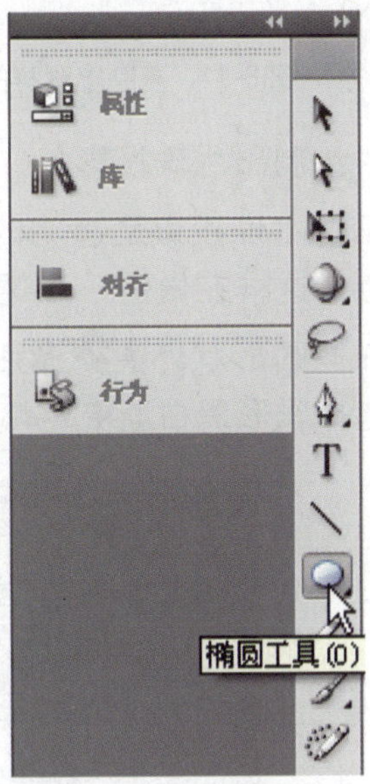

图8-8 椭圆工具

8.3 如何绘制水珠

（1）利用工具栏中的“椭圆工具”在舞台中绘制出水珠形状，如图8-8所示。

（2）利用工具栏中的“任意变形工具”将其旋转为水珠下落时抽象的形状，按住Alt键，用鼠标左键拖曳，复制出同样的形状来，然后按住Shift+Alt键等比例缩小，用左键拖曳到舞台中所示位置，并改变成其他颜色，如图8-9至图8-12所示。

图8-9　椭圆形

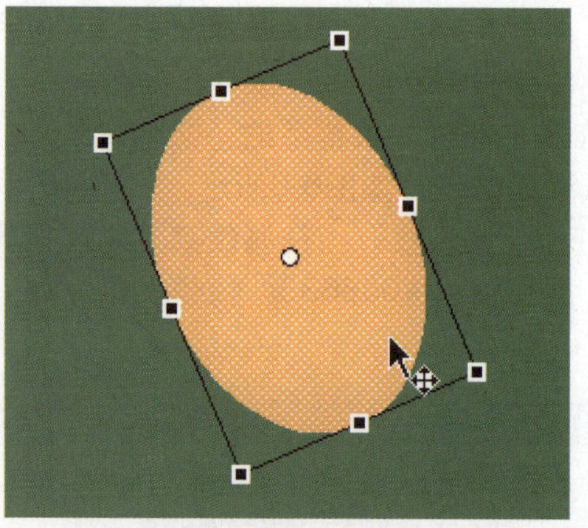

图8-10　旋转为水珠下落时的形状

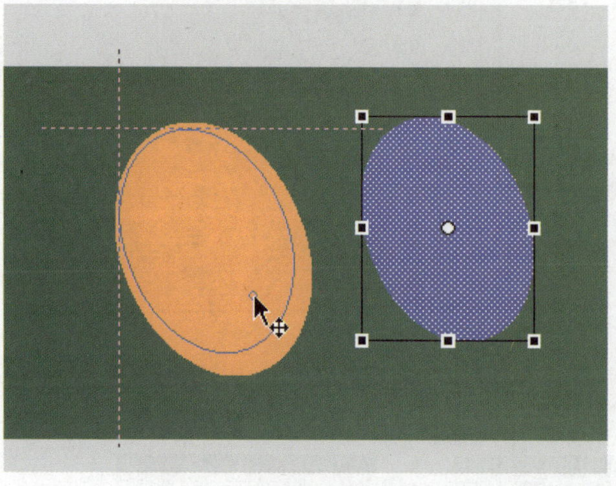

图8-11　复制出同样的形状

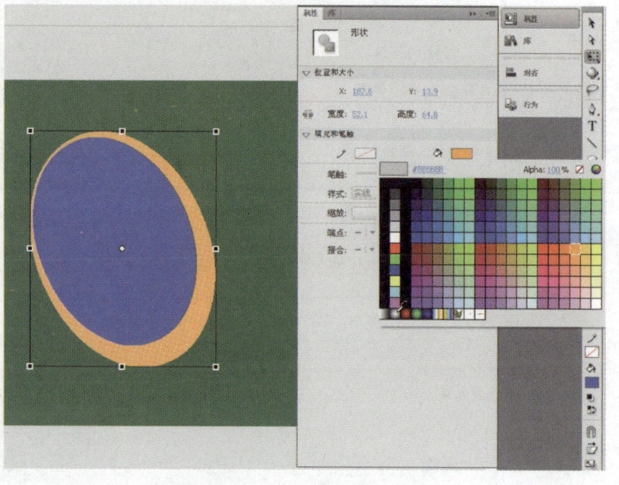

图8-12　改变成其他颜色

（3）绘制出水珠投影。

提示：水珠投影是透明的黑色投影，而且是渐变透明，这就决定了要将投影渐变色两端设置为黑色，这样在做进一步透明时才能出来效果。

①在椭圆形状外圈被激活的状态下，选择“窗口”→“颜色”选项，在弹出的“颜色”对话框中选择球形黑白渐变色填充，如图8-13所示。

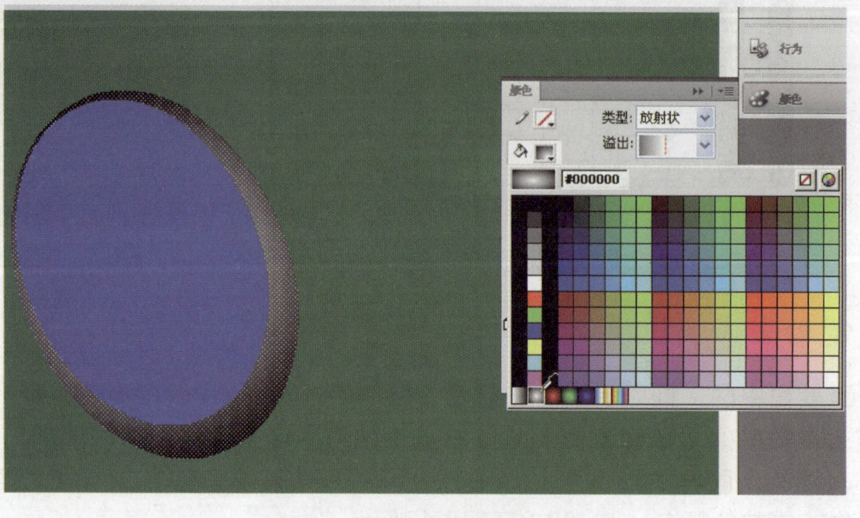

图8-13　选择球形黑白渐变色

②水珠投影的颜色是透明的，所以首先将渐变色两端设置为黑色，然后将右端黑颜色的Alpha值设置为0，如图8-14所示。

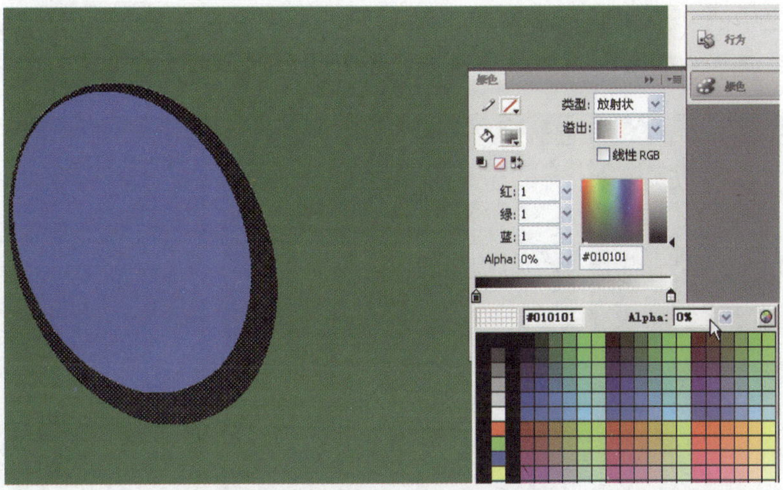

图8-14　右端黑颜色的Alpha值设置为0

③利用工具栏中的“渐变变形工具”将其调整为透明，这样符合水珠形状投影，如图8-15所示。

图8-15　投影的效果

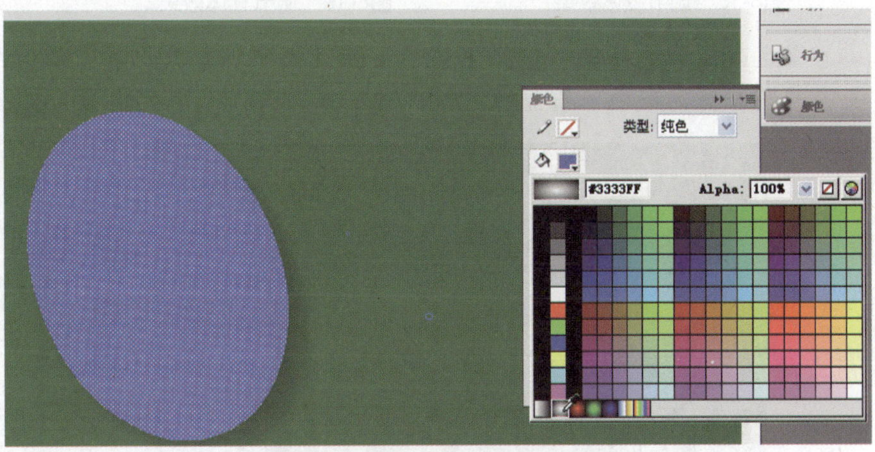

图8-16　选择黑色球形渐变填充

（4）绘制出水珠颜色。

提示：水珠本身的颜色是透明白色渐变，而且是渐变透明；这就决定了要将投影渐变色两端设置为白色，这样在做进一步透明时才能出来效果。

①鼠标激活绘制的水珠图形，打开“颜色”对话框，选择黑色球形渐变填充，如图8-16所示。

②由于水珠是透明的，所以将颜色两端值设置为白色，调节颜色值为中间点，将Alpha值设置为30，两端Alpha值设置为0，然后调节其位置，如图8-17所示。

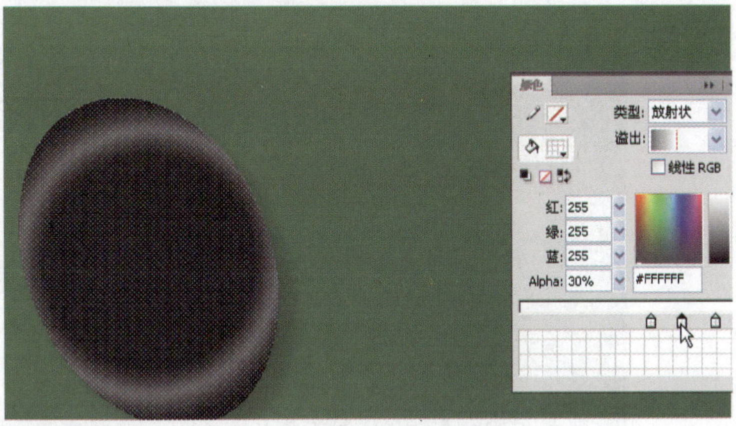

图8-17　调节颜色点的位置

（5）调节渐变位置。

提示： 利用工具栏中的“渐变变形工具”可以调节填充渐变色的位置、大小、变形等效果。

①选择工具栏中的“渐变变形工具”，然后用“渐变变形工具”的三个按钮来调节渐变色大小及位置，直至调节到椭圆形立体效果，如图8-18至图8-20所示。

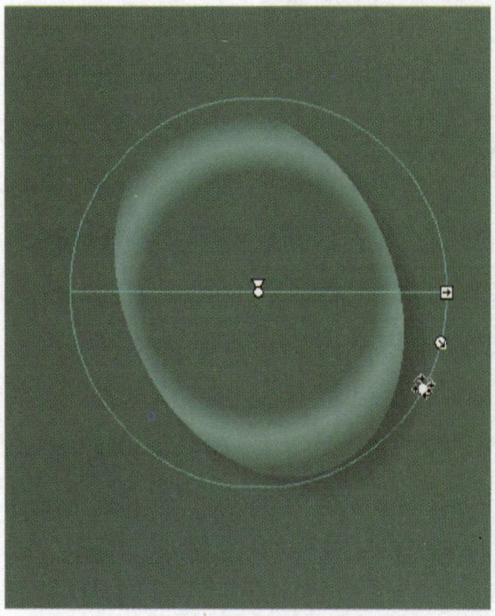

图8-18　调节立体效果1

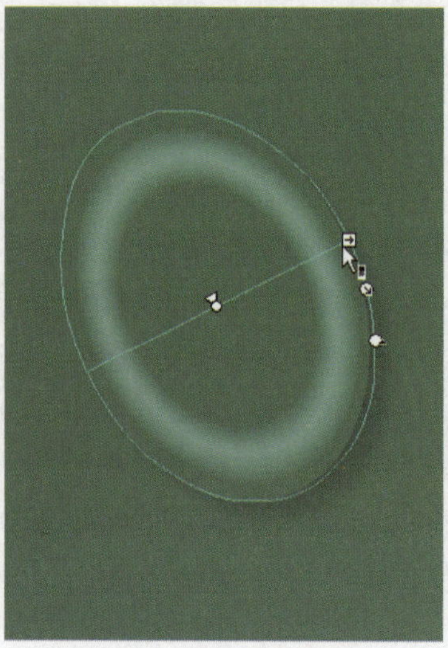

图8-19　调节立体效果2

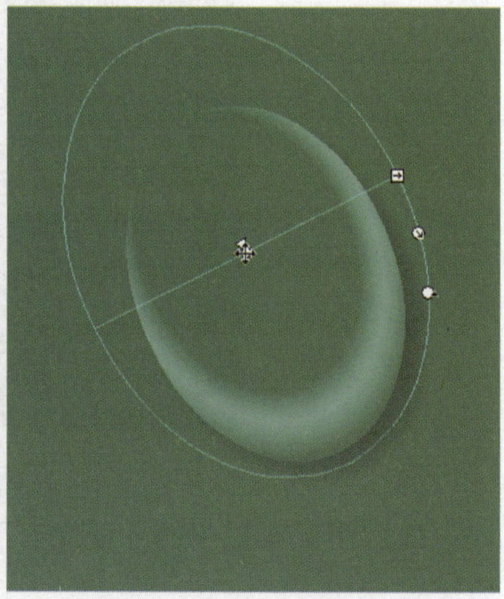

图8-20　调节立体效果3

②选择工具栏中的“椭圆工具”，绘制出水珠高光形状，高光部分是白色渐变，所以将渐变色两端设置为白色，右侧设置Alpha值为0，并调节高光位置，如图8-21至图8-23所示。

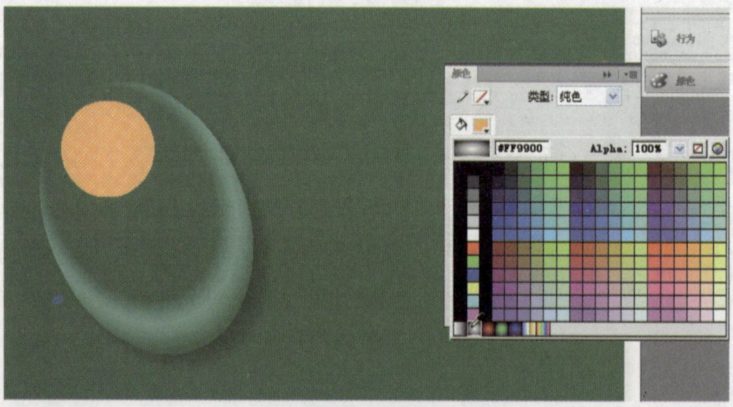

图8-21　绘制出水珠的高光

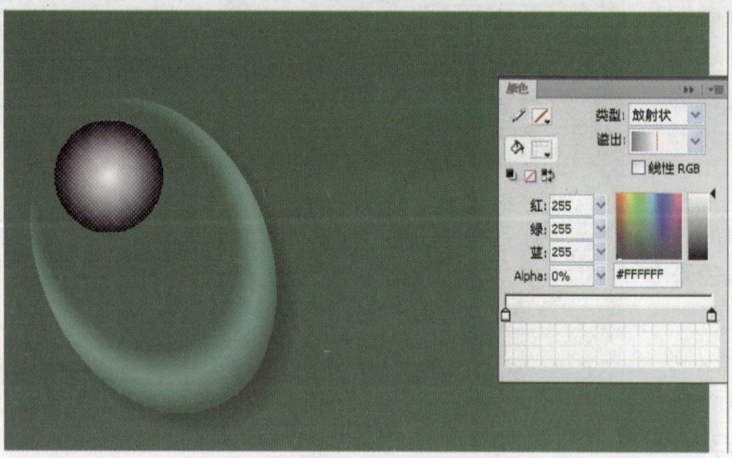

图8-22　渐变色两端设置为白色

图8-23　水珠效果

8.4 如何制作水珠自然下落动画

1．制作水珠图形元件

提示：绘制完水珠图形以后，为了制做水珠下落的动画就要制做“补间动画”，必须将其转化为“影片剪辑”或者“图形元件”，才能“创建补间动画”，这样才能在以后的操作过程中及时修改元件。

选择水珠整体形状，用右键在弹出的菜单中选择“转化为元件”按钮，然后在弹出的对话框中键入“水珠”，将类型改为“图形”模式，如图8-24所示。

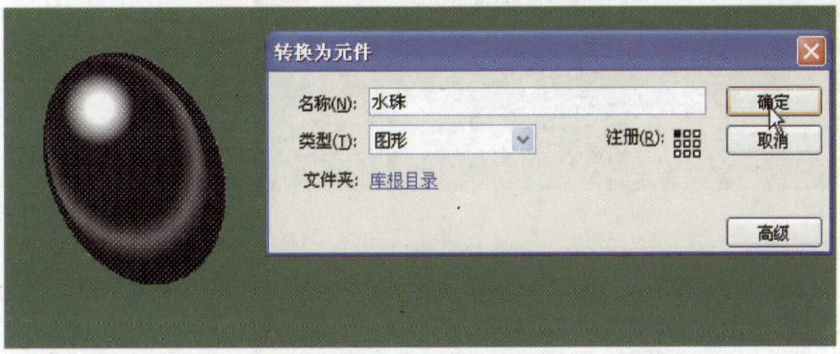

图8-24　选择“转化为元件”

2．制作出水珠下落时的动画影片剪辑

提示：前面已经将水珠图形转化为图形元件了，下面要将其转化为“影片剪辑”。因为在“图形元件”内部不可以制作补间动画，只有影片剪辑才可以将补间动画在测试时用动画播放出来。

在图形元件“水珠”被鼠标激活状态下，用右键选择菜单中“转化为元件”选项，在弹出的对话框中键入名称“水珠下落”名称，将其类型改为“影片剪辑”模式，如图8-25和图8-26所示。

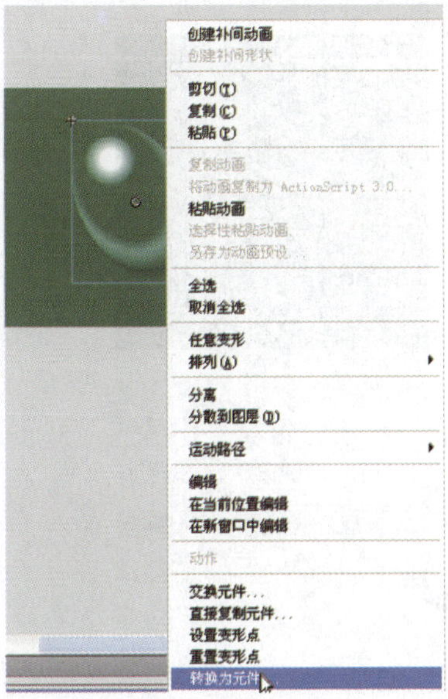

图8-25　选择菜单中“转化为元件”选项

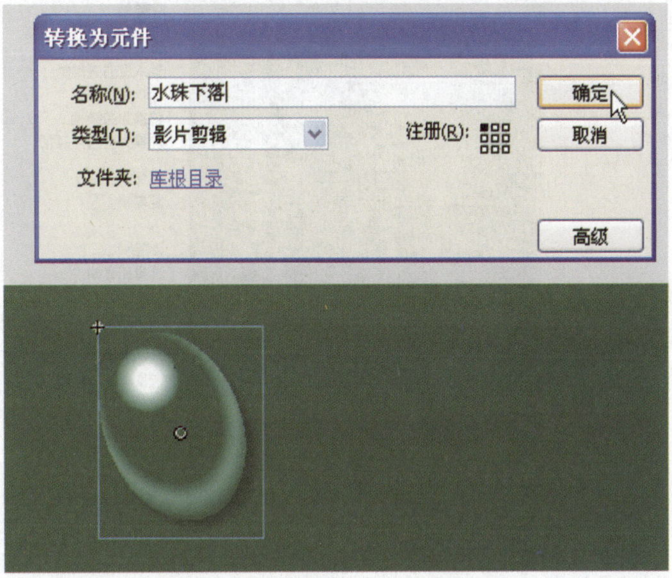

图8-26　类型改为“影片剪辑”模式

3．制作水珠补间动画

提示：调节水珠“补间动画”，让水珠从画面之上的位置滑到画面之下的位置，画面上的位置距离大，画面下的位置距离小。

（1）在舞台中用鼠标双击进入新转化的影片剪辑“水珠下落”的内部元件，在时间轴第40帧位置插入关键帧，然后在时间轴第20帧位置插入关键帧，如图8-27所示。

（2）用鼠标选择前20帧和后20帧的所有帧，点击右键，在弹出的菜单中选择“创建传统补间”选项，如图8-28所示。

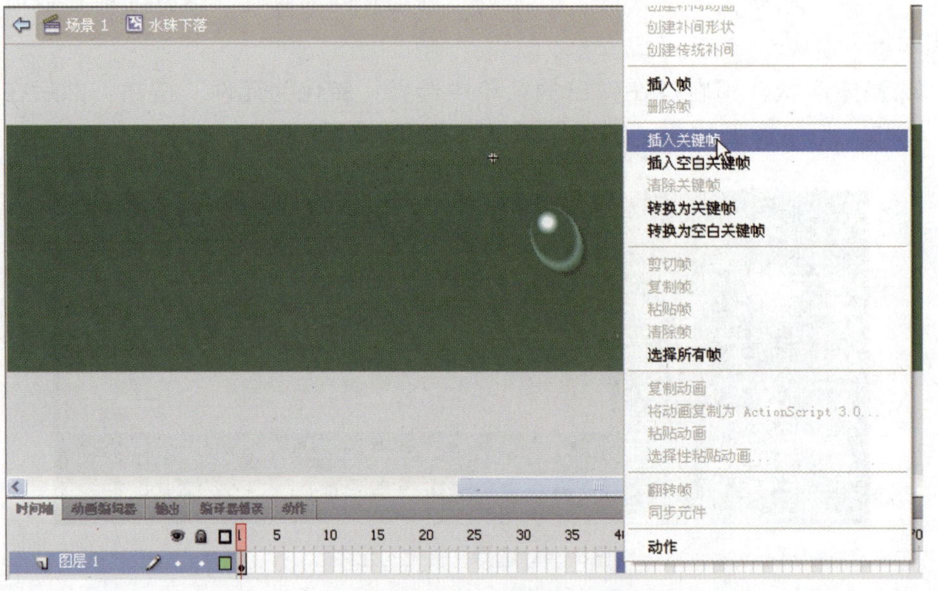

图8-27　插入关键帧

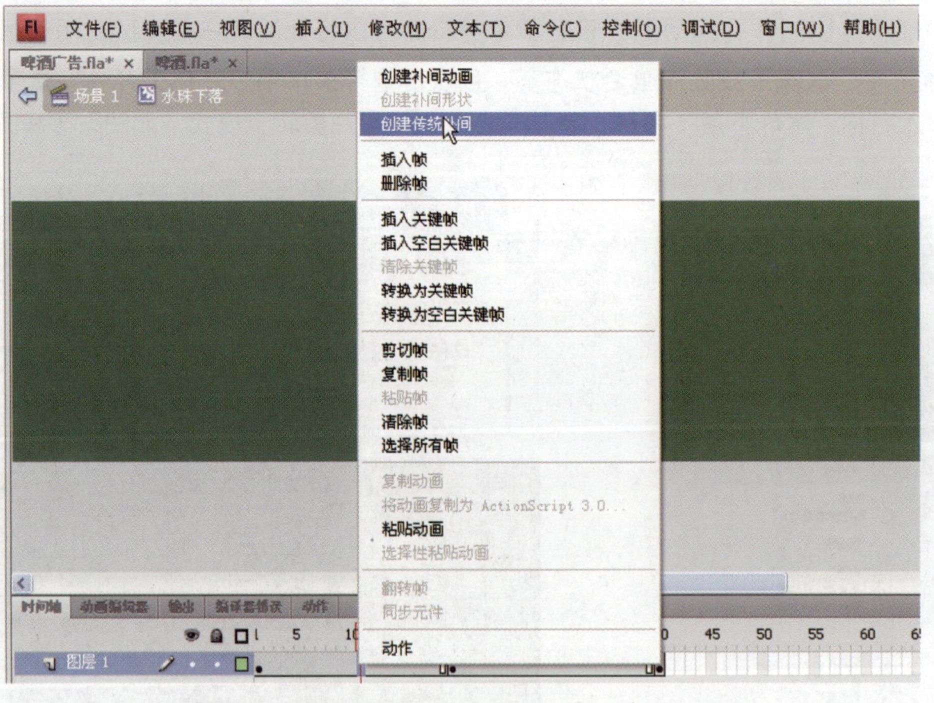

图8-28　在弹出的菜单中选择“创建传统补间”选项

（3）调节水珠下落的距离。在激活第1帧的情况下，将舞台中的水珠原件用“Shift键+上箭头”移动到舞台画面之外的上方，如图8-29所示。

（4）在激活第40帧情况下，将舞台中的水珠原件用“Shift键+下箭头”移动到舞台画面之外的下方，如图8-30所示。

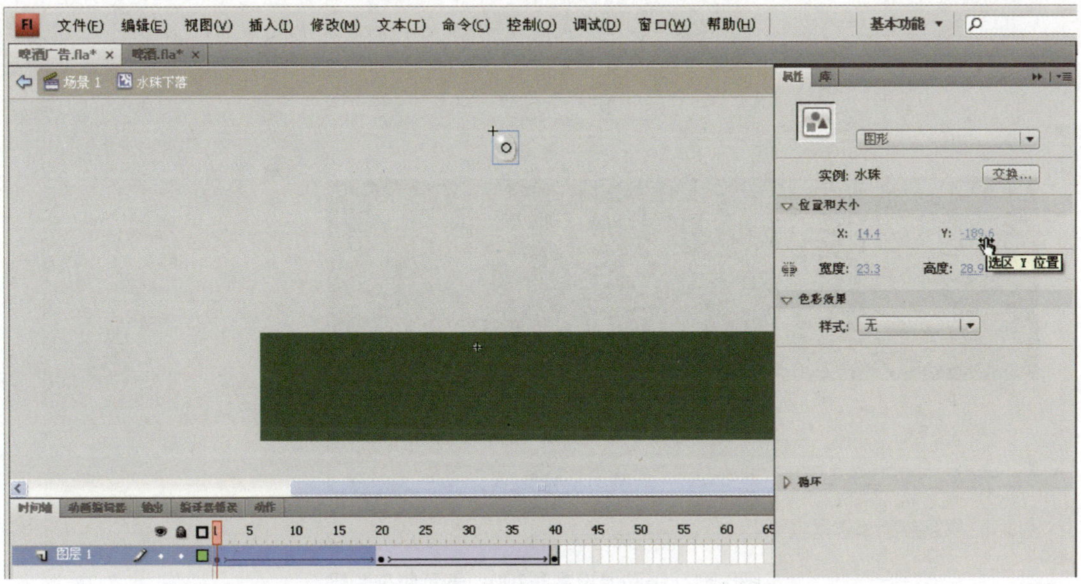

图8-29 用“Shift键+上箭头”移动到舞台画面之外的上方

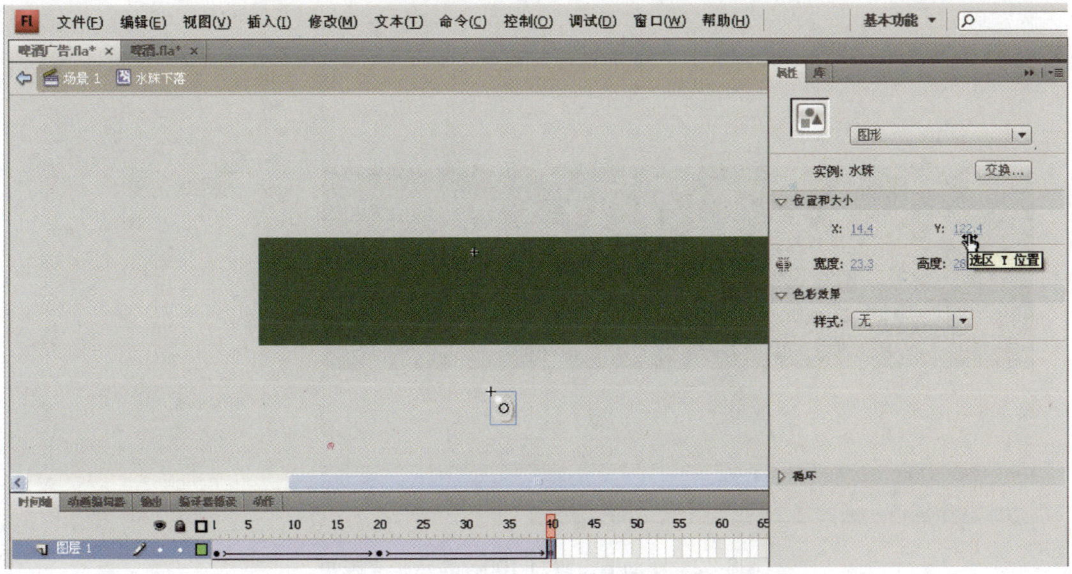

图8-30 用“Shift键+下箭头”移动到舞台画面之外的下方

4．给水珠加入缓动效果

提示：为了让水珠能自然下落，需要解决两个问题：一是需要在下落距离产生时使前20帧慢，后20帧快，形成对比；二是需要利用缓动效果使前20帧越来越慢，后20帧越来越快，形成很好的动作对比。

（1）鼠标单击第1～20帧之间的位置，鼠标左键打开属性栏中的“补间”选项，将缓动值设置为100，表示越来越慢，如图8-31所示。

（2）鼠标单击第20～40帧之间的位置，鼠标左键打开属性栏中的“补间”选项，将缓动值设置为-100，表示越来越快，如图8-32所示。

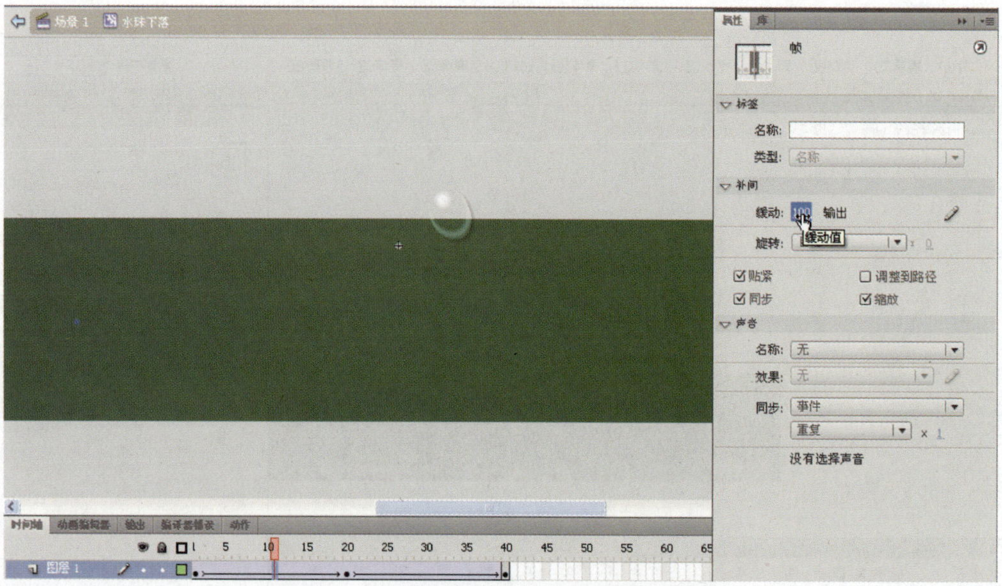

图8-31　缓动值设置为100，表示越来越慢

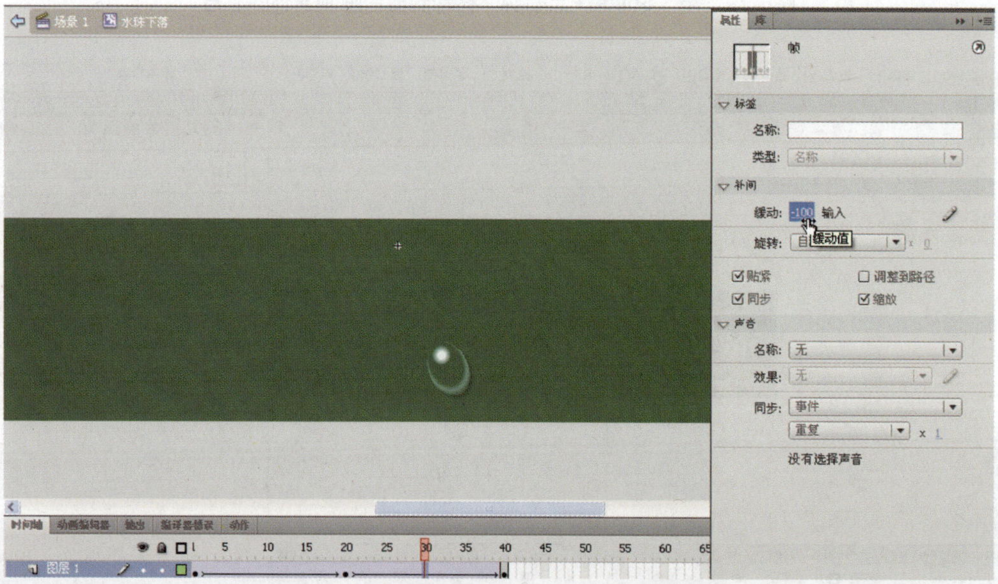

图8-32　缓动值设置为-100，表示越来越快

5．制作大量水珠

提示：回到场景1中，按Ctrl+Enter测试一下，这时已经具有水珠下落的运动效果了，需要复制出许多水珠的下落动画，才能很好的表现水的效果。

（1）按住“Alt+左键拖曳”复制出一个水珠，以同样方法复制出许多水珠。

（2）选择工具栏中的“任意变形工具”，将水珠缩小或者放大，达到大小不一的效果。

（3）选择所有水珠，点击右键，在弹出菜单中选择“转化为元件”，在弹出的对话框中键入“水珠组合”，类型改为“影片剪辑”模式，如图8-33所示。

（4）选择影片剪辑“水珠组合”，按住“Alt+左键拖曳”，复制出3个水珠组合来，并将3个大小变化一下。

（5）选择所有影片剪辑水珠组合，点击右键，在弹出的菜单中选择“转化为元件”选项，在弹出的对话框中键入“水珠大组合”，类型改为“影片剪辑”模式；最后完成画面水珠量动画，如图8-34所示。

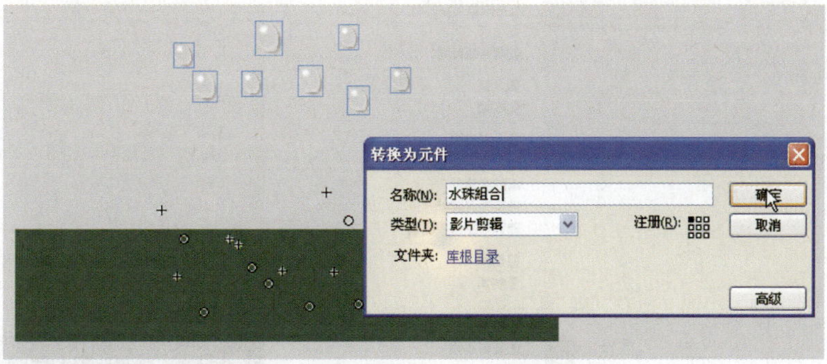

图8-33　类型改为“影片剪辑”模式

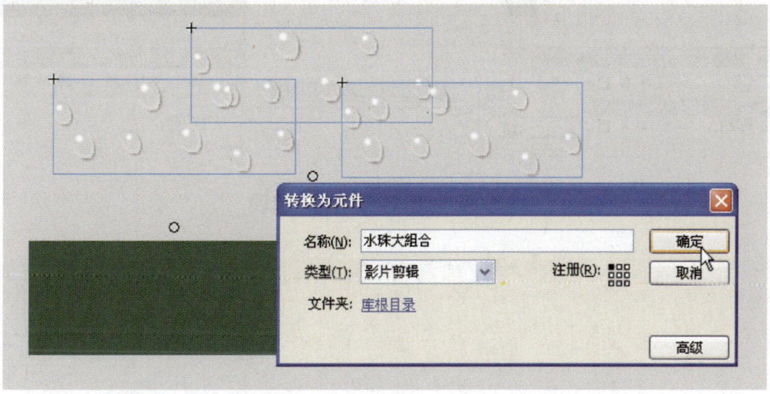

图8-34　类型改为“影片剪辑”模式的大组合元件

6. 制作水珠在不同时间出现

提示：为了能够在视觉上看到水珠不断出现而且是连续的画面，需要制作出两组或者是三组以上的影片剪辑动画在不同时间段出现，这样在库里直接复制出同样的元件时才能修改影片剪辑里的动画时间轴。

（1）打开“库”对话框，在库中选择影片剪辑“水珠大组合”，点击右键，在弹出菜单中选择“直接复制”出副本，如图8-35所示。

（2）将副本拖曳到舞台中，双击打开影片剪辑副本内部。

（3）在第10帧处插入关键帧，将前9帧设置成清除帧。

（4）新建图层，在最后一帧加入“stop”语句，回到场景1中的测试画面，如图8-36至图8-38所示。

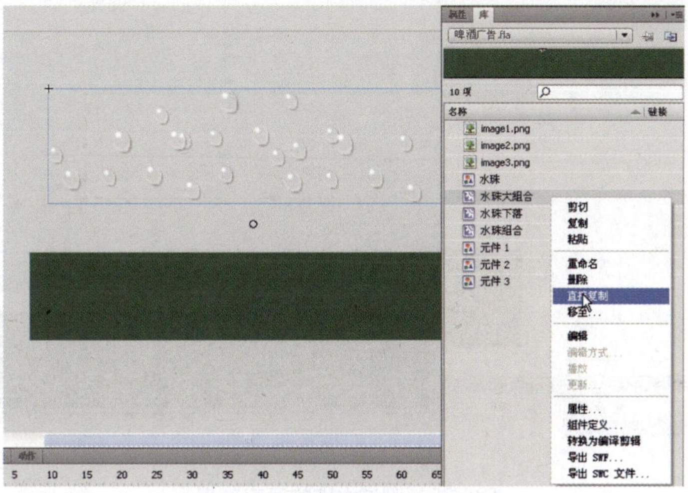

图8-35　“直接复制”出副本

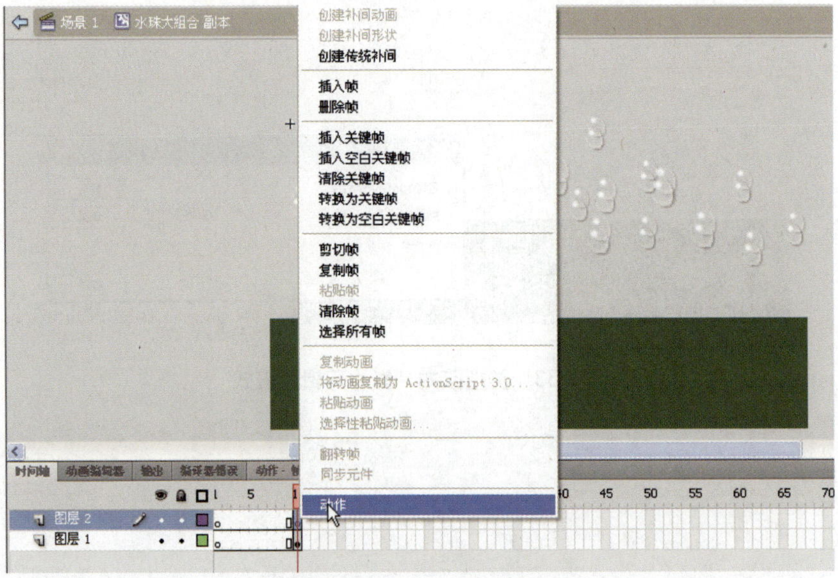

图8-36　选择“动作”选项

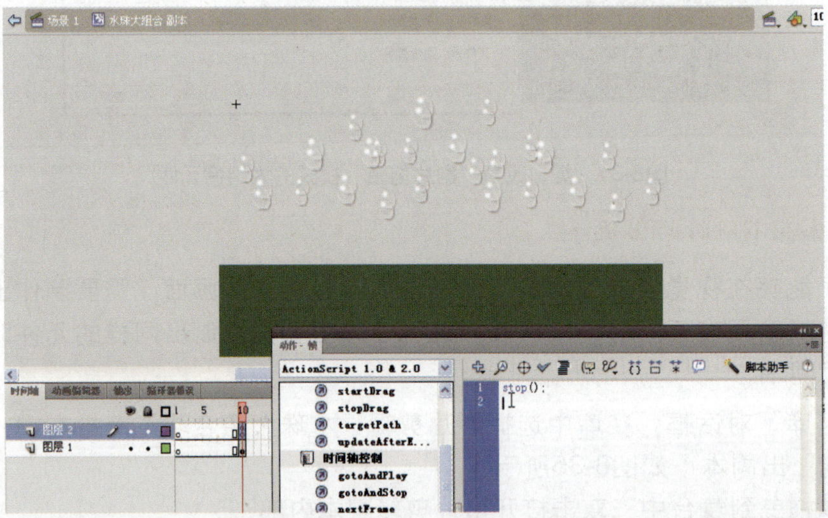

图8-37　最后一帧加入“stop”语句

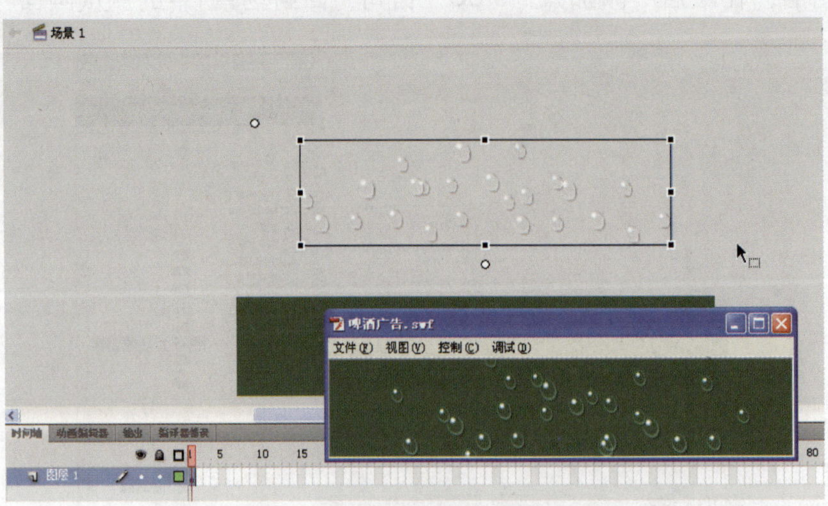

图8-38　测试水珠的画面效果

8.5 如何制作文字图片动画

提示：两个透明的png格式文字图片，需要在画面中进行循环播放，两张图片必须分层制作补间动画。

1. 输入文字

选择“库”中两个透明文字图形元件，拖曳到舞台中不同的图层上，然后将每个图层插入到第90帧内容，如图8-39所示。

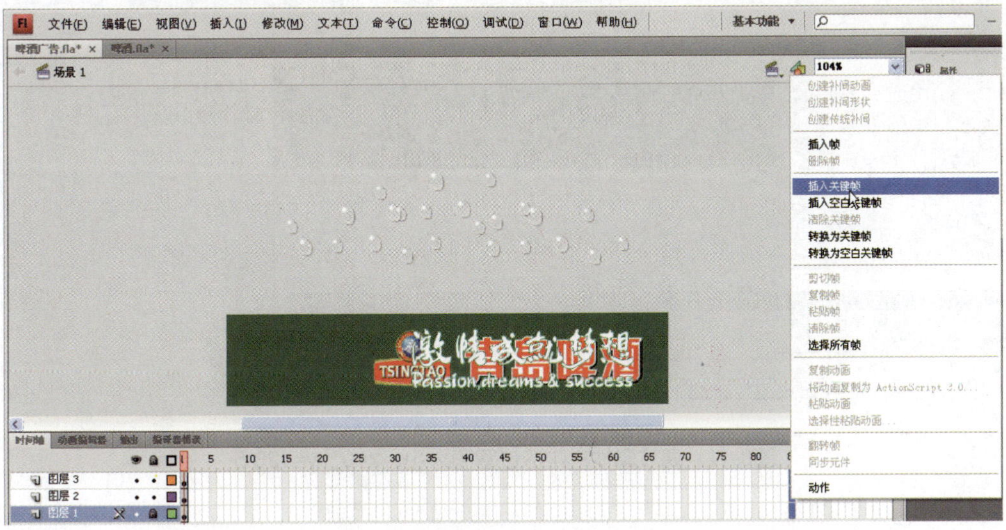

图8-39 每个图层插入到第90帧内容

2. 制作文字图像动画

提示：需要制作白色文字从画面之外到画面之内在45帧左右时间内停下来，然后滑动到画面之外的过程。

（1）在第8帧位置插入关键帧，在第1帧被激活的情况下，在属性栏中调节位置和大小中的y值，将图片移动到画面之上，x值为0；将第8帧关键帧处的内容设置为x=0、y=0；如图8-38所示。

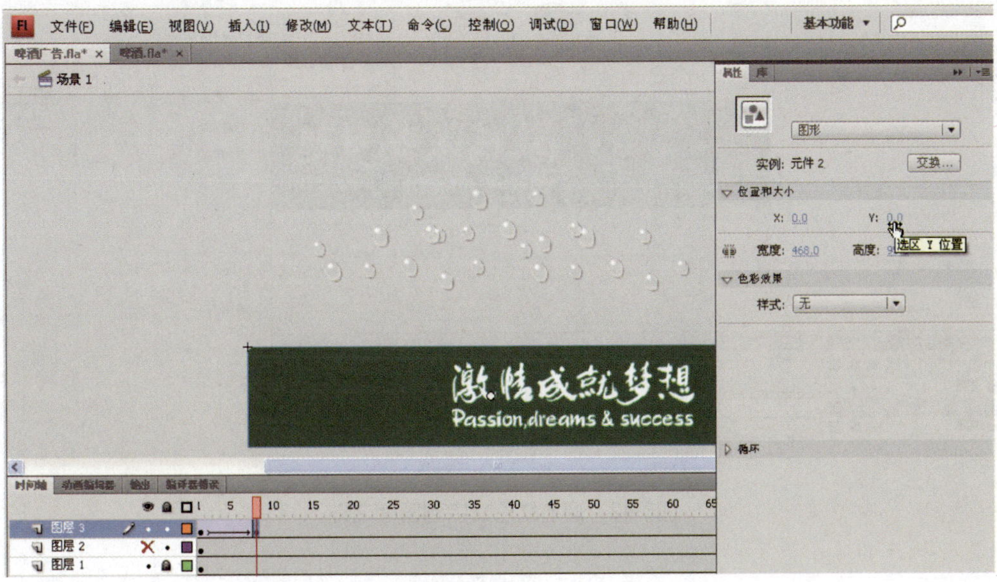

图8-40 将第8帧关键帧处的内容设置为x=0、y=0

（2）在第35帧和第45帧位置左右插入关键帧，在用鼠标左键激活第45帧位置的情况下，点击舞台中的图片元件，然后调节属性栏中的位置和大小，x=0、y=123.5，如图8-41所示。

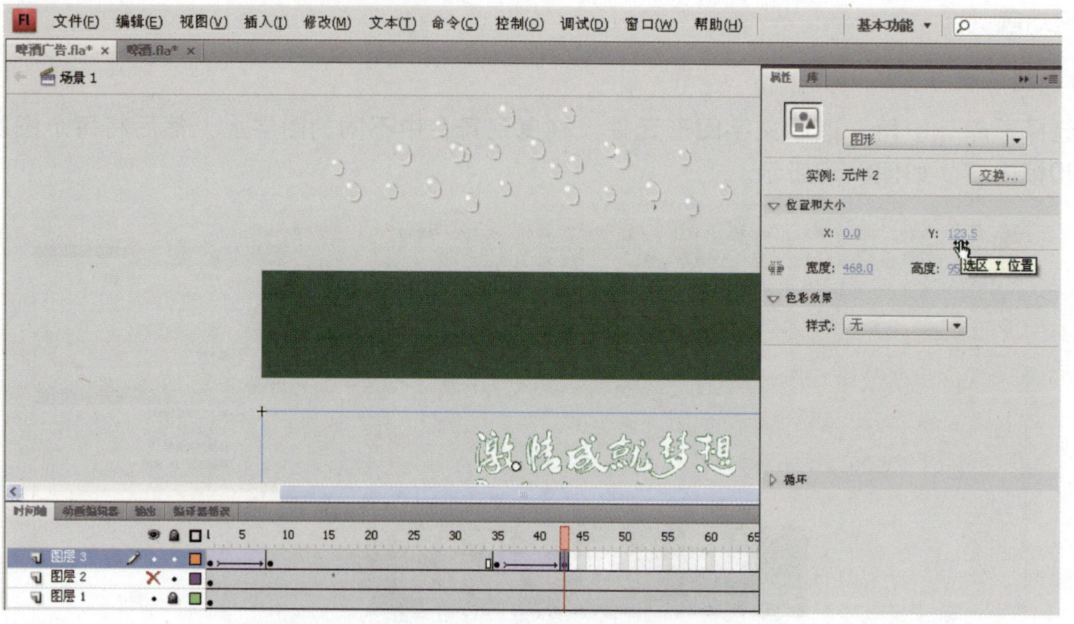

图8-41　调节属性栏中的位置和大小，x=0、y=123.5

3．制作红色文字图像动画

提示：用上面制作白色文字的方法制作出红色文字效果，区别是在第35帧到最后一帧的位置变化，这样一来白色文字和红色文字就会形成交替循环出现的效果，如图8-42和图8-43所示。

图8-42　调节红色文字到画面之外

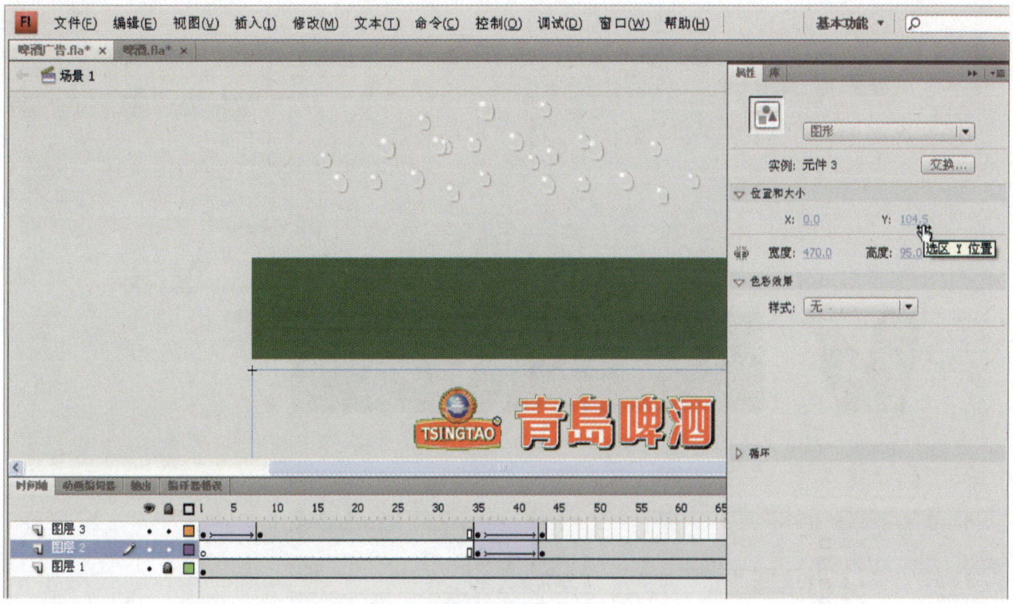

图8-43　调节最后一帧红色文字到画面之外

4. 制作啤酒进入画面效果

提示：为了能够让啤酒从画面的左边进入到画面之内，与整体效果形成对比，不仅要动作协调而且颜色也要统一。

（1）在时间轴上新建图层，用鼠标左键拖曳“啤酒”图片到新建图层上，并放到画面之内，如图8-44所示。

（2）在第8帧、第16帧位置插入关键帧，并在第1～16帧之间，用鼠标右键在弹出菜单中选择“创建补间动画”选项。

（3）鼠标单击第1帧位置，在被激活的状态下，用鼠标选择舞台中的“啤酒”元件，将其移动到左边的画面之外，如图8-45所示。

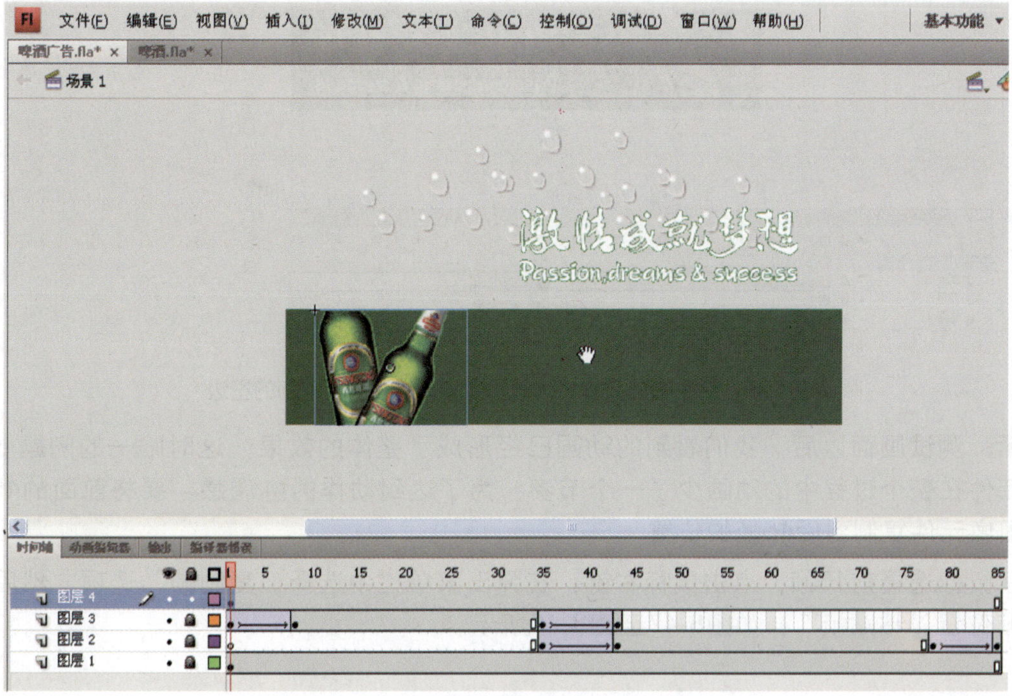

图8-44　鼠标左键拖曳啤酒到新建的图层上

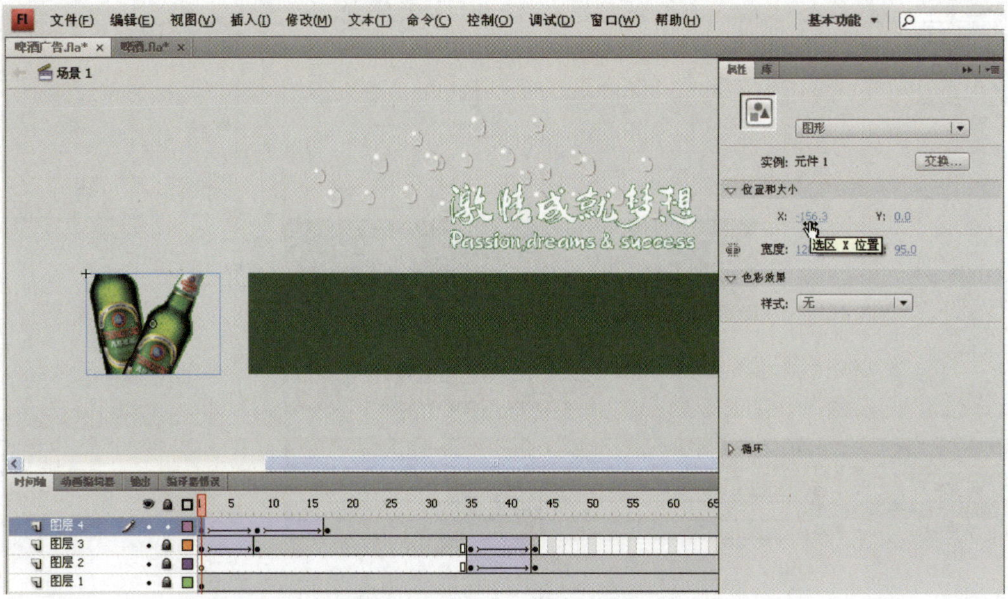

图8-45 选择舞台中的啤酒元件，将其移动到左边的画面之外

（4）在第12帧位置插入关键帧，并在激活状态下，选择舞台中的“啤酒”元件，利用键盘左右箭头键将啤酒图像元件移动到画面左边，如图8-46所示。

图8-46 用左右箭头键将啤酒图像的元件移动到画面的左边

提示：测试画面以后，我们看到的动画已经形成了整体的效果，这时唯一的问题就是啤酒图像的元件在整个过程中的动画少了一个节奏；为了达到动作的协调感，要将前面的45帧左右的啤酒图像元件复制到后45帧的位置。

（5）鼠标选择前45帧，点击鼠标右键，在弹出菜单栏中选择“复制帧”选项，然后在第45帧到80帧位置“粘贴帧”，如图8-47至图8-49所示。

图8-47 在弹出的菜单栏中选择“复制帧”选项

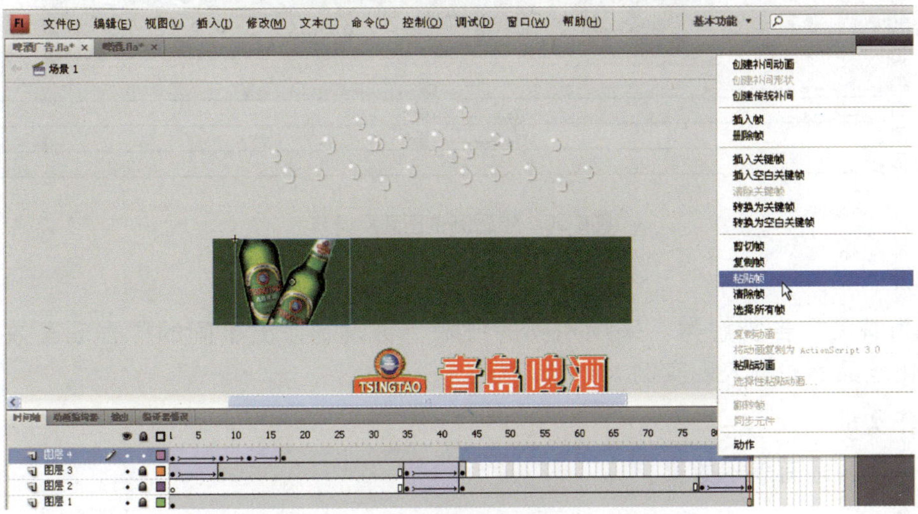

图8-48 在第45帧到80帧的位置“粘贴帧”

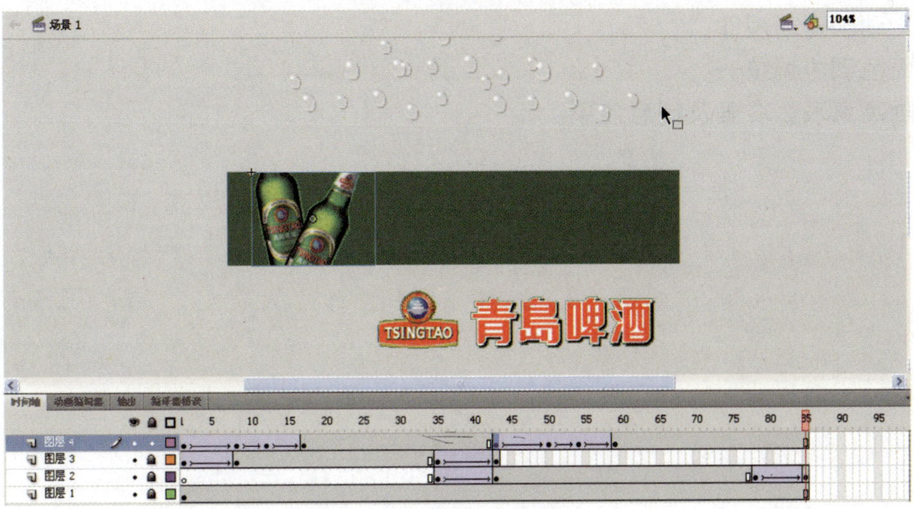

图8-49 最后完成效果

5．测试发布

提示：按住Ctrl+Enter测试画面，在弹出对话框中仔细观察整体效果表现，若发现局部设计问题，再进入每个层、每个元件中调节颜色及动作协调性，如图8-50所示。

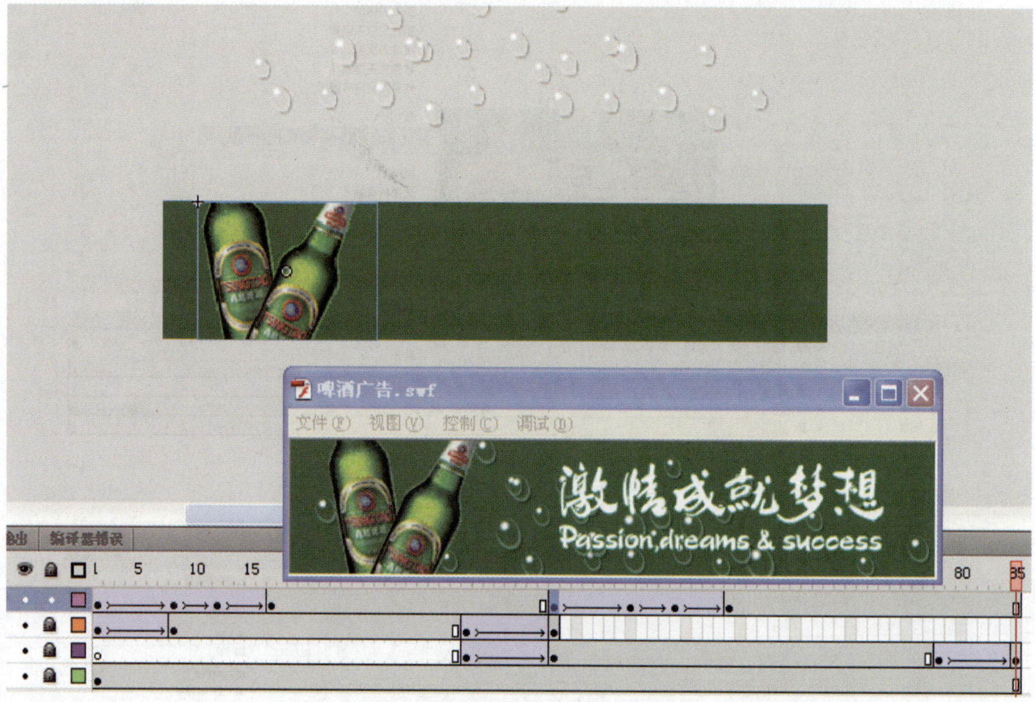

图8-50　最后测试画面及调节

活学活用：

本实例为啤酒广告创意类，采用相同的技术，可以制作出不同的广告动画效果。例如水果、饮料、化妆品等动画表现实例。

现场创作实训：

制作一个饮料画面表现效果。

创作要求：

（1）用Flash绘制形象或者寻找合适的图片形象。

（2）符合动画运动规律。

（3）画面色调协调统一。

（4）动画寓意表达准确及创意效果。

第9章　交互图像展示

（本实例附带视频教程）

图9-1　效果图

情景化描述：本实例为鼠标划过或者点击图片展示实例效果。当点击或者划过时，图片产生渐变效果，效果图如图9-1所示。

【学习重点】

（1）熟练使用渐变色动画效果。

（2）熟练掌握ActionScript基本语句使用。

（3）熟练掌握影片剪辑实例名称使用。

制作流程图如图9-2所示。

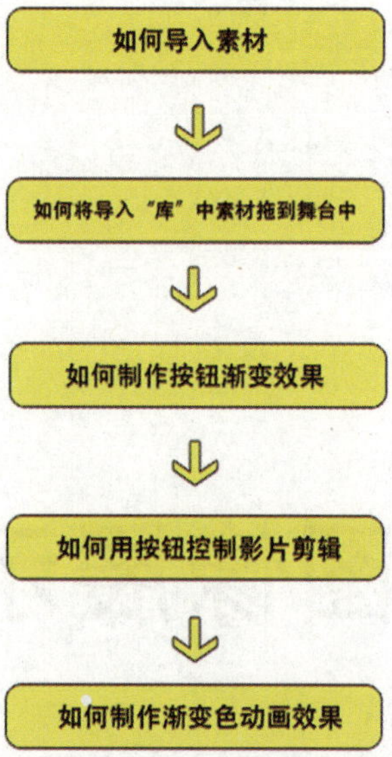

图9-2　流程图

具体制作

提示： 本实例采用的是ActionScript2.0脚本，如下操作选择新建“Flash文件（ActionScript2.0）”文档，如图9-3所示。

图9-3　新建“Flash文件（ActionScript2.0）”文档

9.1　如何导入素材

（1）鼠标单击“文件”菜单，在弹出的菜单下选择“导入到舞台”或者直接选择“导入到库”的选项，如图9-4所示。

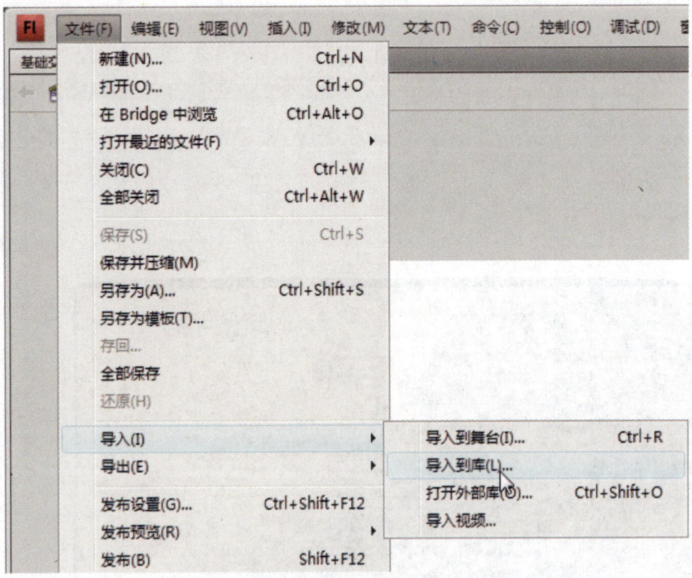

图9-4 选择“导入到库”选项

（2）在弹出对话框中选择需要的素材，单击“打开”按钮，如图9-5所示。

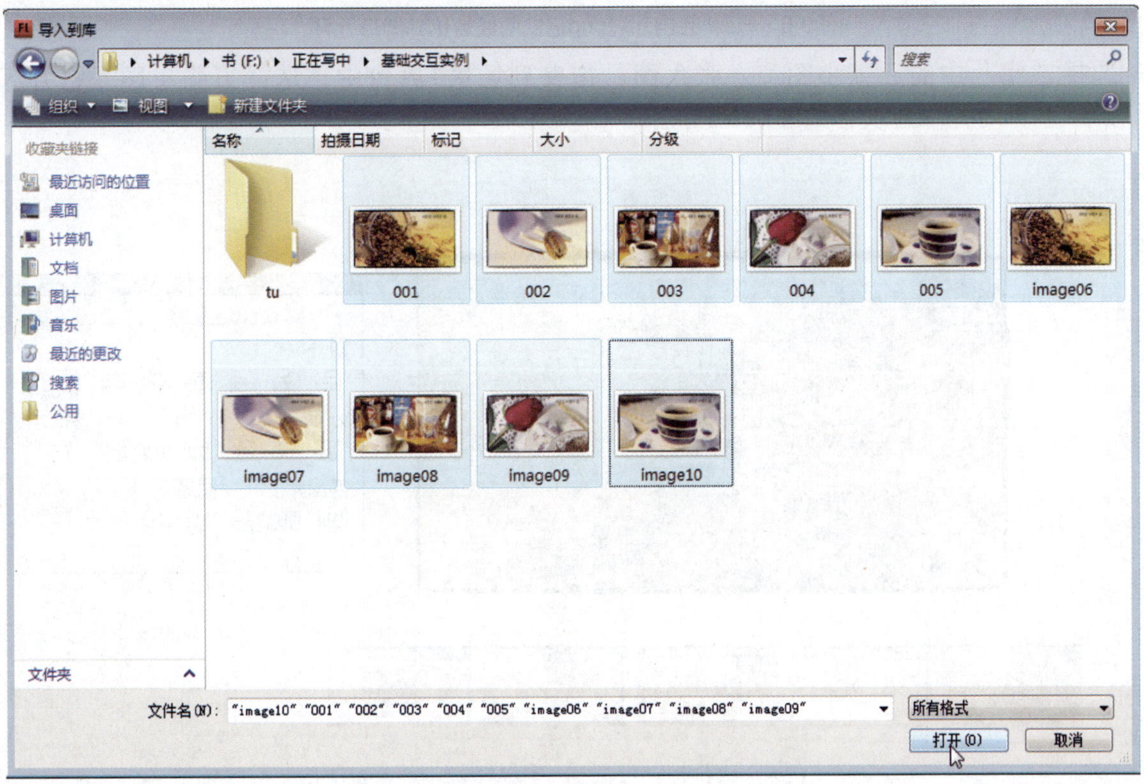

图9-5 在弹出对话框中选择需要的素材，单击“打开”按钮

9.2 如何将导入“库”中的素材拖曳到舞台中

提示：导入的图像如果是png格式，Flash会自动将png格式图像转化为图形元件，如图9-6所示。

图9-6　Flash会自动将png格式图像转化为图形元件

选择“库”中的五张小图和一张大图，拖曳到场景1舞台中，选择五张小图，打开“窗口”菜单下“对齐”选项，如图9-7所示。

图9-7　用对齐命令将五张图像对齐

9.3　如何制作按钮渐变效果

（1）选择五张图像元件，打开属性菜单栏中“色彩效果”样式，选择“色调”，将色调颜色调整为白色透明度50%，如图9-8所示。

图9-8 调整白色透明度为50%

说明：制作鼠标划过发生渐变色的动画效果，需要将图形元件转化为“按钮”元件，然后将第二帧内容制作为“影片剪辑”渐变色动画。

（2）选择第一个图像元件，点击右键，在弹出对话框中选择“转化为元件”选项，如图9-9所示。

（3）在弹出对话框中键入名称“按钮01”，类型模式选择“按钮”，单击“确定”按钮，如图9-10所示。

图9-9 在弹出对话框中选择“转化为元件”选项

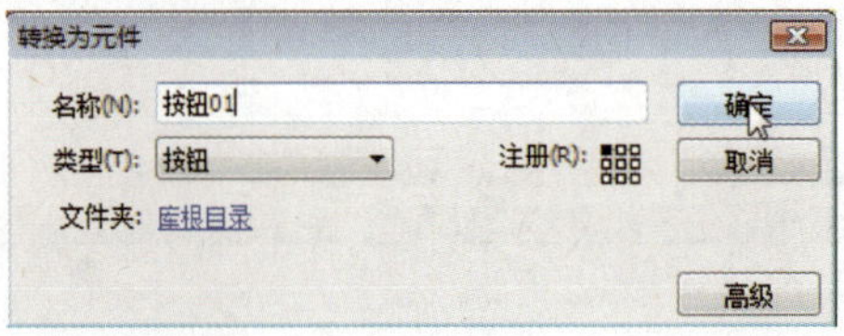

图9-10　对话框中键入名称“按钮01”，类型模式选择“按钮”

（4）双击按钮01，进入其内部，选择“点击”帧，点击右键，在菜单中选择“插入关键帧”选项，如图9-11所示。

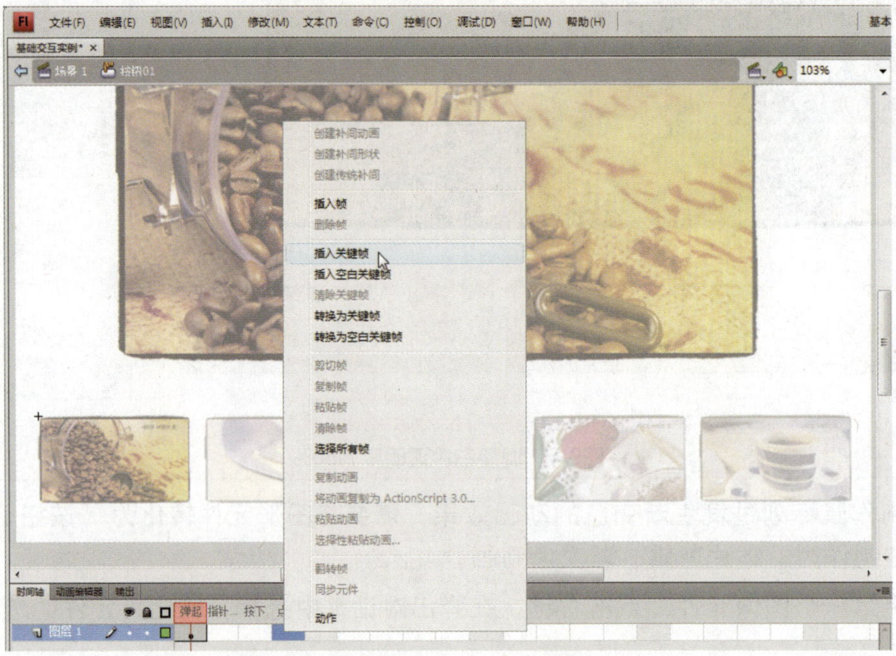

图9-11　在菜单中选择“插入关键帧”选项

（5）选择“指针经过”帧，点击右键，在菜单中选择“插入关键帧”，如图9-12所示。

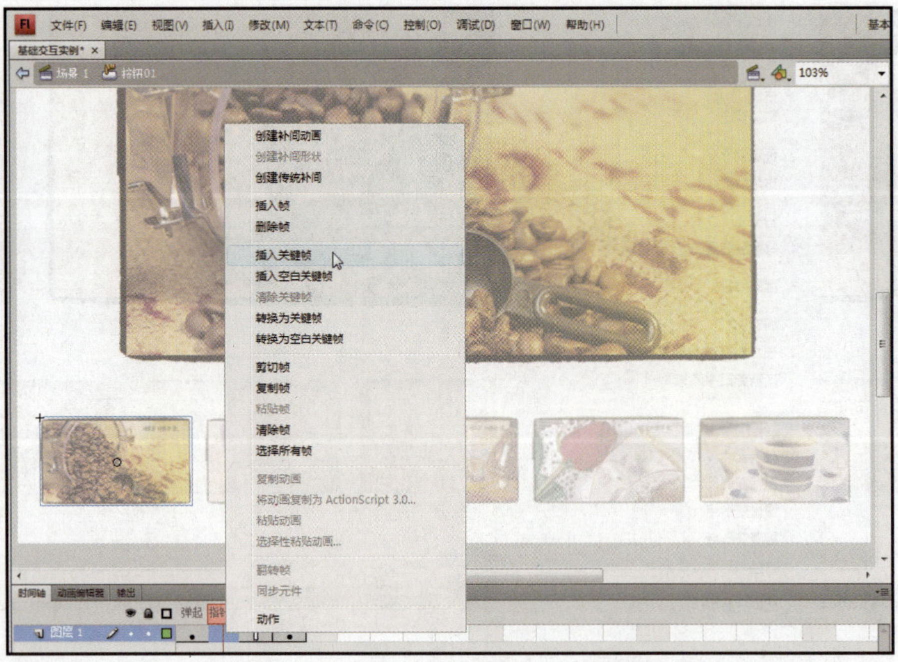

图9-12　在菜单中选择“插入关键帧”

（6）选择按钮01，点击右键，在菜单中选择“转化为元件”选项，如图9-13所示。

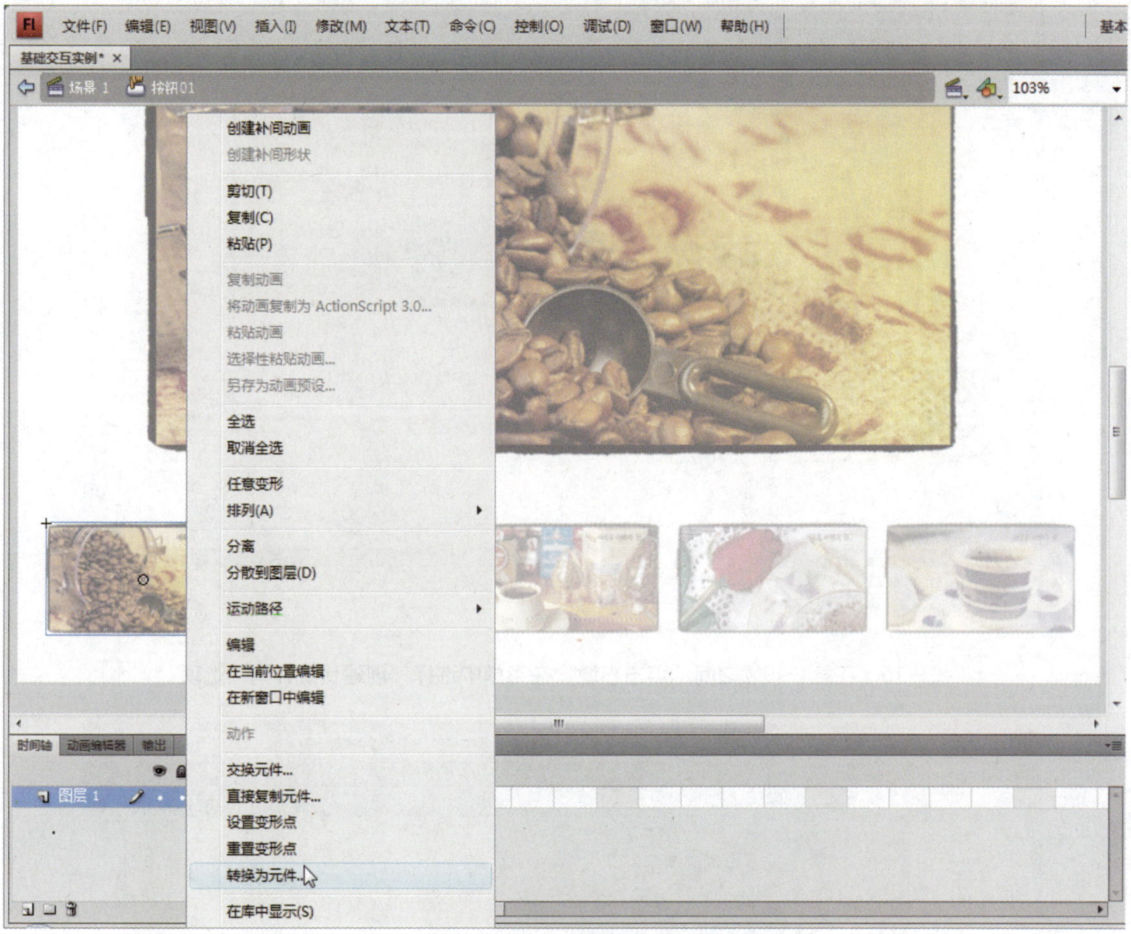

图9-13 在菜单中选择“转化为元件”选项

（7）在弹出的“转化为元件”对话框中键入“按钮渐变01”，类型模式选择“影片剪辑”，单击“确定”按钮，如图9-14所示。

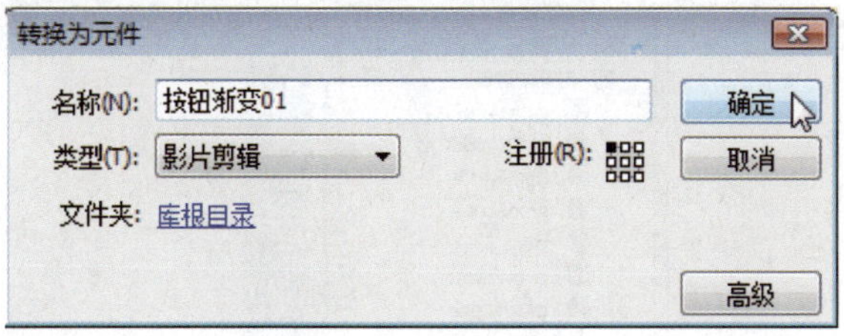

图9-14 在“转化为元件”对话框中键入“按钮渐变01”，类型模式选择“影片剪辑”

（8）双击进入“按钮渐变01”影片剪辑内部，在时间轴第10帧位置插入关键帧，在第1～9帧之间点击右键，在菜单中选择“创建传统补间”选项，如图9-15所示。

（9）在第10帧位置，点击右键，在菜单中选择“动作”选项，在弹出的动作对话框中键入“stop();”语句，如图9-16所示。

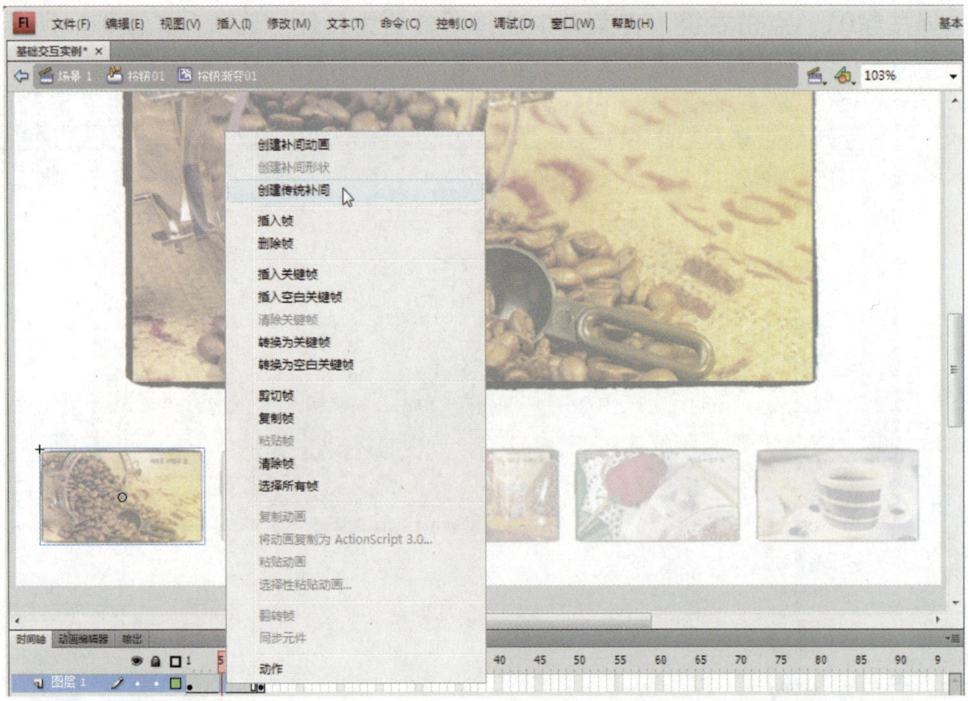

图9-15 在第1～9帧之间，点击右键，在菜单中选择“创建传统补间”选项

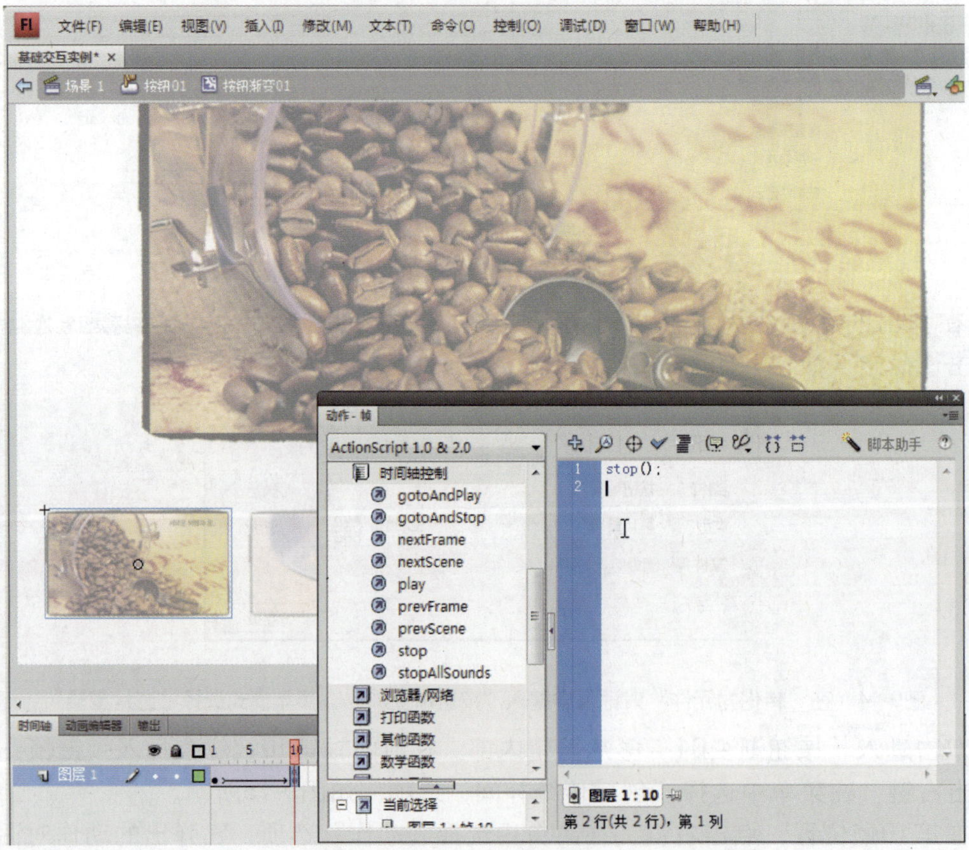

图9-16 在弹出的动作对话框中键入“stop();”语句

（10）选择第10帧位置，打开属性栏中“色彩效果”，样式选择色调“无”，如图9-17所示。

（11）在“控制”菜单下测试影片选项，测试按钮渐变效果。依据制作“按钮01”效果制作出其他四个具有同样效果的按钮，如图9-18所示。

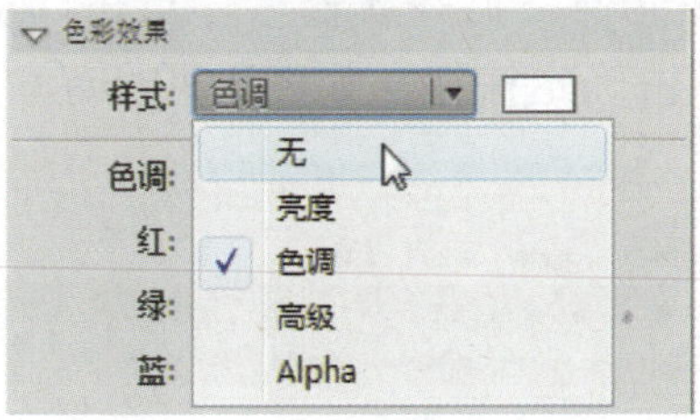

图9-17　在属性栏“色彩效果”中样式选择色调无

图9-18　测试影片

9.4　如何用按钮控制影片剪辑

提示： 将交互图片展示区域的五张图像放在一个影片剪辑中，然后利用按钮控制这个影片的剪辑效果播放及展示。

（1）选择舞台中的图像元件，点击右键，在菜单中选择“转化为元件”选项，在弹出的“转化为元件”对话框中键入名称“www”，类型模式改为“影片剪辑”，单击“确定”按钮，如图9-19所示。

图9-19　键入名称“www”，类型模式改为“影片剪辑”

（2）双击进入影片剪辑“www”内部，在时间轴上插入关键帧五帧，将时间轴光标移到第二帧，点击舞台中“元件1”图像元件，打开属性栏，点击“交换”按钮，在弹出的“交换元件”对话框中选择“元件2”，单击确定按钮，如图9-20所示。

图9-20　在弹出的“交换元件”对话框中选择“元件2”

（3）以同样的方法将“元件3”、“元件4”和“元件5”换为其他元件，如图9-21和图9-22所示。

图9-21　在弹出的“交换元件”对话框中选择“元件4”

图9-22　在弹出的“交换元件”对话框中选择“元件5”

（4）双击影片剪辑“www”内部的空白位置，回到场景1中，选择影片剪辑“www”，打开属性栏，键入实例名称“abc”(实例名称不能单独键入使用阿拉伯数字)，如图9-23所示。

（5）双击进入影片剪辑“www”内部，在第一帧处加入停止语句“stop();”，如图9-24所示。

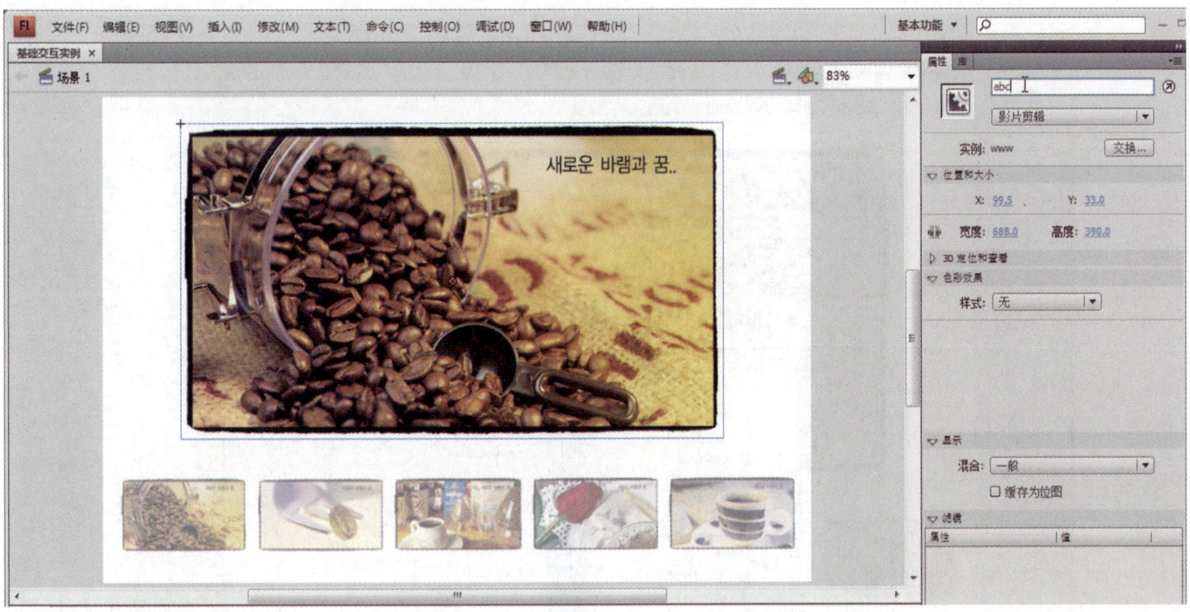

图9-23　在属性栏中键入实例名称“abc”

图9-24　在第一帧处加入停止语句“stop();”

说明：给每个按钮加入能够控制影片剪辑“www”内部交换图像效果的动作语句。

（6）回到场景1中选择“按钮01”，点击右键，在菜单中选择“动作”，在弹出的“动作-按钮”对话框中键入以下动作语句：

```
on (rollOver) {
   abc.gotoAndStop(1);
}
```

如图9-25所示。

图9-25　在弹出的“动作-按钮”对话框中键入动作语句

（7）选择“按钮02”，点击右键，在菜单中选择“动作”，在弹出的“动作-按钮”对话框中键入以下动作语句：

```
on (rollOver) {
    abc.gotoAndStop(2);
}
```

如图9-26所示。

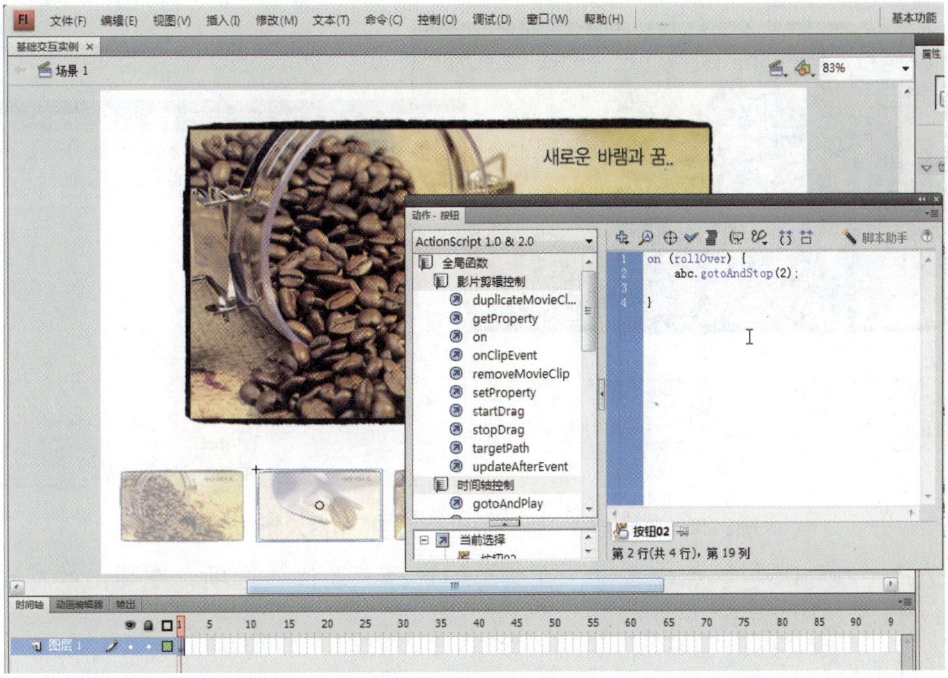

图9-26 在弹出的“动作-按钮”对话框中键入动作语句

（8）选择“按钮03”，点击右键，在菜单中选择“动作”选项，在弹出的“动作-按钮”对话框中键入以下动作语句：

```
on (rollOver) {
    abc.gotoAndStop(3);
}
```

如图9-27所示。

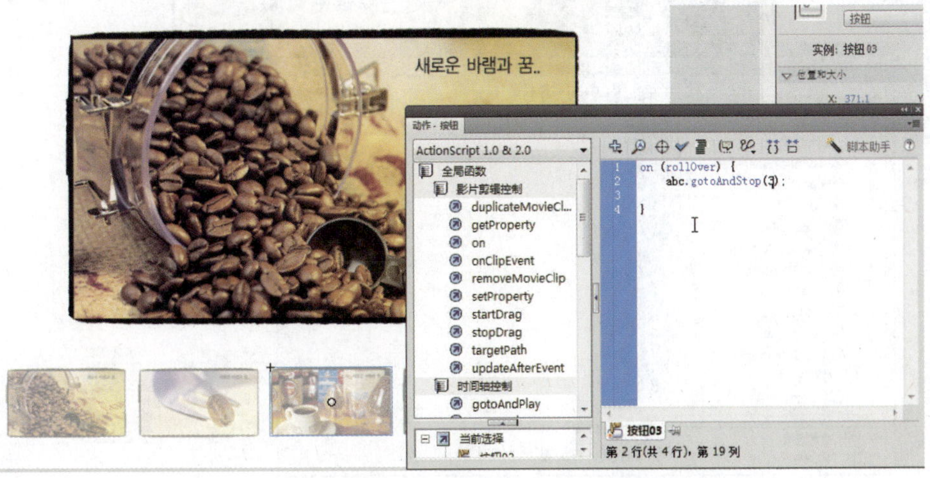

图9-27 在弹出的“动作-按钮”对话框中键入动作语句

（9）选择“按钮04”，点击右键，在菜单中选择“动作”选项，在弹出的“动作-按钮”对话框中键入以下动作语句：

```
on (rollOver) {
   abc.gotoAndStop(4);
}
```

如图9-28所示。

图9-28　在弹出的“动作-按钮”对话框中键入动作语句

（10）选择“按钮05”，点击右键，在菜单中选择“动作”选项，在弹出的“动作-按钮”对话框中键入以下动作语句：

```
on (rollOver) {
   abc.gotoAndStop(5);
}
```

如图9-29所示。

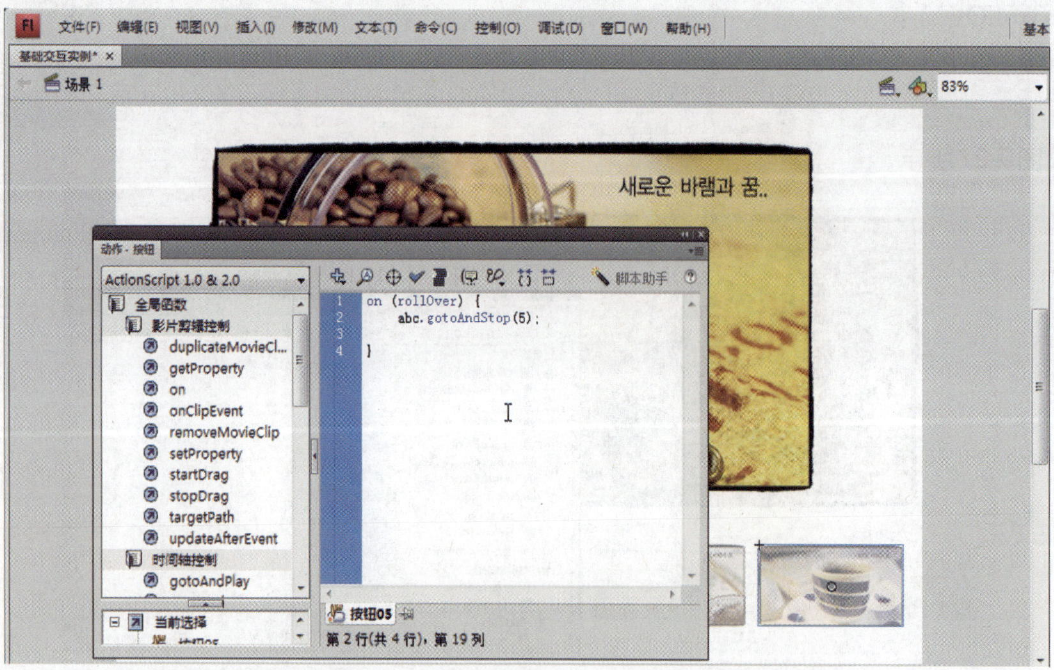

图9-29　在弹出的“动作-按钮”对话框中键入动作语句

（11）选择“控制”菜单下的“测试影片”，测试按钮鼠标划过图像时的交互效果。

9.5 如何制作渐变色动画效果

（1）双击进入影片剪辑“www”内部，将指针移动到第一帧，选择舞台中图像元件1，点击右键，在菜单中选择“转化为元件”，在弹出的对话框中键入名称“大图渐变01”，类型模式选择“影片剪辑”，单击“确定”按钮，如图9-30所示。

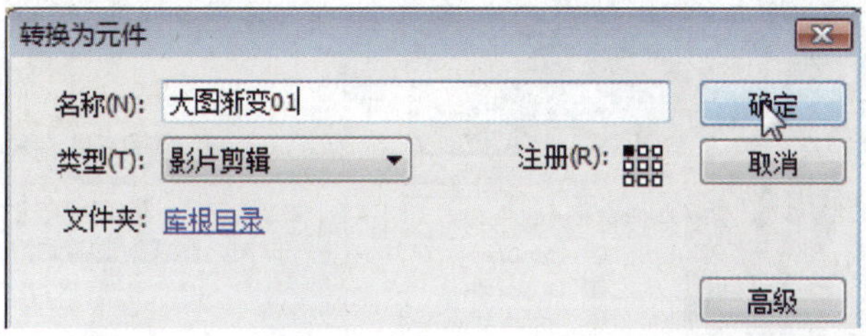

图9-30 键入名称“大图渐变01”，类型模式选择“影片剪辑”

（2）双击进入“大图渐变01”影片剪辑内部，在时间轴第10帧位置“插入关键帧”，点击右键，选择“创建补间动画”选项，如图9-31所示。

图9-31 在第10帧位置“插入关键帧”，选择“创建补间动画”选项

（3）在第10帧位置点击右键，在菜单中选择“动作”选项，在弹出的“动作-帧”对话框中键入“stop();”语句，如图9-32所示。

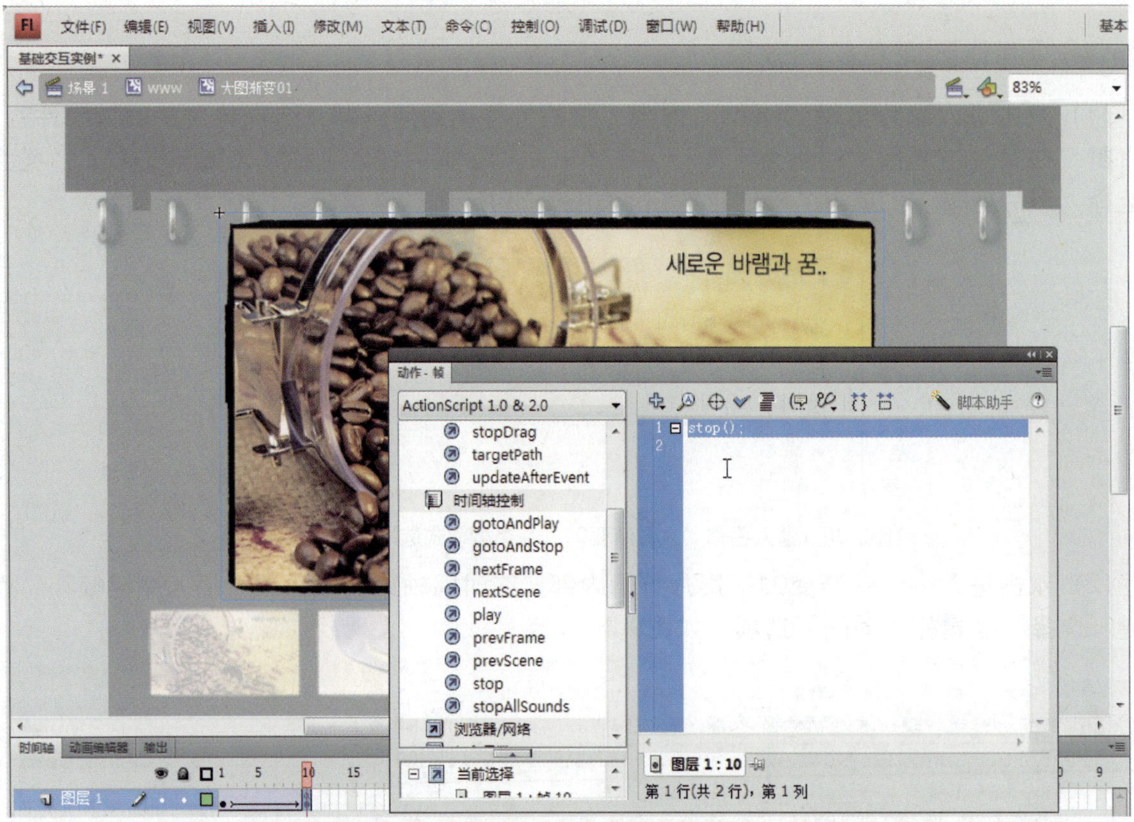

图9-32　在弹出的“动作-帧”对话框中键入“stop();”语句

（4）将时间轴指针移动到第1帧，选择舞台中图形元件1，打开属性栏中“色彩效果”，调整“亮度”为100%，如图9-33所示。

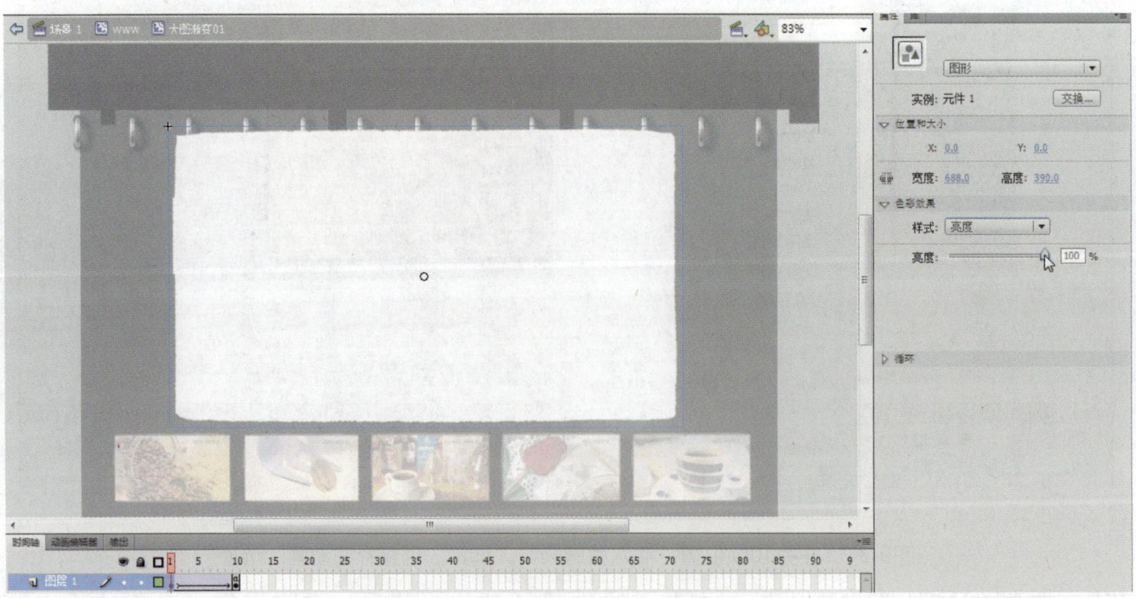

图9-33　调整“亮度”为100%

（5）用与上面相同的操作方法将其他几个图形元件调整为渐变色动画效果，选择“控制”菜单下的“测试影片”，测试按钮鼠标划过图像时的交互效果，如图9-34所示。

图9-34　测试按钮鼠标划过图像时的交互效果

活学活用：

本实例为交互设计图像类，采用相同的技术，可以制作出图像交互或者交互Flash动画效果。

现场创作实训：

制作一个交互产品广告画面效果。

创作要求：

（1）用Flash绘制形象或者寻找合适的图片形象。

（2）符合动画运动规律。

（3）画面色调协调统一。

（4）动画寓意表达准确及创意效果。

第10章　交互实例拖曳透明效果

（本实例附带视频教程）

情景化描述： 通过本实例详细学习交互动画实例的基础内容及应用，主要学习交互图像的使用及图像外部调用的互动使用。

当鼠标拖动图像时，利用Action语句使图像相应的发生颜色互动变化。

图10-1　效果图

【学习重点】

（1）熟练掌握开始拖动影片剪辑效果的使用。
（2）熟练掌握停止拖动影片剪辑效果的使用。
（3）熟练掌握外部调用图像语句的使用。
（4）熟练掌握Action语句的使用。

制作流程图如图10-2所示。

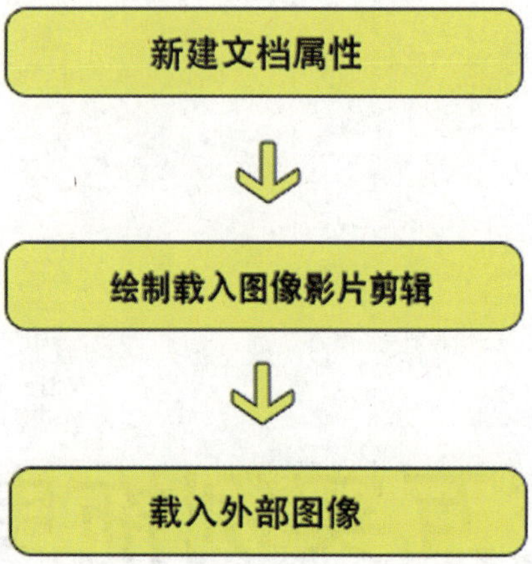

图10-2　流程图

具体制作

10.1　如何新建文档属性

提示：这个实例需要用“窗口”→“行为”命令，“行为”命令只有在ActionScript 2.0下才能使用，所以在新建Flash文档时需要选择ActionScript 2.0。

（1）选择Flash文件ActionScript 2.0文档，如图10-3所示。

（2）在弹出的“新建文档”中保存文档到相应位置，选择“修改”→“文档”选项，如图10-4所示。

（3）在弹出的“文档属性”对话框中，将尺寸设置为800×600像素，背景颜色设置为黄色，单击“确定”按钮，如图10-5所示。

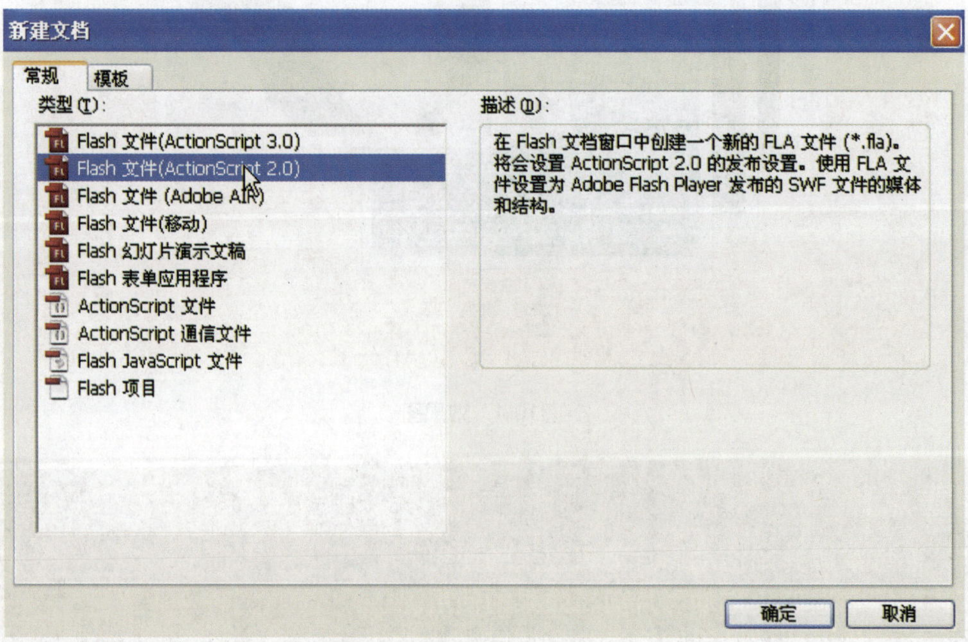

图10-3　选择ActionScript 2.0

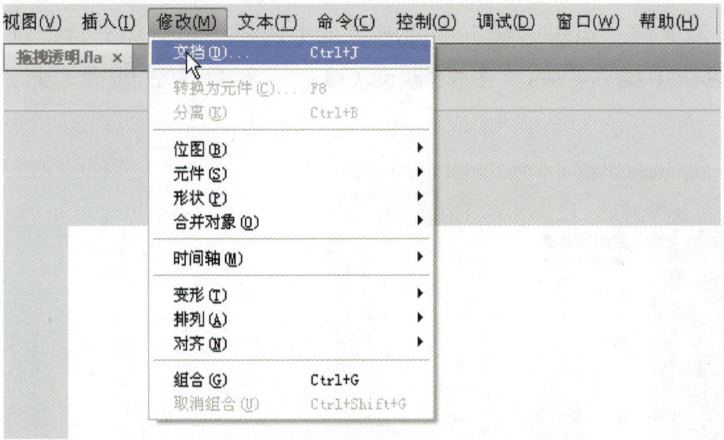

图10-4 选择“修改”菜单中的“文档”选项

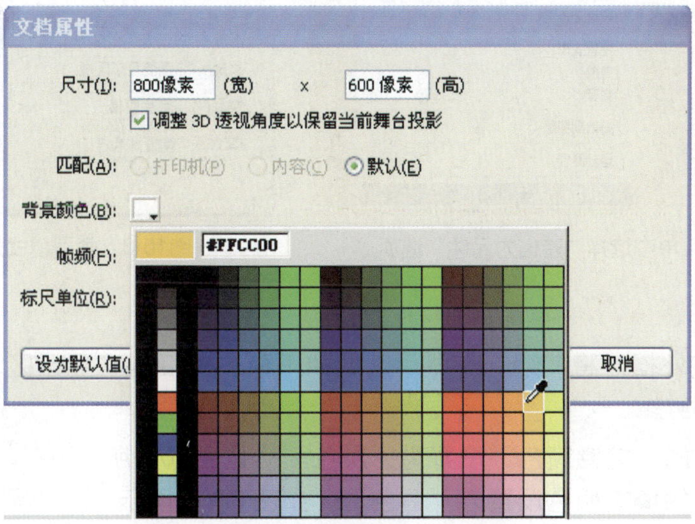

图10-5 背景颜色设置为黄色

10.2 如何绘制载入图像的影片剪辑

1. 绘制矩形

提示： 首先在舞台中绘制出一个矩形，矩形大小要与外部载入的图像大小相同，还要在灰色矩形外圈绘制一个装饰白色带有灰色细线的图形。

选择工具栏中的“矩形工具”，在舞台中绘制一个矩形，打开“属性栏”设置位置和大小，键入宽度为288像素、高度为209像素，如图10-6所示。

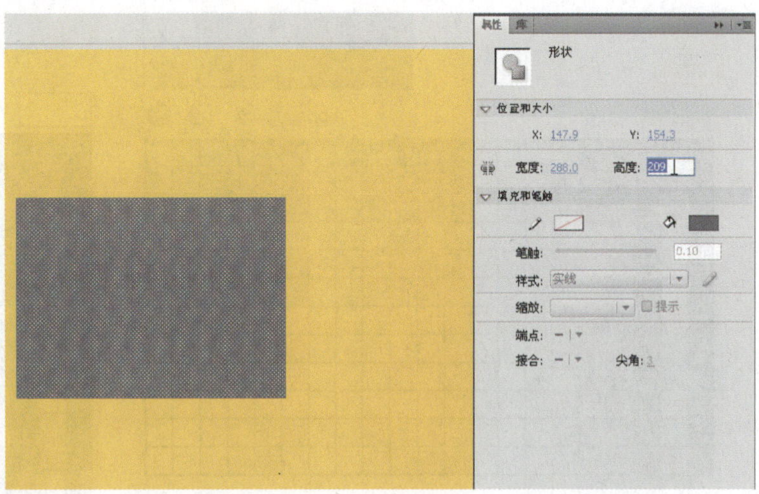

图10-6 在舞台中绘制一个矩形

2. 制作载入图像区域的影片剪辑

提示： 在载入外部图像时，只有影片剪辑才可以将外部的图像载入到显示区域，其他元件按钮和图像元件都不可以。

（1）选择载入显示区域，点击右键，在弹出菜单中选择“转化为元件”选项，如图10-7所示。

（2）在弹出对话框中键入名称“图像显示区域”，类型模式选择“影片剪辑”，如图10-8所示。

图10-7　在弹出的菜单中选择“转化为元件”选项

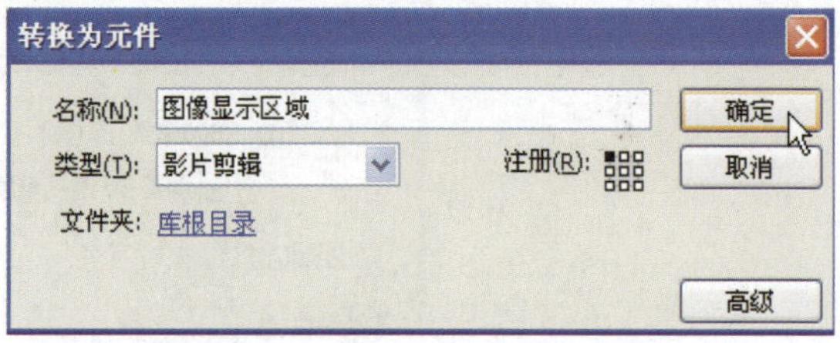

图10-8　类型模式选择“影片剪辑”

3. 制作装饰外框

提示：绘制装饰外框时将其绘制在显示区域的下面，然后再将显示区域的影片剪辑和装饰外框转化为一个影片剪辑。

（1）将工具栏中的“笔触颜色”设置为“灰色”，如图10-9所示。

（2）将工具栏中的填充颜色设置为“白色”，如图10-10所示。

（3）在装饰框和图像显示区域下，点击右键，在弹出的对话框中选择“转化为元件”选项，如图10-11所示。

（4）在弹出的对话框中键入名称“拖曳区域”，类型模式选择“影片剪辑”，单击“确定”按钮，如图10-12所示。

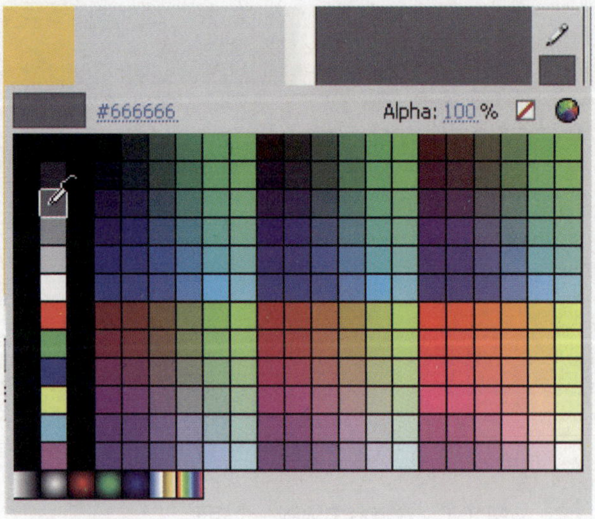

图10-9　“笔触颜色”设置为“灰色”

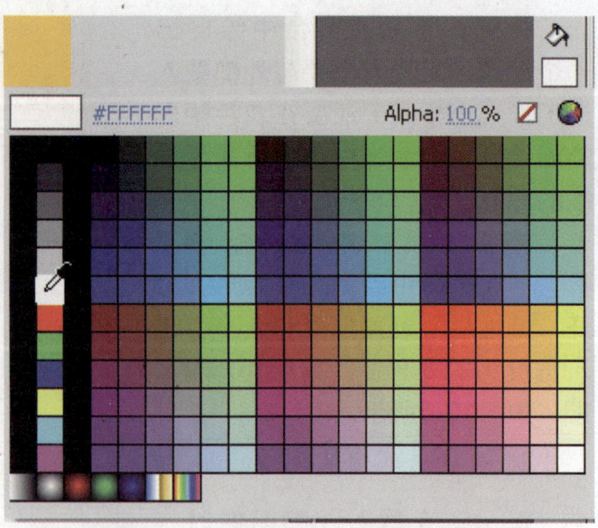

图10-10　“填充颜色”设置为“白色”

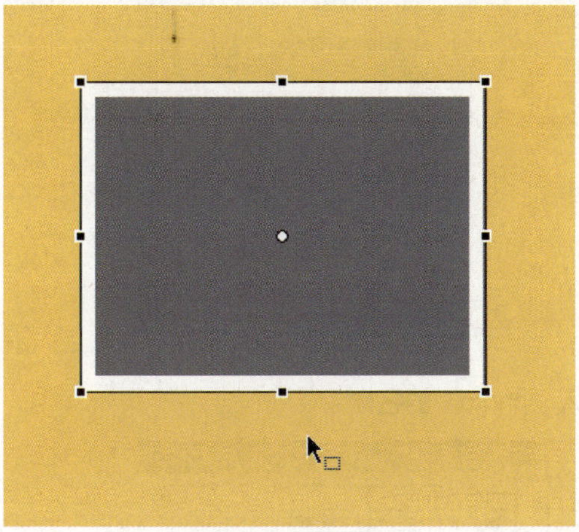

图10-11 转化为元件

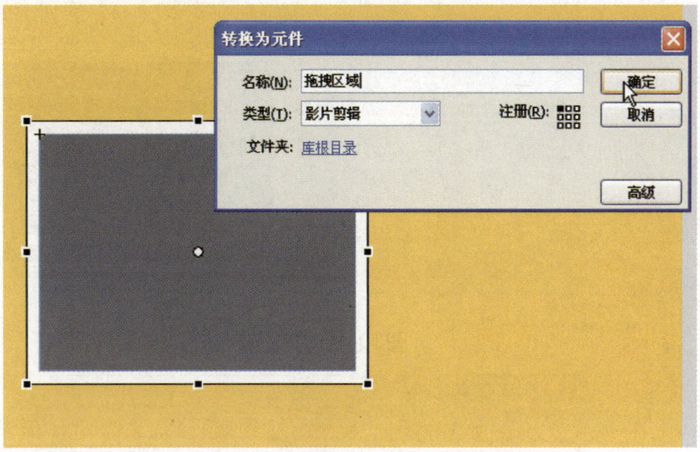

图10-12 类型模式选择“影片剪辑”

4．键入影片剪辑名称

提示： 为了使影片剪辑能够顺利通过ActionScript语句将图像调入到舞台中影片剪辑的显示区域内，需要给显示区域的影片剪辑键入实例名称，以便后面调入图像时使用，这里还要复制出其他四个图像的载入区域来。

（1）选择影片剪辑“拖曳区域”，打开属性栏，在实例名称键入“image1”，如图10-13所示。

（2）双击进入影片剪辑“拖曳区域”内部，选择舞台中影片剪辑“图像显示区域”，打开属性栏的“实例名称”，键入“photo”名称，如图10-14所示。

（3）回到场景1中，按住“Alt+鼠标左键”复制出其他四个图像显示区域，并将影片剪辑“拖曳区域”中的四个“image1”，依次改为“image2”、“image3”、“image4”、“image5”，如图10-15所示。

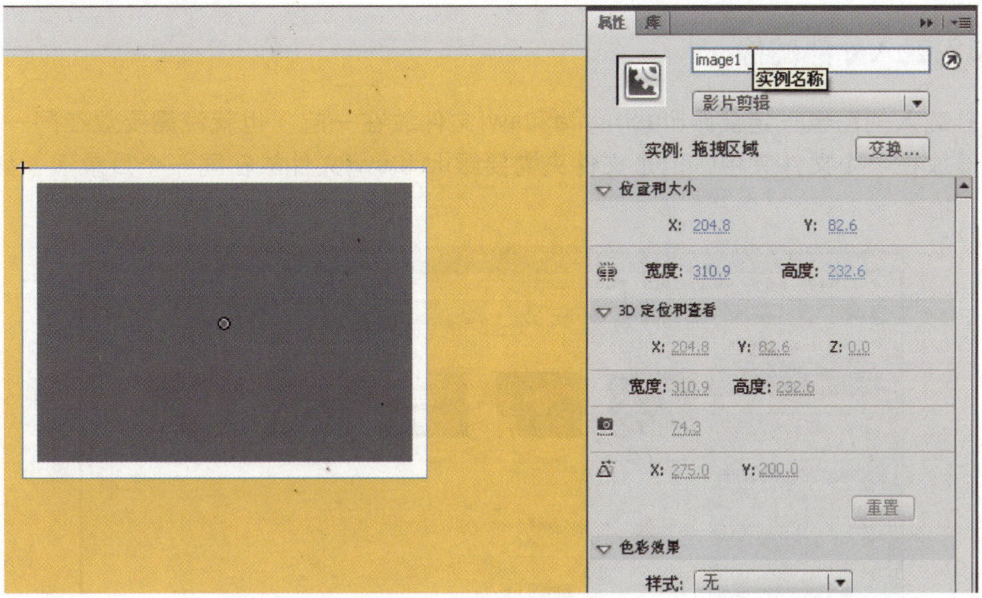

图10-13 打开属性栏，在实例名称键入“image1”

图10-14　打开属性栏的“实例名称”，键入“photo”的名称

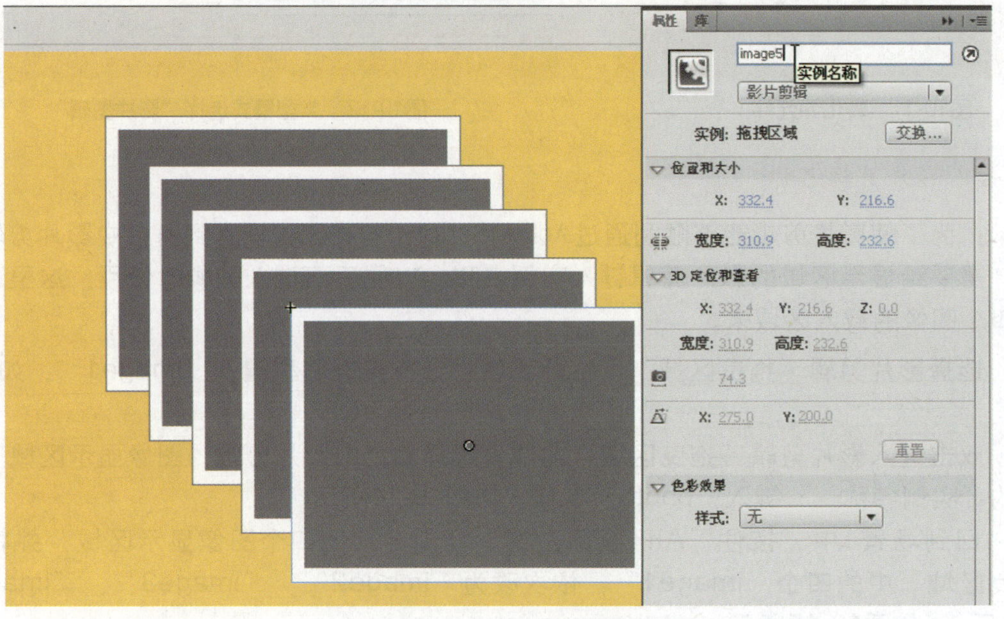

图10-15　按住“Alt+鼠标左键”复制出其他四个图像的显示区域

10.3　如何载入外部图像

提示：载入的图像一定要跟Flash的fla和swf文件放在一起，也就说需要放在同一个目录下或者将图像放在一个文件夹中，但是文件夹需要跟fla和swf文件放在同一个目录下，如图10-16所示。

图10-16　图像跟fla和swf文件放在同一个目录下

1. 加入调用图像“action”语句

提示：在场景1图层中加入“action”语句，将每张图像载入到所绘制图像的显示区域。

（1）在场景1中，在新建图层中单击第1帧，点击右键，在弹出对话框中选择“动作”选项，如图10-17所示。

（2）在“动作”对话框中，选择“插入目标路径”快捷按钮，如图10-18所示。

（3）选择影片剪辑“image1”下的“photo”，然后打开左边ActionScript 2.0中全局函数下“浏览器/网络”→“loadMovie”添加到“photo”后面，并在“loadMovie();”中键入载入图像名称，如图10-19和图10-20所示。

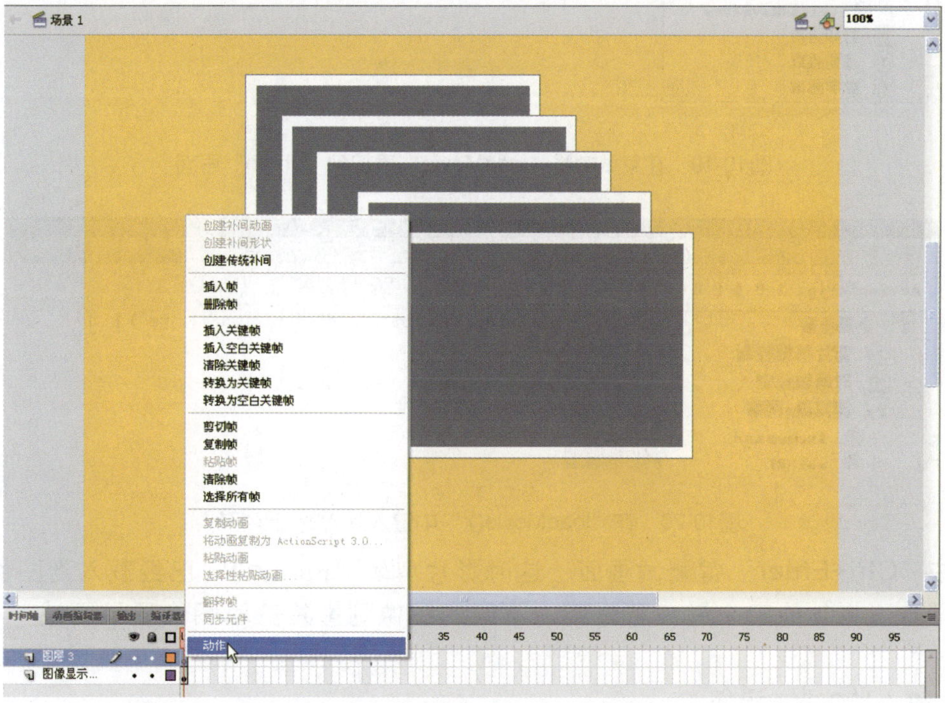

图10-17 在弹出的对话框中选择“动作”选项

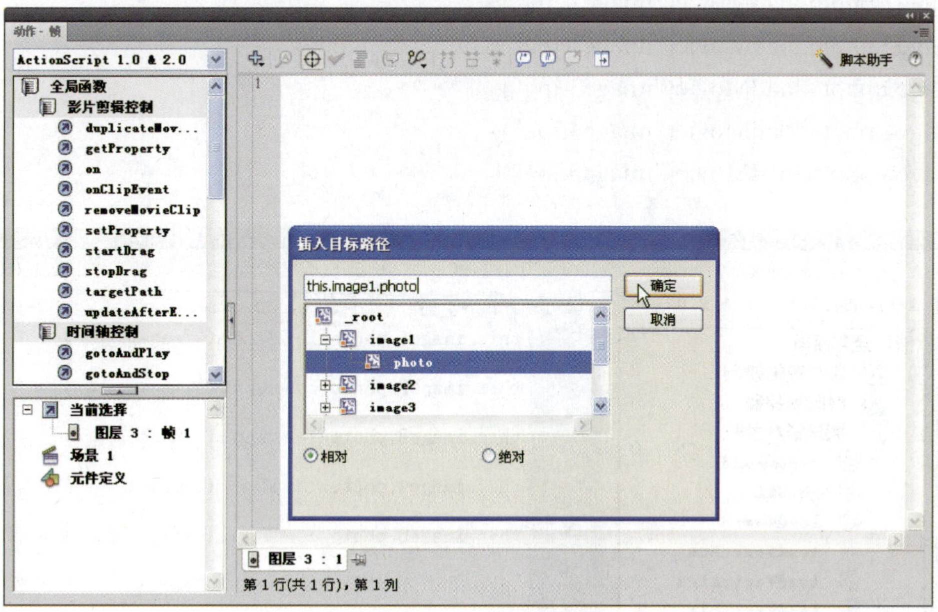

图10-18 选择影片剪辑“image1”下的“photo”

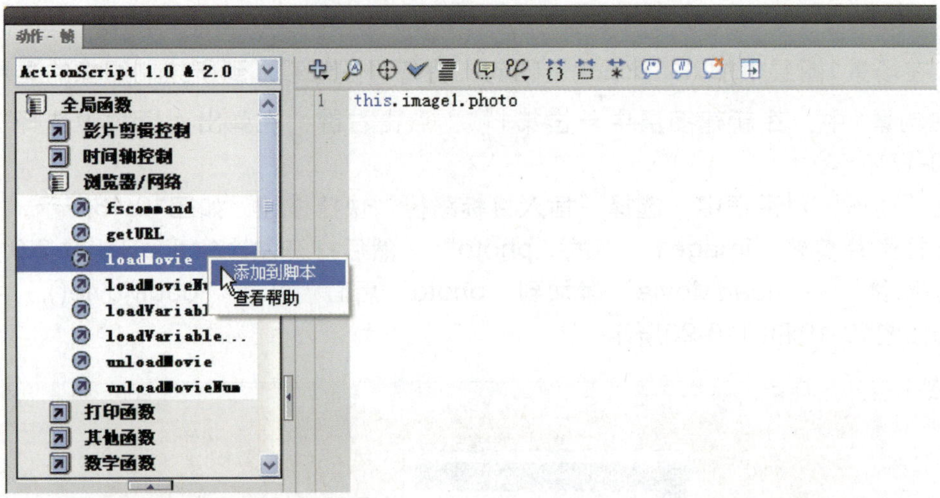

图10-19　在菜单中将“loadMovie”添加到“photo”后面

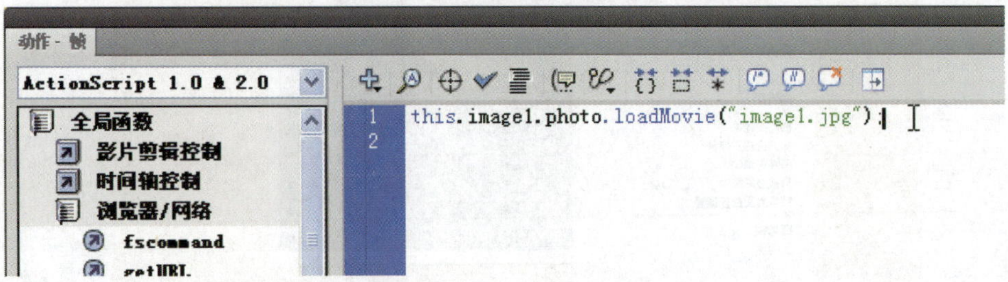

图10-20　在“loadMovie();”中键入载入的图像名称

（4）按“Ctrl+Enter”键测试画面，这时影片剪辑“image1”已经载入到图像显示区域内，用同样方法将其他四个影片剪辑载入不同的图像到影片剪辑图像显示区域，如图10-21所示。

以下为键入的action语句：

```
this.image1.photo.loadMovie("image1.jpg");
this.image2.photo.loadMovie("image2.jpg");
this.image3.photo.loadMovie("image3.jpg");
this.image4.photo.loadMovie("image4.jpg");
this.image5.photo.loadMovie("image5.jpg")。
```

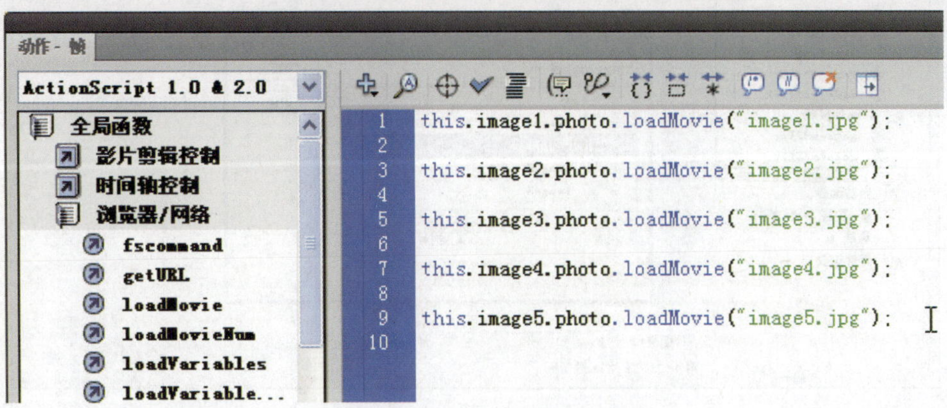

图10-21　键入action语句

(5) 选择“控制”→“测试影片”测试画面效果，如图10-22所示。

图10-22 测试画面效果

2. 加入拖曳效果

提示： 为需要拖曳的影片剪辑加入动作语句，使用“窗口”→“行为”的方法加入拖曳语句。

(1) 选择影片剪辑，打开“窗口”→“行为”选项，弹出“行为”，选择“影片剪辑”→“开始拖动影片剪辑”，如图10-23所示。

(2) 将“事件”改为“按下时”，如图10-24所示。

图10-23 加入“影片剪辑”菜单下的“开始拖动影片剪辑”

图10-24　将事件改为“按下时”

（3）选择影片剪辑，打开“窗口”→“行为”选项，在弹出的“行为”对话框中加入“影片剪辑”→“停止拖动影片剪辑”，如图10-25所示。

（4）将事件改为“释放时”，在对话框中加入“影片剪辑”→“移到最前”，如图10-26所示。

（5）将事件改为“按下时”，如图10-27所示。

图10-25　加入“影片剪辑”菜单下的“停止拖动影片剪辑”

图10-26　加入“影片剪辑”菜单下的“移到最前”

图10-27　将事件改为“按下时”

3．加入拖曳时的透明效果

（1）在“on (press) {”下面键入“_alpha=60”，表示当鼠标按下时影片的剪辑效果为透明度60%，如图10-28所示。

（2）在“on (release) {”下面键入“_alpha=100”，表示当鼠标释放时影片的剪辑效果为透明度100%，复制所有代码到其他几个动作栏中，如图10-29所示。

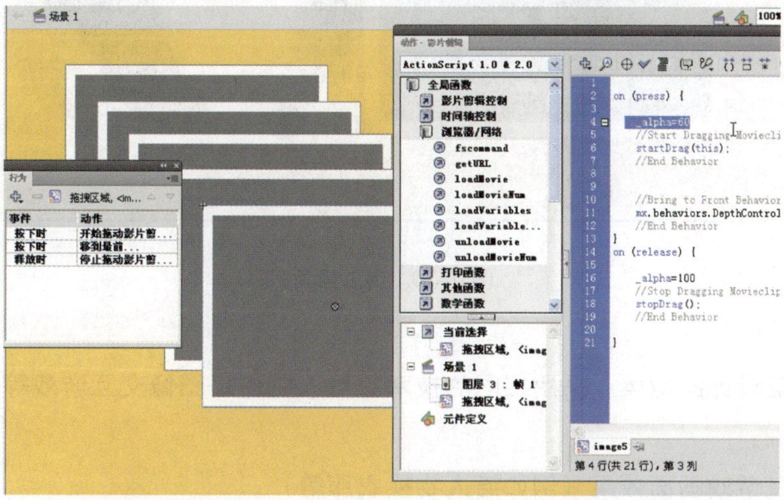

图10-28　在“on (press) {”下面键入“_alpha=60”

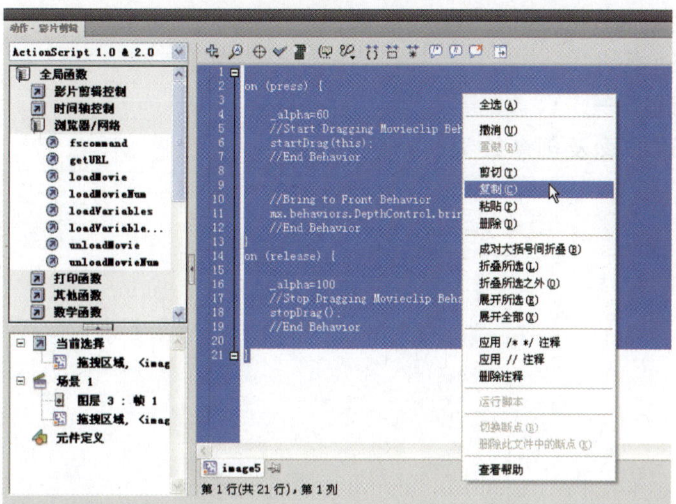

图10-29　在“on (release) {”下面键入“_alpha=100”

（3）选择“控制”→“测试影片”，测试画面效果，如图10-30所示。

图10-30 测试画面

活学活用：

本实例为交互设计图像类，采用相同的技术，可以制作出图像交互游戏等动画效果。

现场创作实训：

制作一个拖曳游戏画面效果（例如给人物换衣服等）。

创作要求：

（1）用Flash绘制或者寻找合适的图片形象。

（2）符合动画运动规律。

（3）画面色调协调统一。

（4）动画寓意表达准确及创意效果。

第11章　FLASH视频控制播放

（本实例附带视频教程）

情景化描述：通过对本实例的详细学习将视频转化成Flash视频格式“flv”；通过将视频格式放在Flash舞台中，用自己制作的按钮控制导入视频的播放情况。

图11-1　效果图

【学习重点】

（1）熟练掌握各种视频格式的转化使用。

（2）熟练掌握生成FLV视频格式的使用。

（3）熟练掌握控制FLV视频格式播放使用。

制作流程图如图11-2所示。

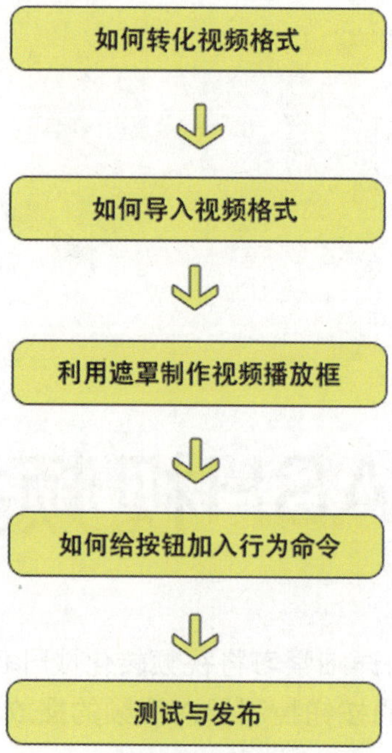

图11-2 流程图

11.1 如何转化视频格式

1. 建立符合能使用“行为”命令的文档

首先需要导入Flash文档格式，选择Flash文件（只有ActionScript 2.0才能使用“窗口”→“行为”命令），如图11-3和图11-4所示。

图11-3 AVI视频格式

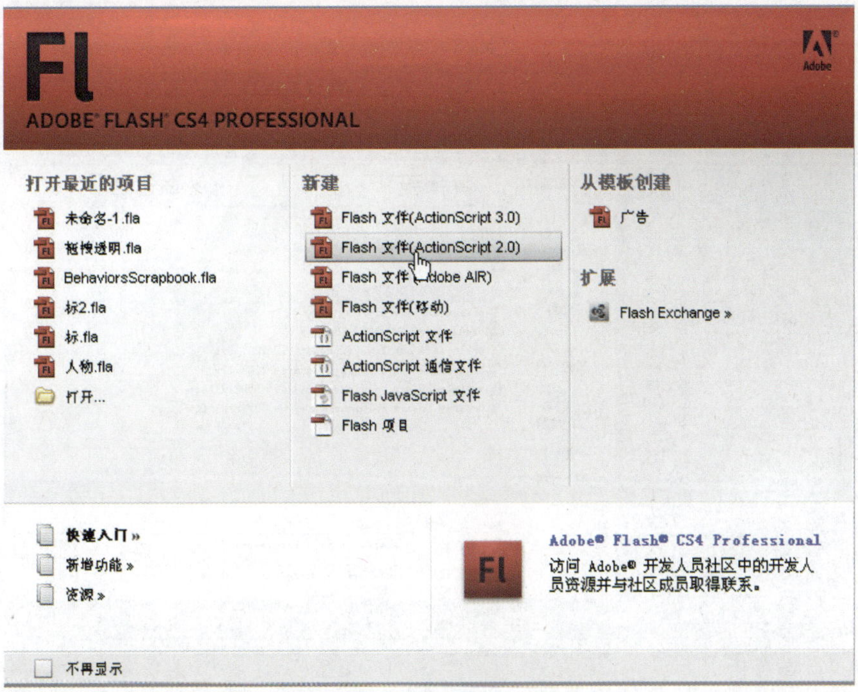

图11-4　选择Flash文件（ActionScript 2.0）

2．将AVI视频格式转为FLV格式

提示：将相当清晰的AVI视频格式，利用Adobe Media Encoder视频格式转换为FLV格式。

（1）选择WINDOWS XP“开始”→“程序”菜单中的“Adobe Media Encoder”软件，如图11-5所示。

（2）在弹出的Adobe Media Encoder软件对话框中，选择“添加”打开要转化的AVI视频格式，如图11-6所示。

（3）选择“预设”中的FLV视频格式，选择“输出文件”，将要转化成FLV的视频格式保存到机器的合适位置，如图11-7所示。

图11-5　打开“Adobe Media Encoder”软件

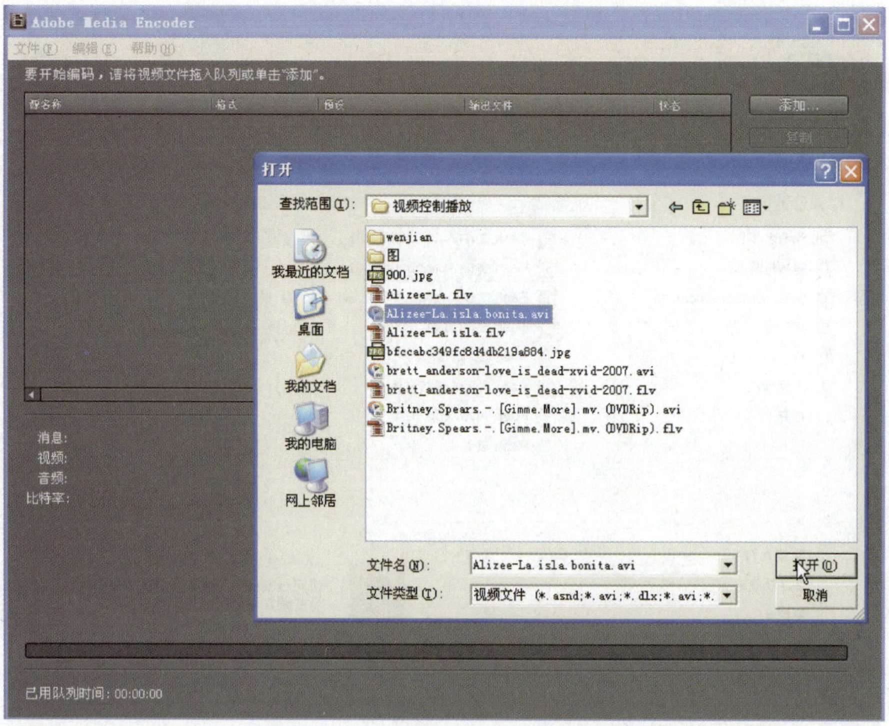

图11-6　选择要转化的AVI视频格式

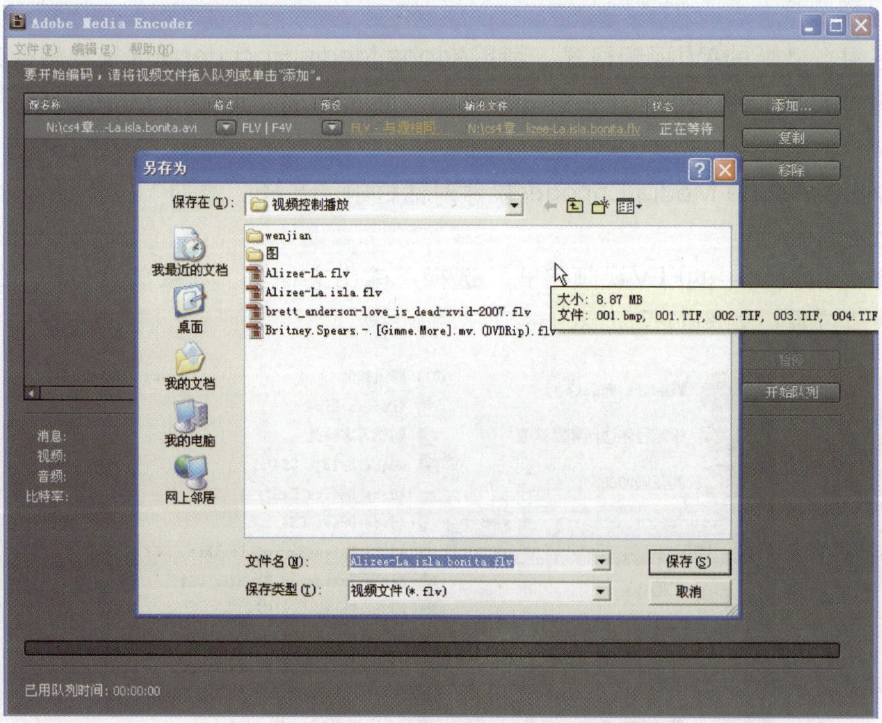

图11-7　保存FLV视频格式

（4）鼠标选择"预设"菜单下的"编辑导出设置"选项，如图11-8所示。

（5）在弹出的"导出设置"对话框中设置视频的长短大小及其他一些特殊设置，单击确定按钮，如图11-9所示。

（6）单击"开始排列"，进行视频输出FLV视频格式，如图11-10所示。

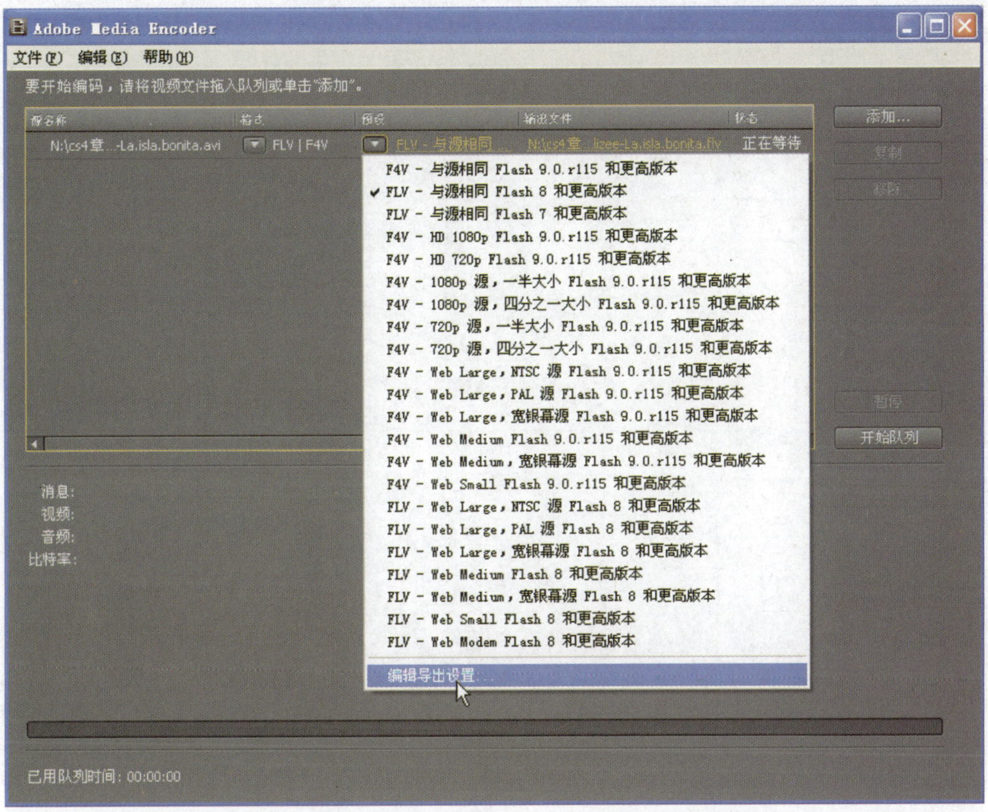

图11-8 选择"预设"菜单下的"编辑导出设置"选项

图11-9 设置视频的长短大小及其他一些特殊设置

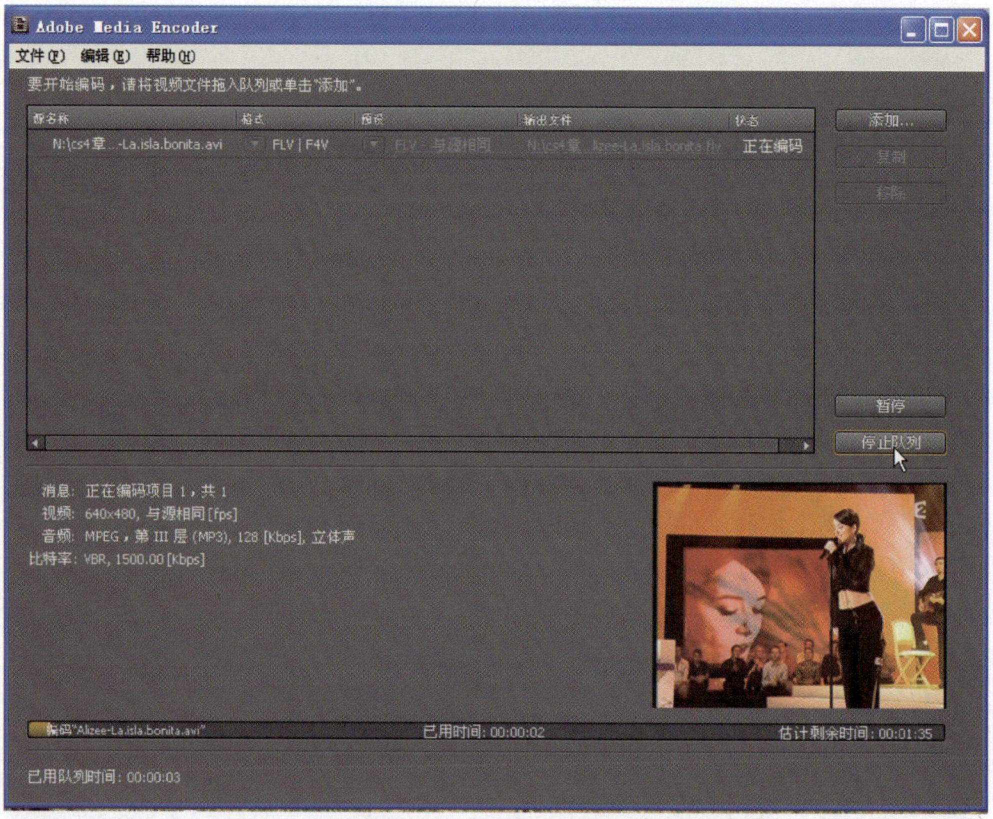

图11-10　单击"开始排列"进行视频输出FLV视频格式

11.2　如何导入视频格式

（1）选择"文件"→"导入"→"导入视频"，如图11-11所示。

（2）在弹出的"打开"对话框中选择"文件路径"，导入FLV视频格式，如图11-12所示。

（3）在视频"导入方式"中改为"在SWF中嵌入FLV并在时间轴中播放"，如图11-13所示。

（4）鼠标点击"下一步"，在弹出的导入视频中的"嵌入"将符号类型改为"影片剪辑"，如图11-14所示。

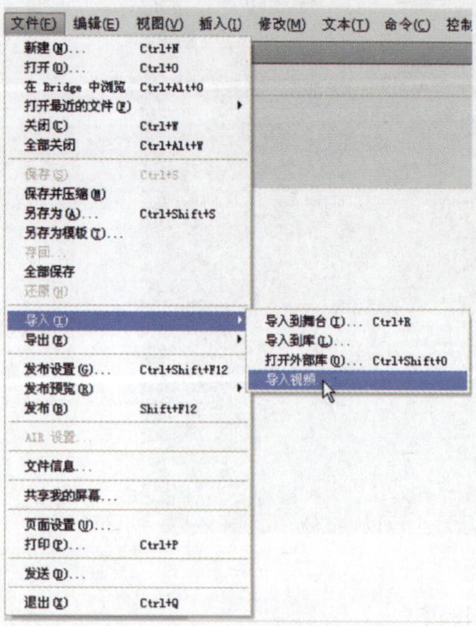

图11-11　选择"文件"菜单下"导入"中的"导入视频"

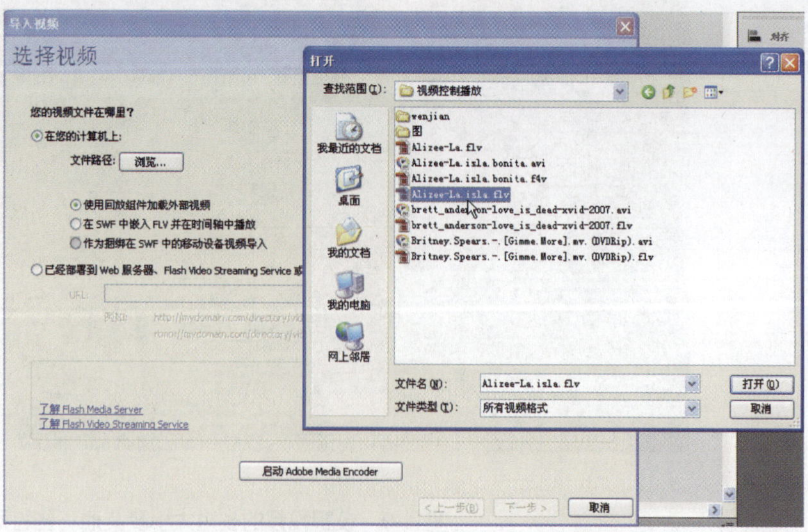

图11-12　选择"文件路径"，导入FLV视频格式

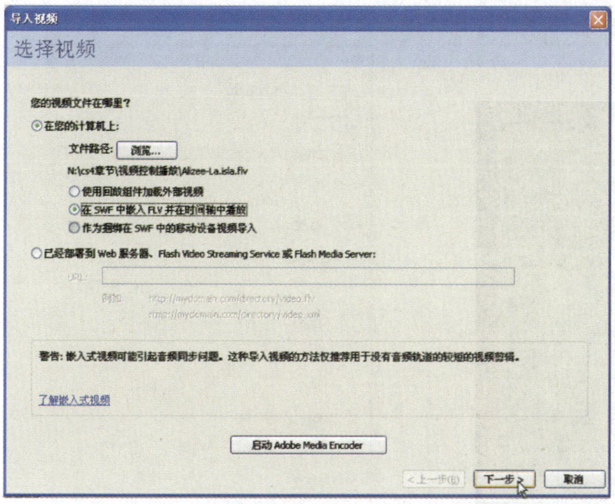

图11-13 “导入方式”改为“在SWF中嵌入FLV并在时间轴中播放”

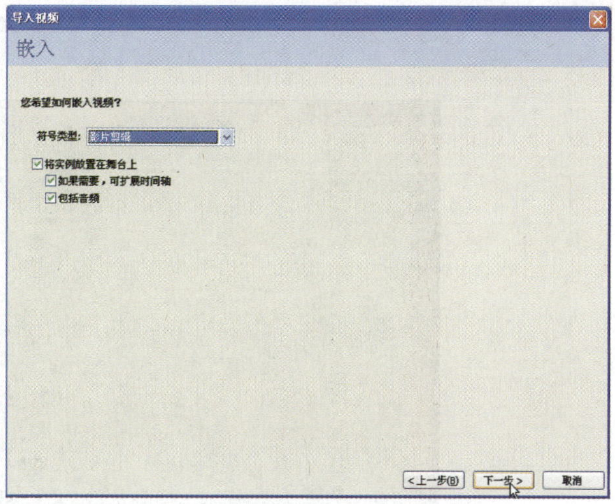

图11-14 符号类型改为“影片剪辑”

11.3 如何利用遮罩制作视频播放框

1. 制作遮罩层

提示：导入到舞台中的视频格式是正方形，为了更好的制作符合整体画面及艺术效果的视频画面效果，这里利用遮照层来对视频效果进行处理。

（1）在时间轴视频图层上新建图层，利用工具栏中的“基本矩形工具”绘制出一个矩形，如图11-15所示。

（2）打开属性栏，将矩形的四个角调节为圆弧形，如图11-16所示。

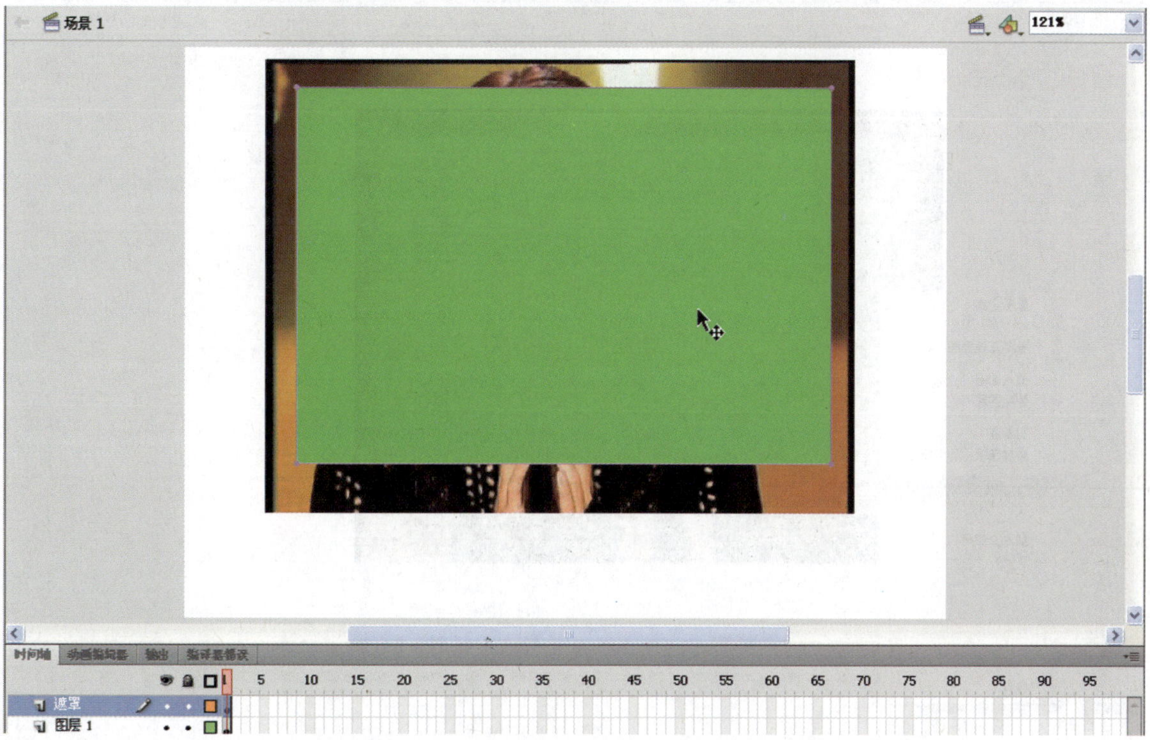

图11-15 绘制出一个矩形

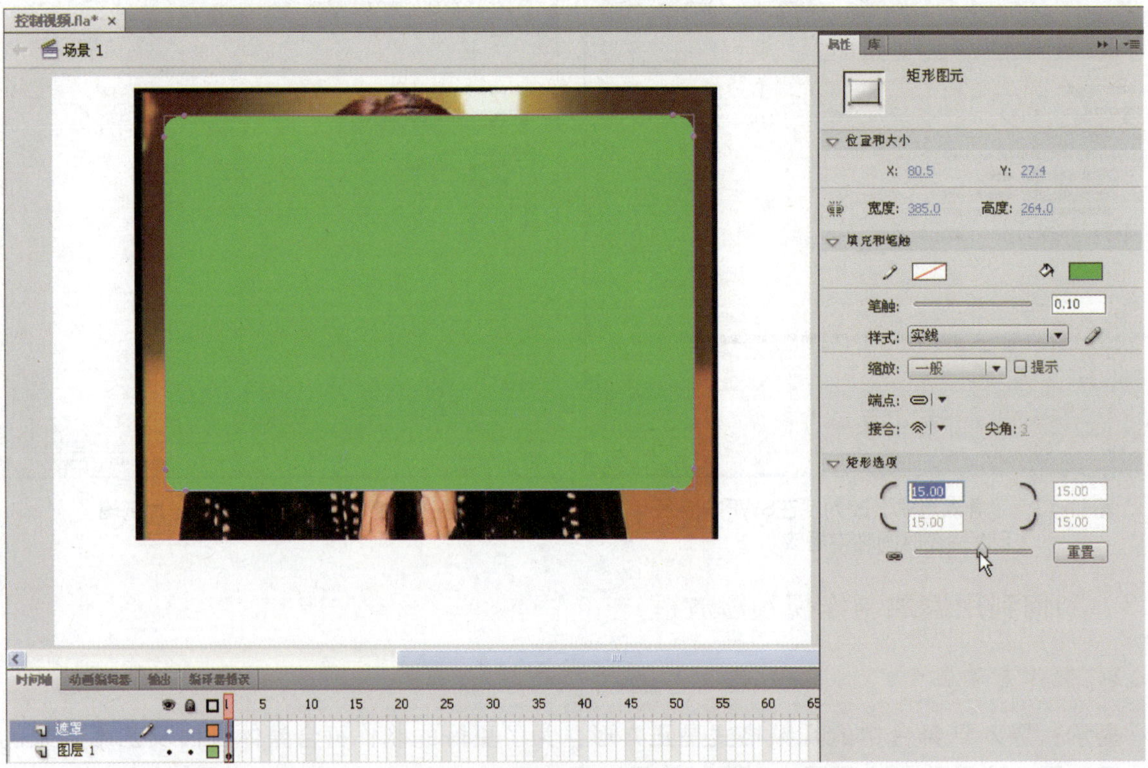

图11-16　将矩形的四个角调节为圆弧形

（3）在时间轴上选择遮罩层，点击右键，在弹出的对话框中选择“遮罩层”，按“Ctrl+Enter键”测试画面效果，如图11-17和图11-18所示。

图11-17　点击右键，在弹出的对话框中选择“遮罩层”

图11-18　测试画面效果

2．制作视频播放界面

在时间轴上新建图层，用鼠标选择图层，移动到图层下面，利用工具栏中的“矩形工具”绘制出跟视频播放相同形状的黑色背景界面，如图11-19所示。

图11-19　绘制出跟视频播放相同形状的黑色背景界面

3．制作按钮

提示： 为了使按钮效果与上面的播放界面统一，可以制作一个简单的椭圆形按钮。

（1）选择工具栏中的“矩形变形工具”，在按钮层上绘制一个矩形，并打开属性调节形状，如图11-20所示。

（2）选择形状，点击右键，在弹出的菜单中选择“转化为元件”选项，在弹出的“转化为元件”对话框中键入名称“按钮01”，类型模式改为“按钮”，如图11-21所示。

（3）双击进入按钮内部，在点击位置选择“插入关键帧”，如图11-22所示。

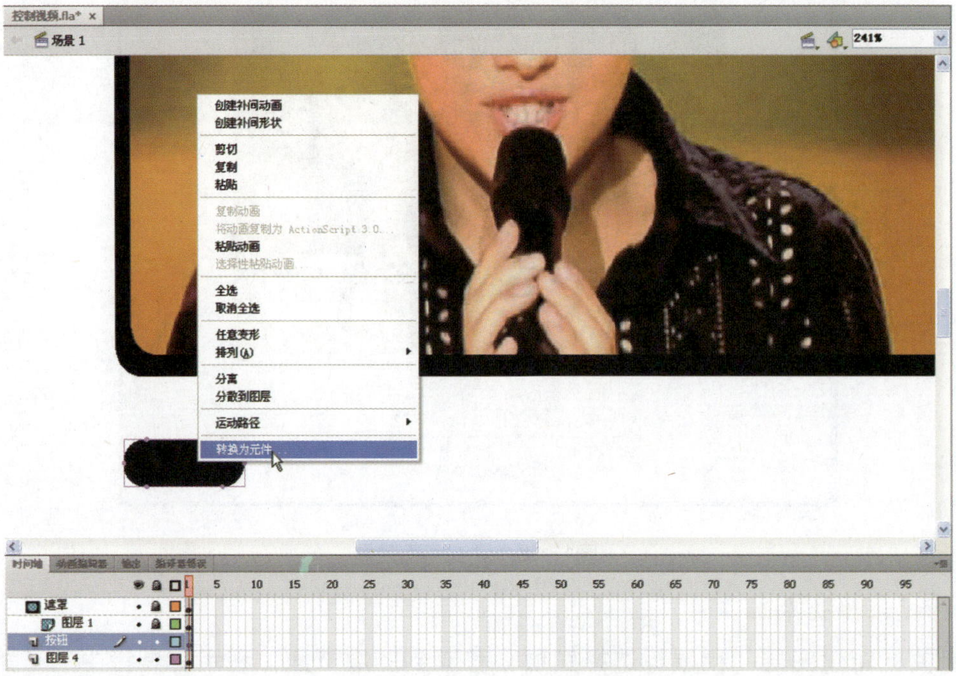

图11-20　在弹出的菜单中选择“转化为元件”

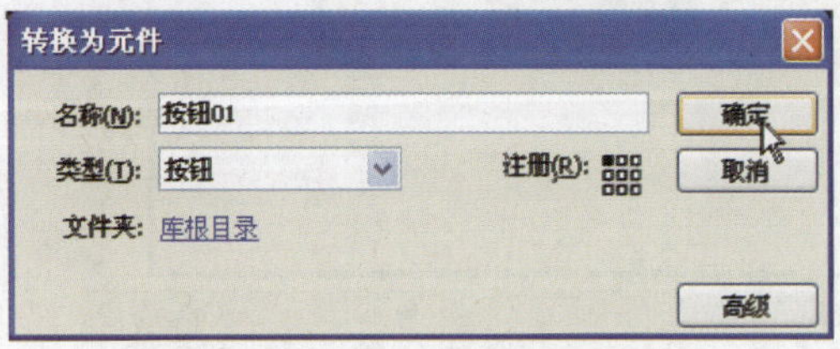

图11-21　键入名称“按钮01”

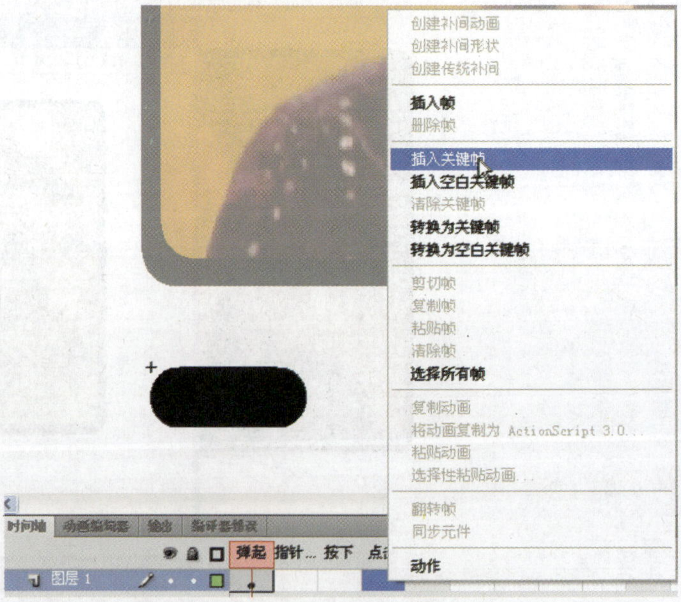

图11-22　在点击位置选择“插入关键帧”

提示：在时间轴上新建一个图层，绘制按钮图标效果，在“库”中“直接复制”出其他几个按钮，然后在其内部更改图标效果。

（4）利用工具栏中的绘图工具绘制出三角形，如图11-23所示。

（5）打开“库”，选择“按钮01”，点击右键，在弹出的菜单中选择“直接复制”选项，如图11-24所示。

（6）在弹出的“直接复制元件”对话框中键入名称“快进”，类型模式改成“按钮”，单击确定，以同样的方法将其他的几个按钮元件一起复制出来，如图11-25所示。

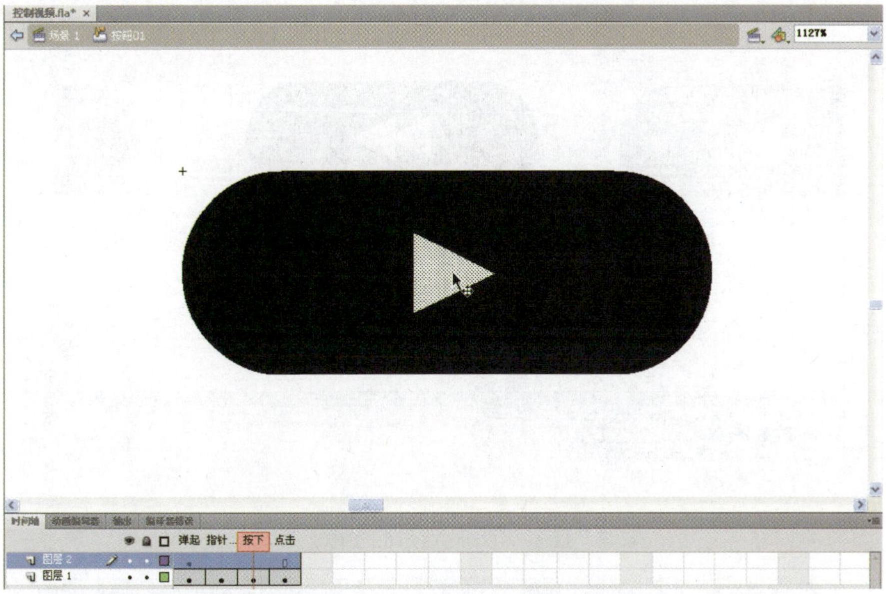

图11-23　绘制出三角形

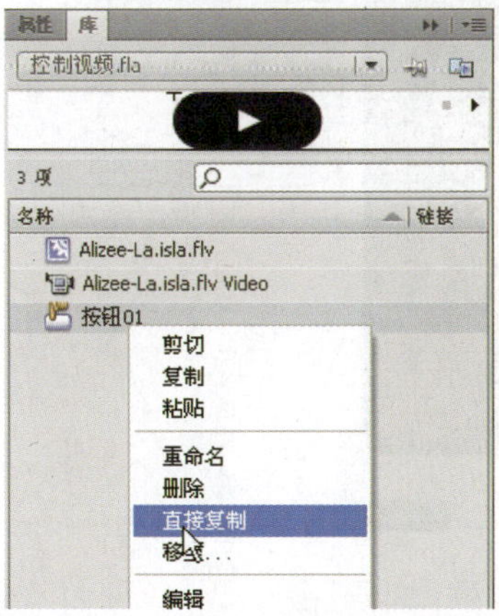

图11-24　选择“直接复制”选项

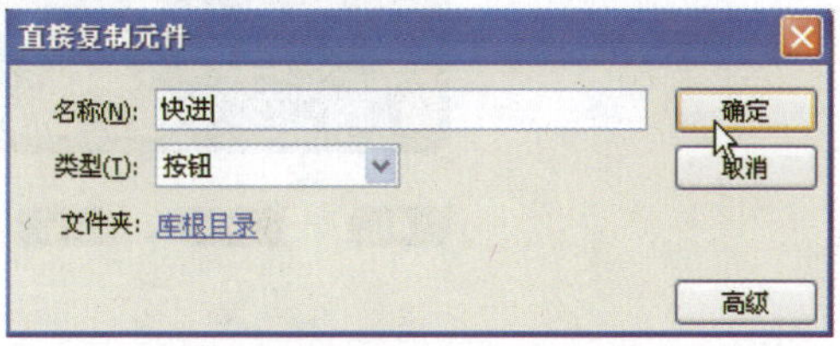

图11-25　键入名称“快进”

（7）在舞台中按住“Alt键+鼠标左键”，拖曳复制出其他几个元件，然后将属性栏打开，当鼠标左键选择按钮时属性栏显示实例名称，点击“交换”按钮，弹出“交换元件”对话框，选择图11-22制作出的元件，如图11-26所示。

（8）鼠标双击每一个按钮元件，进入内部，将三角形图形改成播放按钮控制所需要的图形符号，如图11-27所示。

（9）选择“窗口”→“对齐”选项，在弹出的对话框中将几个按钮平均分列，如图11-28所示。

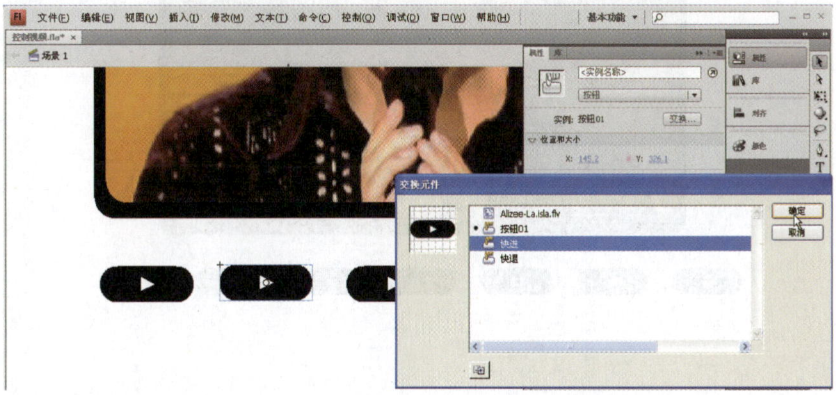

图11-26　点击“交换”按钮弹出的“交换元件”

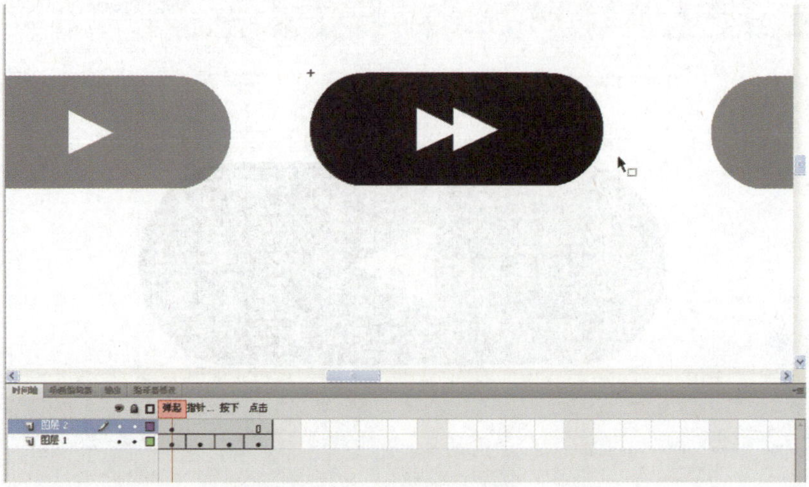

图11-27　制作其他图标

图11-28　在弹出的对话框中将几个按钮平均分列

提示：一次制作出“停止”、“播放”、“暂停”、“隐藏”、“显示”、“后退”、“快进”等按钮效果，如图11-29和图11-30所示。

图11-29　制作出七个按钮图标

图11-30 标出文字显示

11.4 如何给按钮加入行为命令

1. 加入停止语句

（1）点击“停止”按钮，选择“窗口”→“行为”选项，如图11-31所示。

（2）在弹出的对话框中，点击“加入行为命令”按钮，选择“嵌入的视频”→“停止”选项，如图11-32所示。

图11-31 选择“窗口”菜单下的“行为”选项

图11-32　选择“嵌入的视频”菜单下的“停止”选项

（3）在弹出的“停止视频”对话框中键入影片剪辑和视频实例名称，这样可以方便action语句的使用，将“影片剪辑”实例名称改成“a”，视频实例名称改成“b”，单击确定按钮，按Ctrl+Enter键测试效果，如图11-33和图11-34所示。

图11-33　将影片剪辑的实例名称改成“a”

图11-34　将视频的实例名称改成“b”

2. 加入播放语句

点击“播放”按钮，选择“窗口”→“行为”选项，在弹出的对话框中，用鼠标点击“加入行为命令”按钮，选择“嵌入的视频”→“播放”选项，在弹出的“播放视频”对话框中选择视频“b”，单击确定，按Ctrl+Enter键测试效果，如图11-35和图11-36所示。

图11-35 选择“嵌入的视频”菜单下的“播放”选项

图11-36 选择视频“b”，单击确定

3. 加入暂停语句

用鼠标点击“暂停”按钮，选择“窗口”菜单下的“行为”选项，在弹出的对话框中，用鼠标左键点击“加入行为命令”按钮，选择“嵌入的视频”菜单下“暂停”选项，如图11-37所示。

在弹出的“暂停视频”对话框中选择视频“b”，单击确定，按Ctrl+Enter键测试效果，如图11-38所示。

图11-37　选择“嵌入的视频”菜单下的“暂停”选项

图11-38　选择视频“b”，单击确定

4. 加入隐藏语句

（1）用鼠标点击“隐藏”按钮，选择“窗口”→“行为”选项，在弹出的对话框中，用鼠标左键点击“加入行为命令”按钮，选择“嵌入的视频”→“隐藏”选项，如图11-39所示。

（2）在弹出的“隐藏视频”对话框中选择视频“b”，单击确定，按Ctrl+Enter键测试效果，用同样的方法加入“显示视频”效果，如图11-40所示。

图11-39　选择“嵌入的视频”菜单下的“隐藏”选项

图11-40　在弹出的“显示视频”对话框中选择视频“b”，单击确定

5. 加入后退语句

提示：在这里的按钮上加入快进和后退，是不显示行为命令的，只有将快进和后退转成影片剪辑，才可以出现快进和后退的命令选项。

（1）将“快进”和“后退”转成影片剪辑，用鼠标点击“后退”按钮，选择“窗口”菜单下“行为”选项，如图11-41所示。

（2）在弹出的对话框中，用鼠标点击“加入行为命令”按钮，选择“嵌入的视频”菜单下的“后退”选项，如图11-42所示。

（3）在弹出的“后退视频”对话框中选择视频“b”，单击确定，按Ctrl+Enter键测试效果，如图11-43所示。

图11-41　转化影片剪辑

图11-42　选择“嵌入的视频”菜单下的“后退”选项

图11-43　在弹出的“后退视频”对话框中选择视频“b”

6．加入快进语句

（1）用鼠标点击“快进”按钮，选择“窗口”菜单下“行为”选项，在弹出的对话框中点击“加入行为命令”按钮，选择“嵌入的视频”菜单下的“快进”选项，如图11-44所示。

（2）在弹出的“快进视频”对话框中选择视频“b”，单击确定，按Ctrl+Enter键测试效果，如图11-45和图11-46所示。

图11-44　选择“嵌入的视频”菜单下的“快进”选项

图11-45　在弹出的“快进视频”对话框中选择视频“b”，单击确定

图11-46　按Ctrl+Enter键测试效果

活学活用：

本实例为网络视频类，采用相同的技术，可以制作出控制网络视频播放的动画效果。

现场创作实训：

制作一个交互不同的视频动画效果。

创作要求：

（1）用Flash绘制形象或者寻找合适的图片形象。

（2）符合动画运动规律。

（3）画面色调协调统一。

（4）动画寓意表达准确及创意效果。

第12章　交互展示（汽车局部展示）

（本实例附带视频教程）

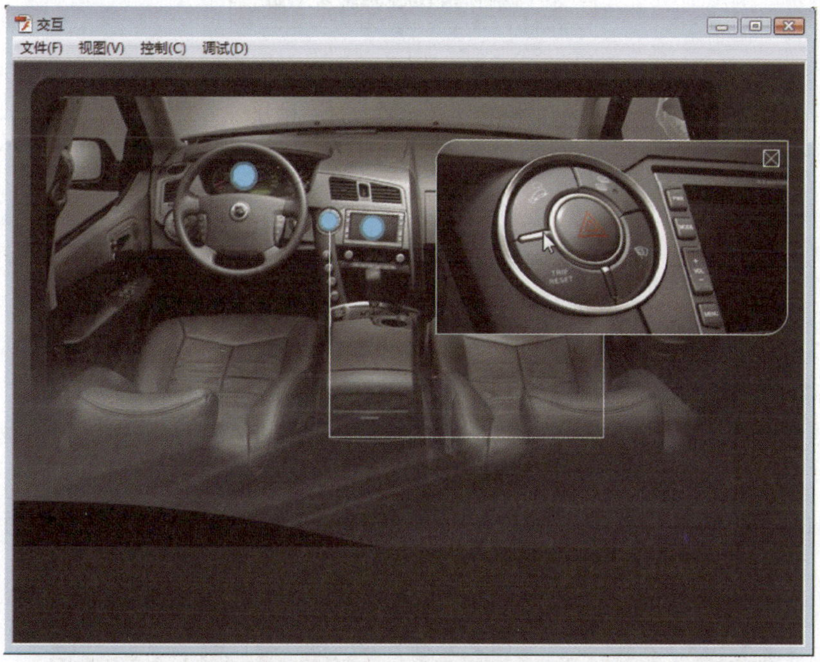

图12-1　交互动画实例图像

情景化描述：使按钮有光圈效果，以此提示用户用鼠标点击时或者划过时开始播放影片剪辑，当鼠标点击或者划过第二个时，开始播放第二个影片剪辑，第一个影片剪辑同时消失，形成互动展示效果。

【学习重点】

（1）熟练掌握按钮制作及按钮动作效果制作。
（2）熟练使用影片剪辑和影片剪辑之间的套用关系。
（3）熟练掌握遮罩效果使用及制作。
（4）熟练掌握ActionScript动作语句使用。

制作流程图如图12-2所示。

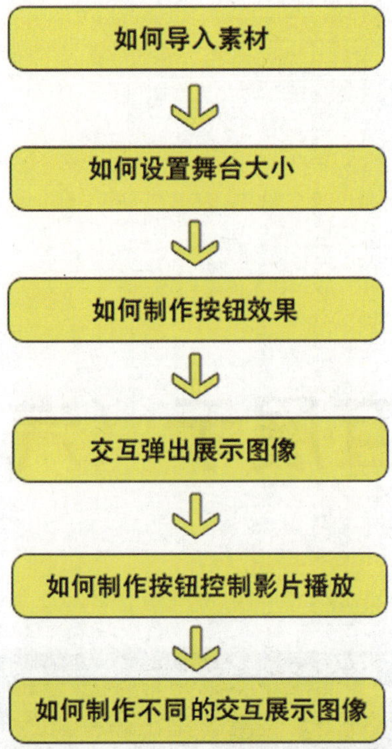

图12-2　流程图

具体制作

12.1　如何导入素材

（1）选择新建Flash文件（ActionScript 2.0）文档，如图12-3所示。

（2）选择“文件”→“导入”→“导入到舞台”或者直接选择“导入到库”选项，如图12-4所示。

（3）在弹出的对话框中选择需要的素材，单击“打开”按钮，如图12-5所示。

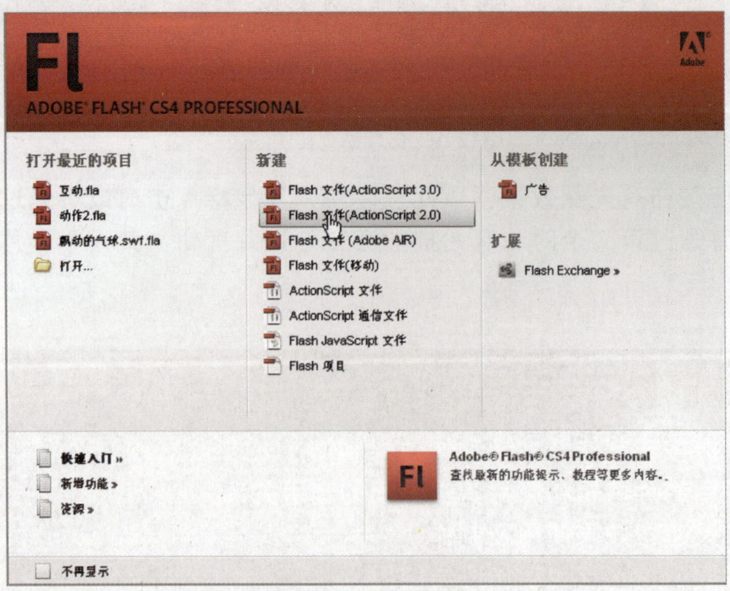

图12-3　新建Flash文件（ActionScript 2.0）

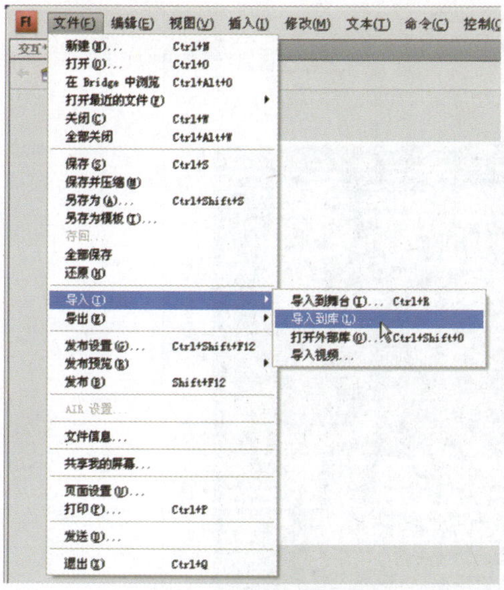

图12-4 选择“文件”→“导入”→“导入到库”选项

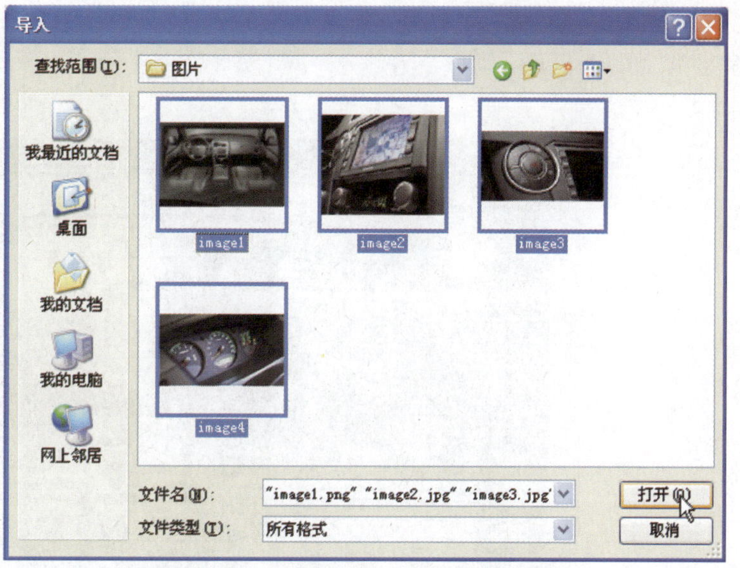

图12-5 选择需要的素材，单击打开按钮

12.2 如何设置舞台大小

选择属性栏中“属性”菜单中的“编辑”按钮，在弹出的对话框中设置638*417像素，单击“确定”按钮，如图12-6所示。

图12-6 选择属性栏中“属性”菜单中的“编辑”按钮

12.3 如何制作按钮效果

（1）把时间轴上的新建图层命名为“按钮”层，选择工具栏中的“椭圆工具”，在新建图层上绘制圆形，如图12-7所示。

（2）点击右键，在菜单中选择“转化为元件”选项，如图12-8所示。

（3）在弹出的“转化为元件”对话框中键入名称“按钮”，类型模式选择“按钮”，单击“确定”按钮，如图12-9所示。

图12-7　在新建图层上绘制圆形

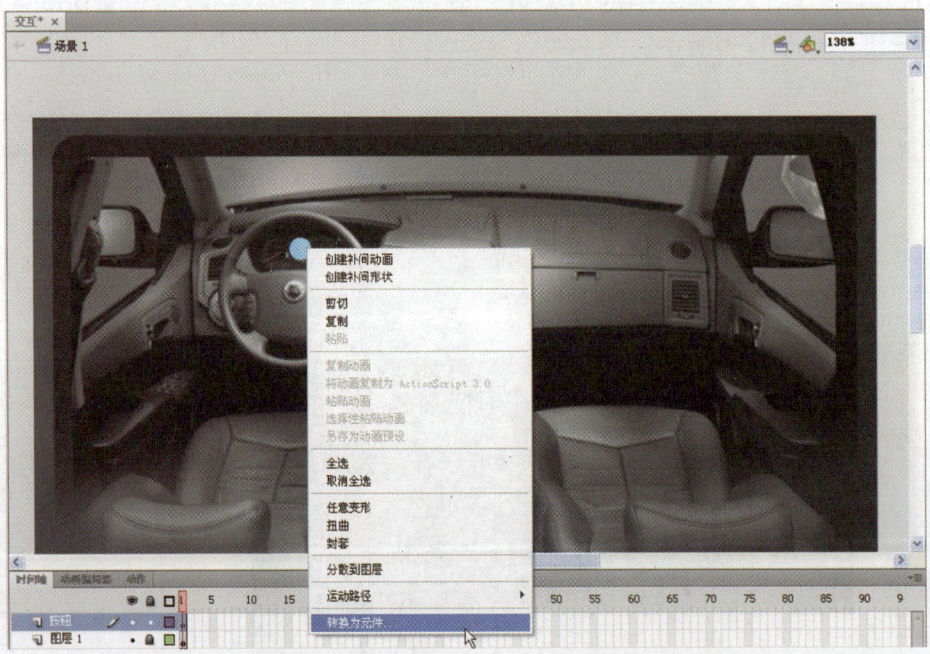

图12-8　在菜单中选择“转化为元件”选项

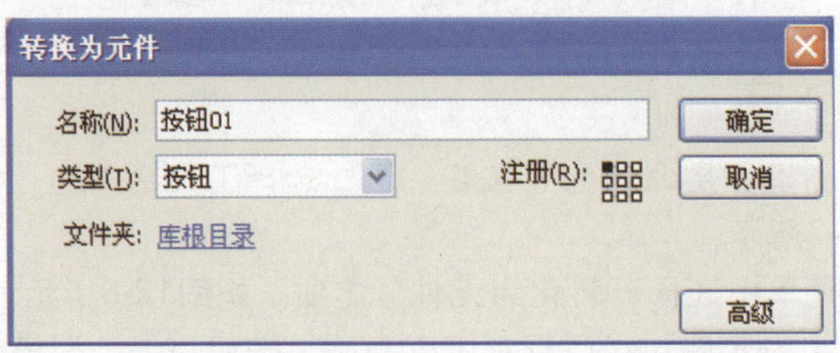

图12-9　在对话框中键入名称“按钮”，类型模式选择“按钮”

（4）双击进入按钮内部，选择“点击”位置“插入关键帧”，复制图层1粘贴到新建图层上面，如图12-10所示。

（5）选择图层1，“点击”帧“转化为空白关键帧”，如图12-11所示。

（6）选择图层1的圆形，将其转化为影片剪辑，键入名称“放大”，类型模式设置为“影片剪辑”，单击“确定”按钮，如图12-12所示。

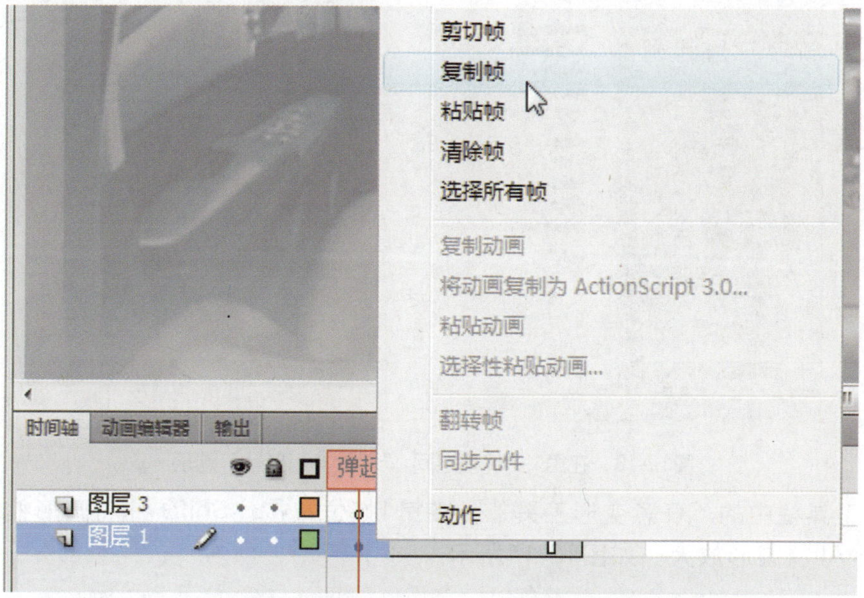

图12-10　复制图层1粘贴到新建图层上面

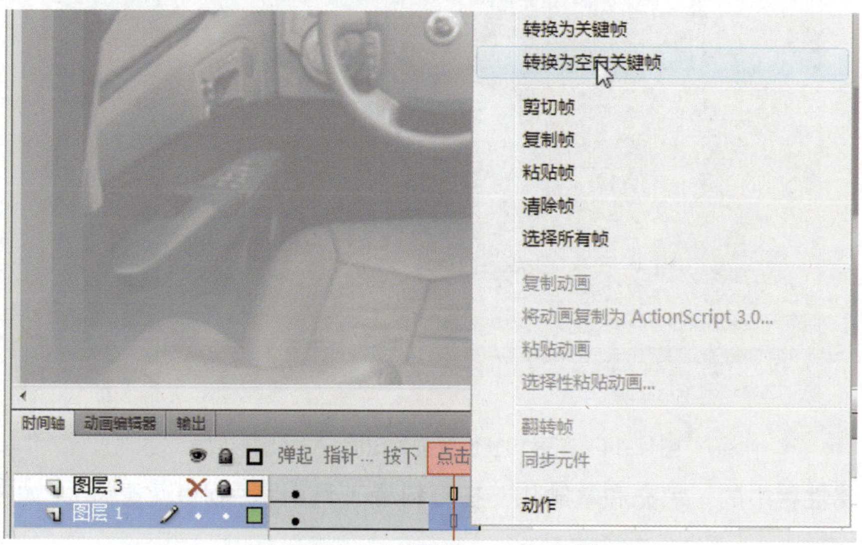

图12-11　选择图层1，“点击”帧“转化为空白关键帧”

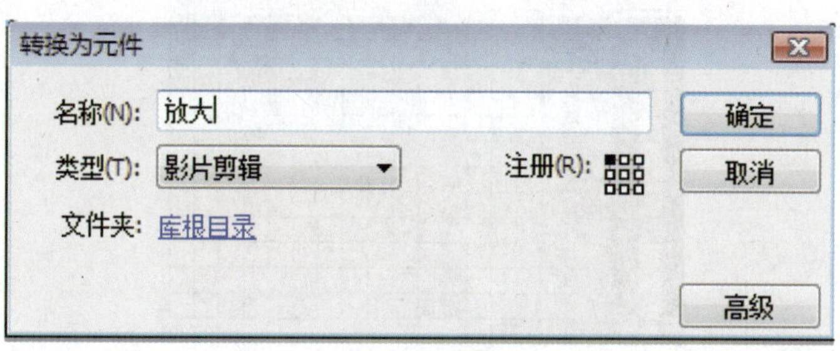

图12-12　键入名称“放大”，类型模式设置为“影片剪辑”

(7) 双击影片剪辑“放大”进入其内部，在时间轴第10帧位置“插入关键帧”，选择第1～10帧之间“创建补间形状”选项，如图12-13所示。

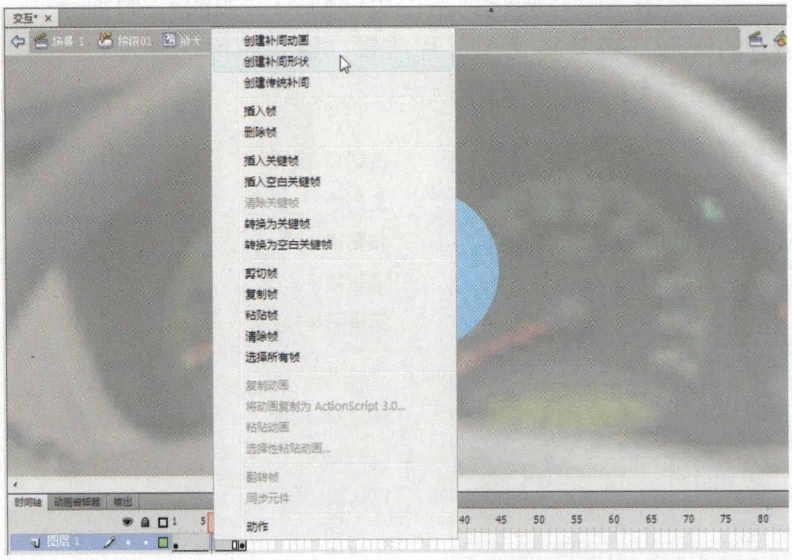

图12-13 在第1～10帧之间“创建补间形状”选项

(8) 选择工具栏中的“任意变形工具”，在第1帧位置按住Shift+Alt将圆形缩小，在第10帧位置按住Shift+Alt将圆形放大，如图12-14所示。

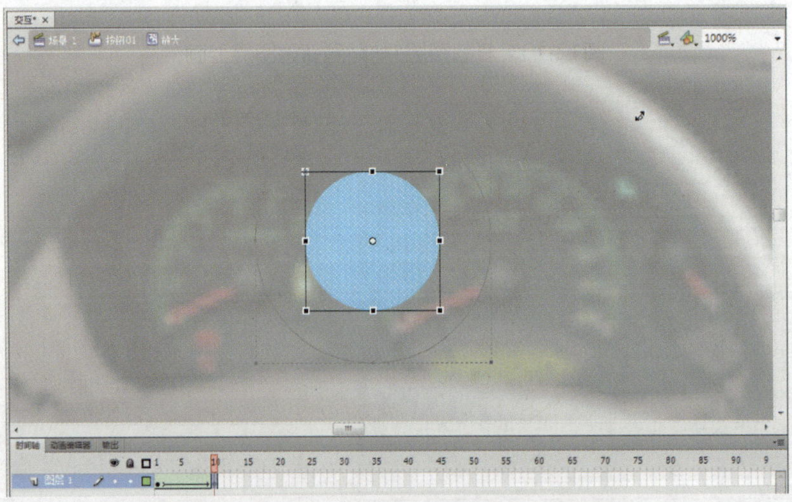

图12-14 在第10帧位置按住Shift+Alt将圆形放大

(9) 选择属性栏中的“填充和笔触”，在颜料桶工具中将Alpha设置为0，如图12-15所示。

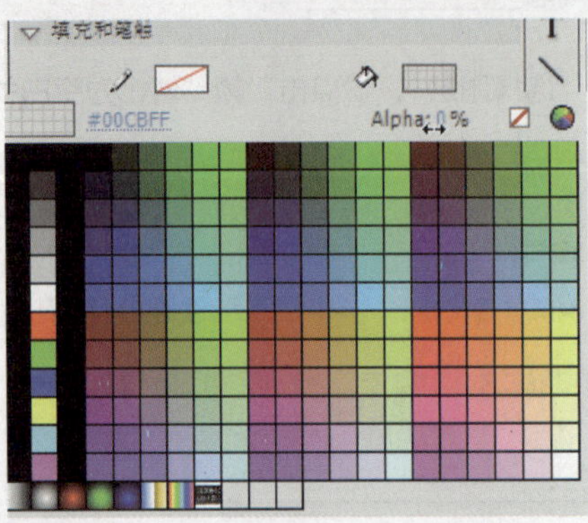

图12-15 在属性栏“填充和笔触”用颜料桶工具设置Alpha为0

（10）选择“控制”→“测试影片”，按住“Alt+鼠标左键”拖动复制出其他两个按钮，如图12-16所示。

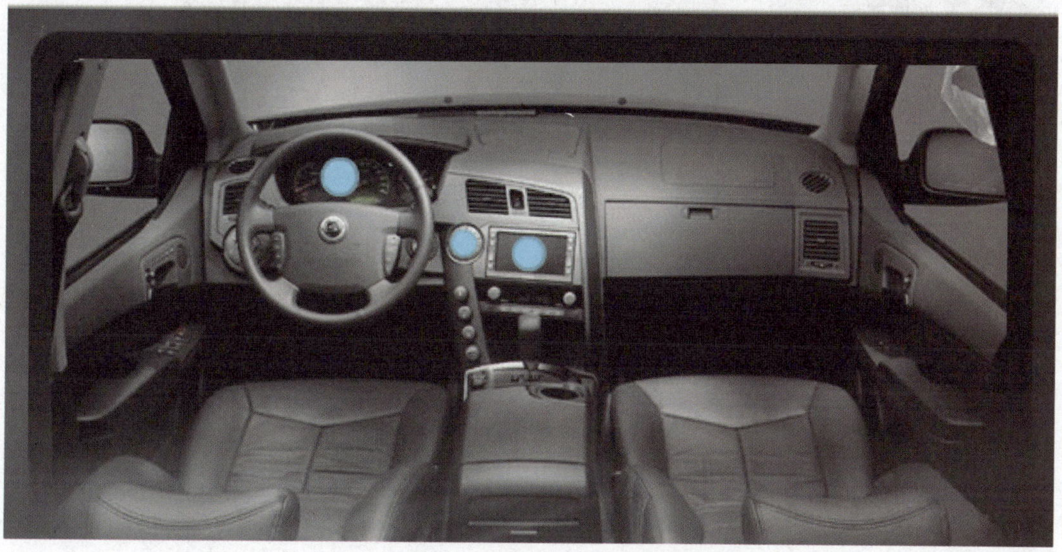

图12-16　按住“Alt+鼠标左键”拖动复制出其他两个按钮

12.4　交互弹出展示图像

（1）选择“库”中图像“image4”，拖到新建图层“展示001”层内，如图12-17所示。

（2）选择图像后，点击右键，在菜单中选择“转化为元件”，在弹出的对话框中键入名称“展示001”，类型模式选择“影片剪辑”，单击“确定”按钮，如图12-18所示。

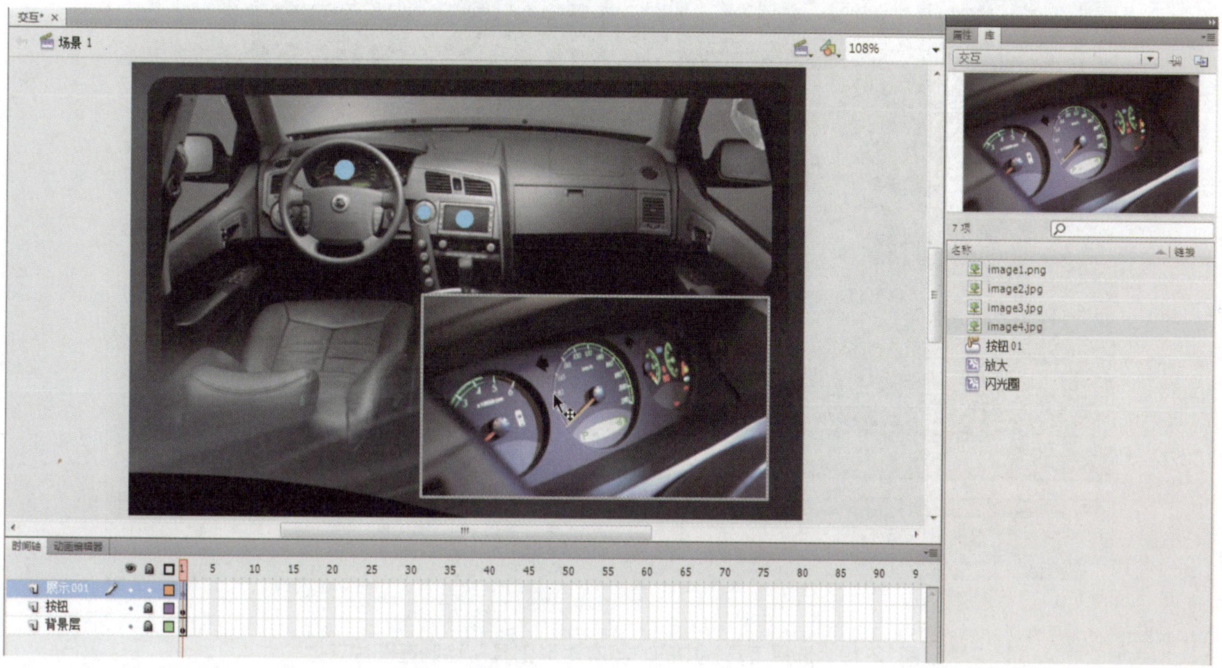

图12-17　选择“库”中图像“image4”，拖到新建图层“展示001”层内

图12-18　键入名称“展示001”，类型模式选择“影片剪辑”

（3）绘制线条，选择工具栏中的“铅笔工具”，在属性栏中设置笔触为1，笔触颜色设置为白色，选择工具栏中的“基本矩形工具”绘制在图片之上，调节属性栏中的“矩形选项”，调节至如图12-19的样式。

图12-19　选择工具栏中的“基本矩形工具”绘制在图片之上

（4）选择“填充颜色”为红色，填充矩形为红色，如图12-20所示。

（5）选择矩形形状，点击右键，在弹出的对话框中选择“分离”选项，如图12-21所示。

（6）调节矩形对角形状为“直角”，如图12-22所示。

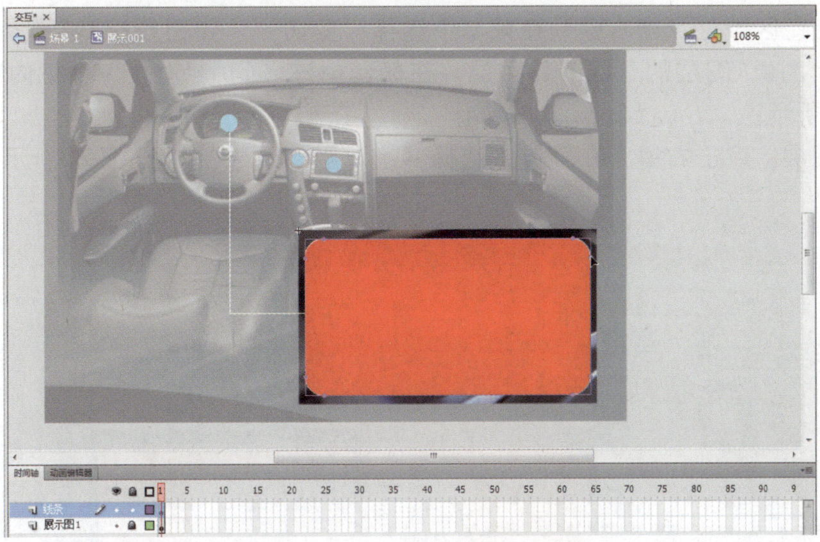

图12-20 选择“填充颜色”为红色

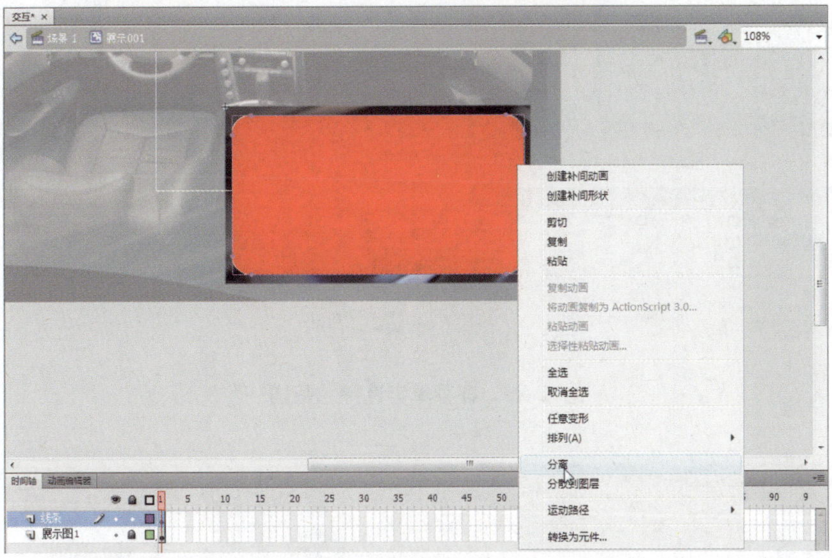

图12-21 选择“分离”选项

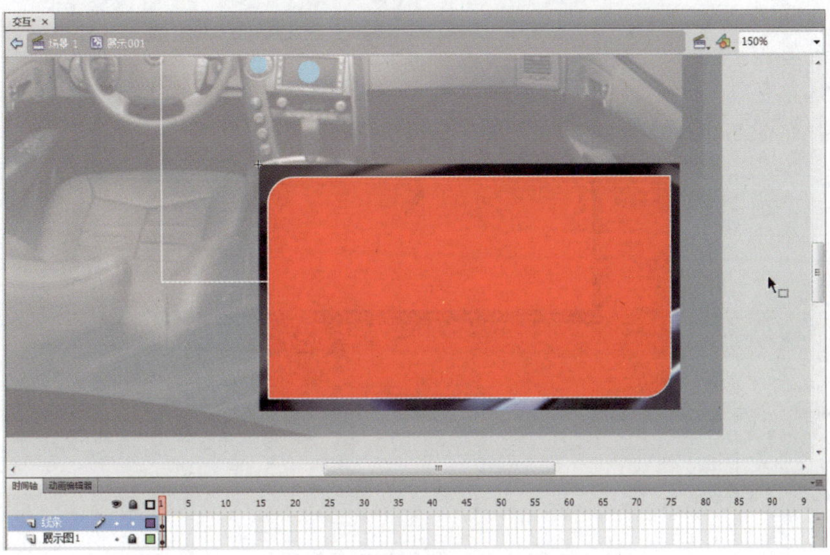

图12-22 调节矩形对角形状为“直角”

（7）选择红色区域，点击右键，在菜单中选择“剪切”，如图12-23所示。

（8）在展示图像1图层的上层新建图层，在舞台中按“Ctrl+Shift+V”把内容粘贴到当前位置，如图12-24所示。

（9）选择图层，点击右键，在菜单中选择“遮罩层”效果，如图12-25所示。

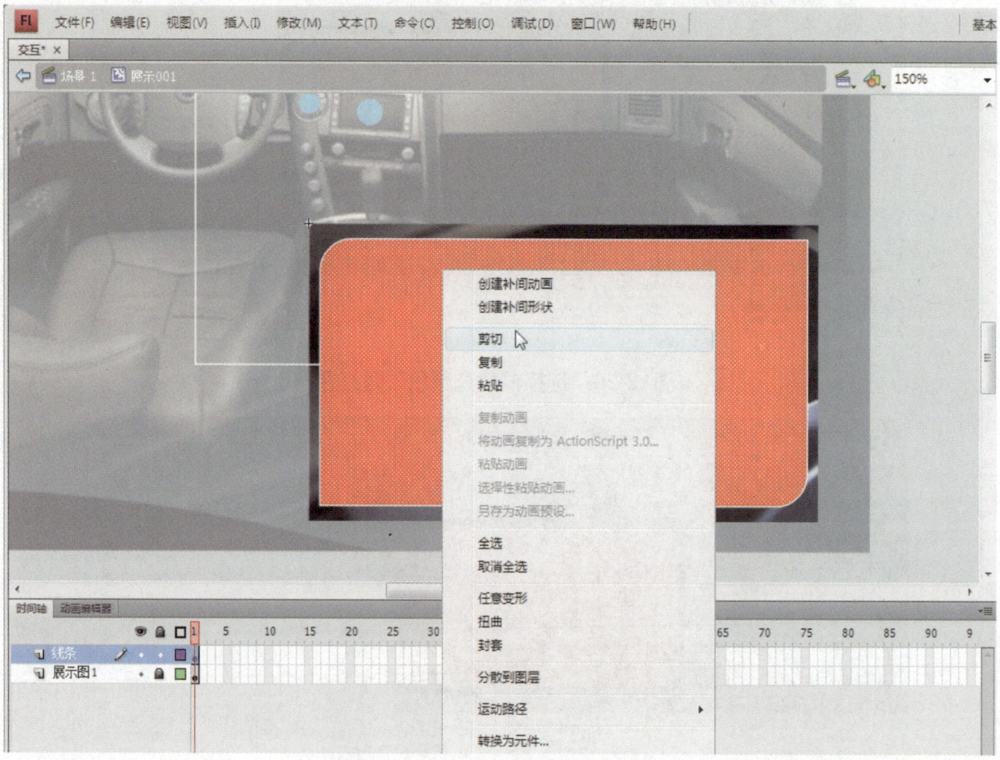

图12-23 在菜单中选择“剪切”

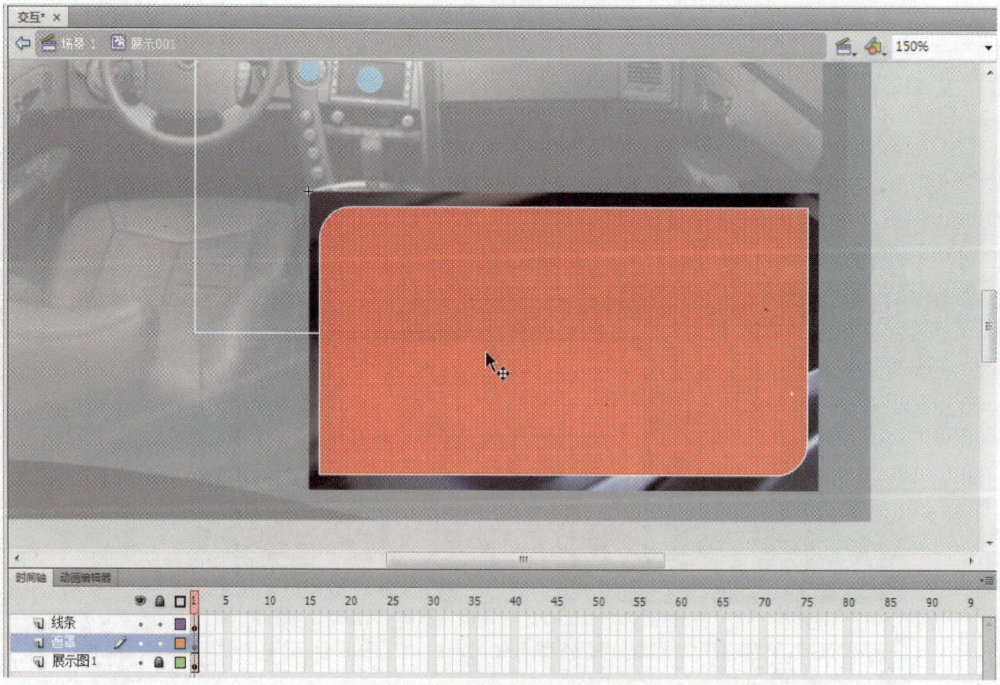

图12-24 粘贴到当前位置

图12-25　选择图层，在菜单中选择“遮罩层”效果

1）制作遮罩线效果。

①选择新建图层，在线条层之上，命名为“遮罩线条”，选择工具栏中的矩形工具，在线条之外起始端绘制一个小方形，选择小方形，点击右键，选择“转化为元件”，在弹出的对话框中键入“遮罩线条”，类型模式选择“影片剪辑”，单击“确定”模式，如图12-26所示。

图12-26　在弹出对话框中键入“遮罩线条”，类型模式选择“影片剪辑”

②双击“遮罩线条”，使影片剪辑进入元件内部，在第5帧位置“插入关键帧”，在第1～15帧之间点击右键，在菜单中选择“创建补间形状”选项，如图12-27所示。

③选择工具栏中的“任意变形工具”，在第15帧位置调节舞台中的方形变化使其遮罩住白线，如图12-28所示。

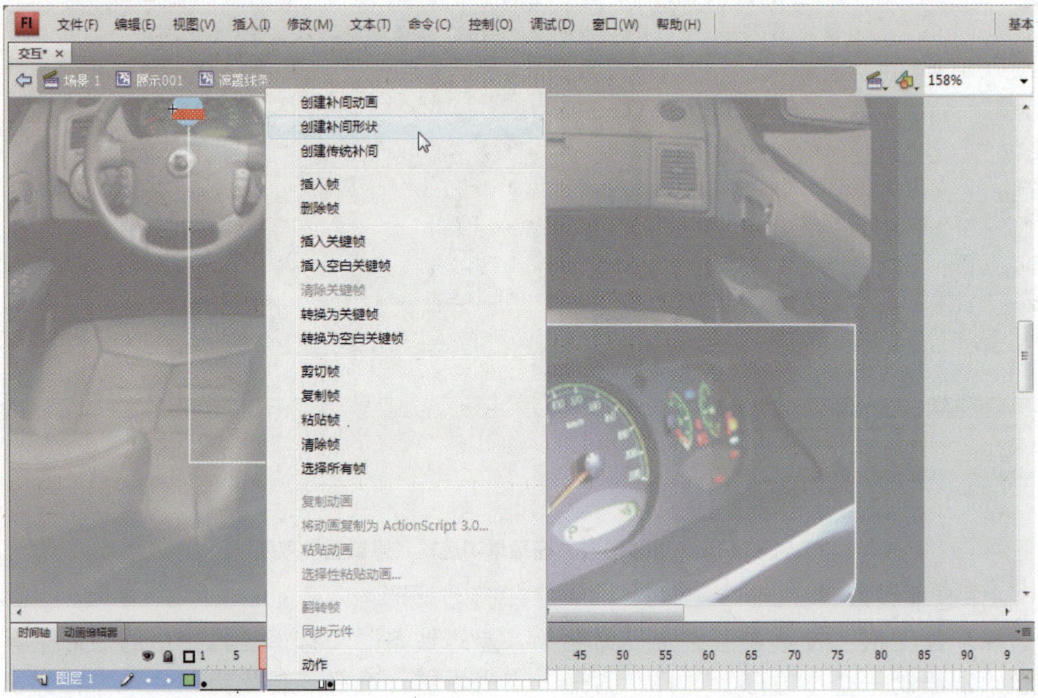

图12-27　在菜单中选择“创建补间形状”选项

图12-28　在第15帧位置调节舞台中的方形变化使其遮罩住白线

④在新建图层以同样方法将线条其他部分分别遮罩，最长制作到60帧位置并制作连续“创建补间形状”变形动画，依次遮罩全部线条，在最后一帧插入关键帧处加入“stop();”动作语句，如图12-29所示。

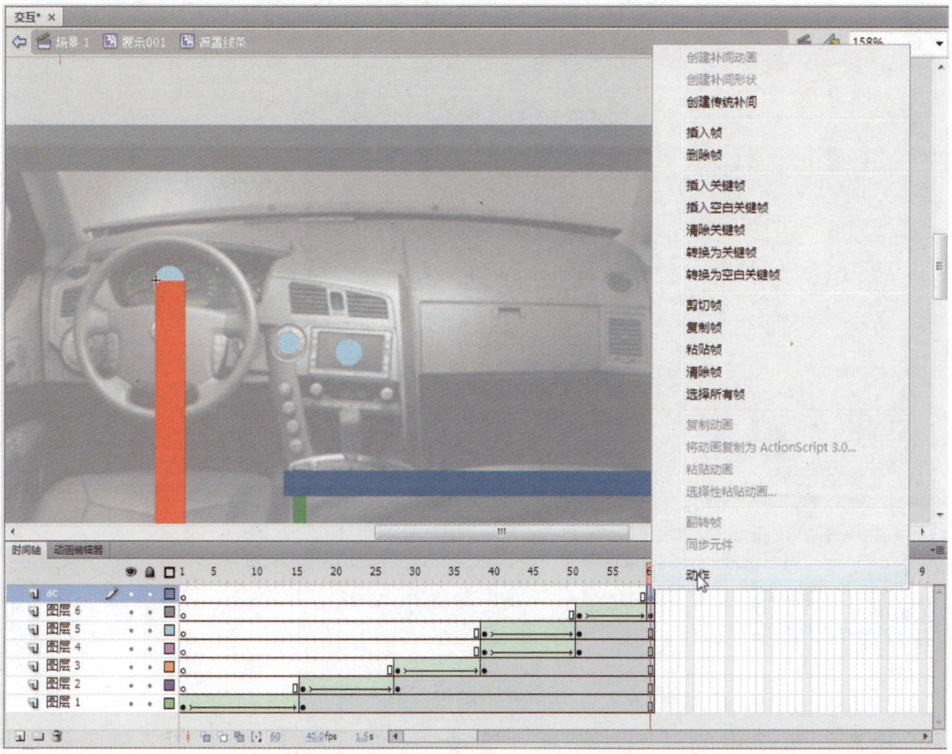

图12-29　在最后一帧插入关键帧处加入“stop();”动作语句

⑤双击“遮罩线条”影片剪辑空白处，回到上级层“展示001”影片剪辑中，在遮罩线条层点击右键，在菜单中选择“遮罩层”选项，如图12-30所示。

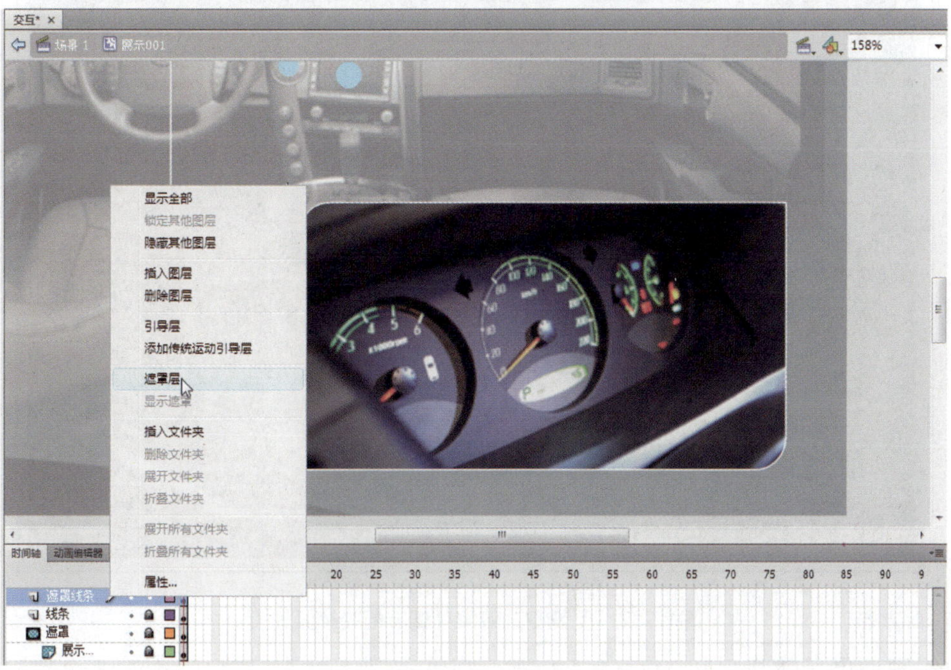

图12-30　在菜单中选择“遮罩层”选项

⑥在第60帧位置点击右键，在菜单中选择“插入帧”选项，并在第60帧位置，点击右键，在动作选项中加入“stop();”语句，如图12-31所示。

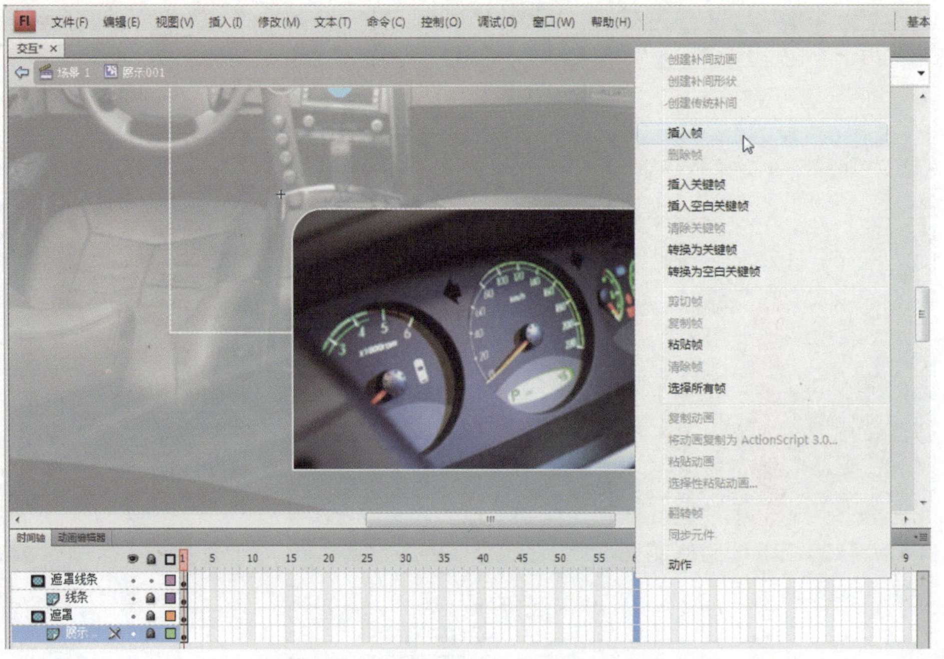

图12-31 在菜单中选择“插入帧”选项

⑦选择“控制”菜单中的“测试影片”选项，反复测试效果并调节相关帧频速度，如图12-32所示。

图12-32 反复测试效果并调节相关帧频速度

2）制作图像展示效果。

①选择展示图像层舞台中的“images4”，点击右键，在菜单中选择“转化为元件”选项，如图12-33所示。

②在弹出的“转化为元件”对话框中键入名称“遮罩展示效果”，类型模式选择“影片剪辑”，单击“确定”按钮，如图12-34所示。

图12-33　菜单中选择“转化为元件” 选项

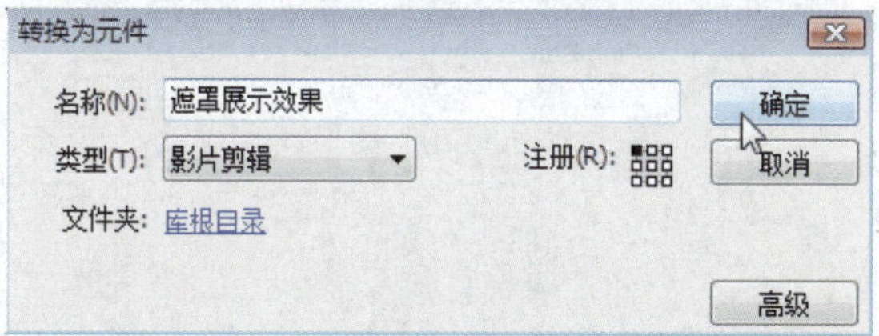

图12-34　在对话框中键入名称“遮罩展示效果”，类型模式选择“影片剪辑”

③双击“遮罩展示效果”影片剪辑进入内部，将新建图层命名为遮罩效果层，选择工具栏中的矩形工具绘制出矩形，选择矩形，点击右键，在菜单中选择“转化为元件”选项，如图12-35所示。

④在转化为元件对话框中键入名称“遮罩”，类型模式选择“影片剪辑”，单击“确定”按钮，如图12-36所示。

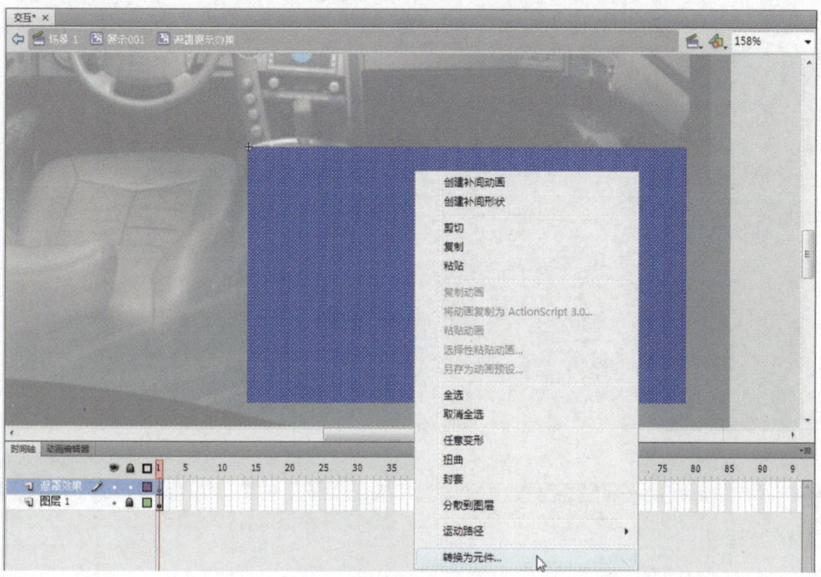

图12-35　在菜单中选择“转化为元件”选项

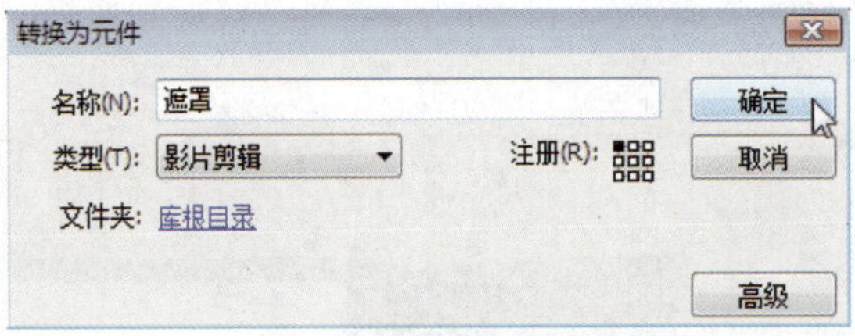

图12-36　在对话框中键入名称“遮罩”，类型模式选择“影片剪辑”

⑤按住“Shift+鼠标左键框”选出样式，选择“修改”→“组合”选项，如图12-37所示。

⑥点击右键，在菜单中选择“分散到图层”，点击原来的图层，选择“修改”→“组合”选项，如图12-38所示。

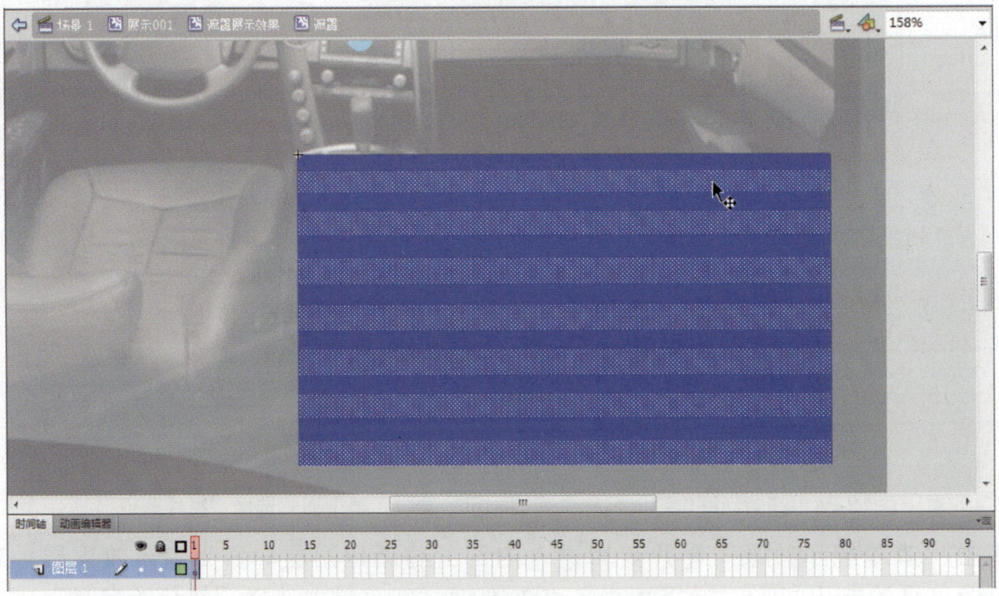

图12-37　按住“Shift+鼠标左键框”选出样式

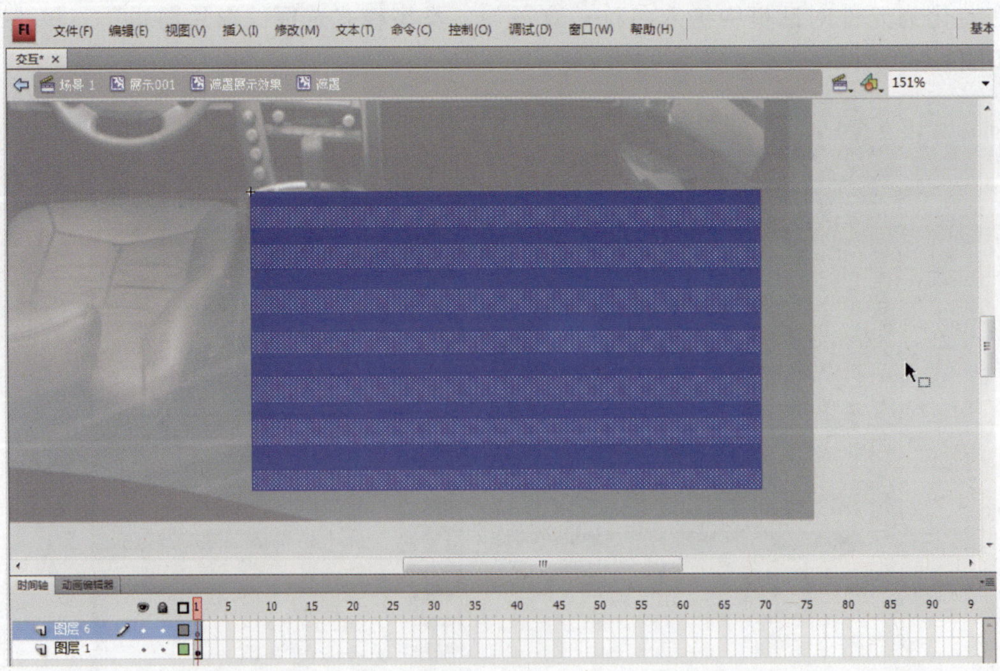

图12-38　点击原来的图层，选择“修改”→“组合”选项

⑦在第15帧位置插入关键帧，如图12-39所示。

⑧在第1～15帧之间点击右键，在菜单中选择“创建补间形状”选项，如图12-40所示。

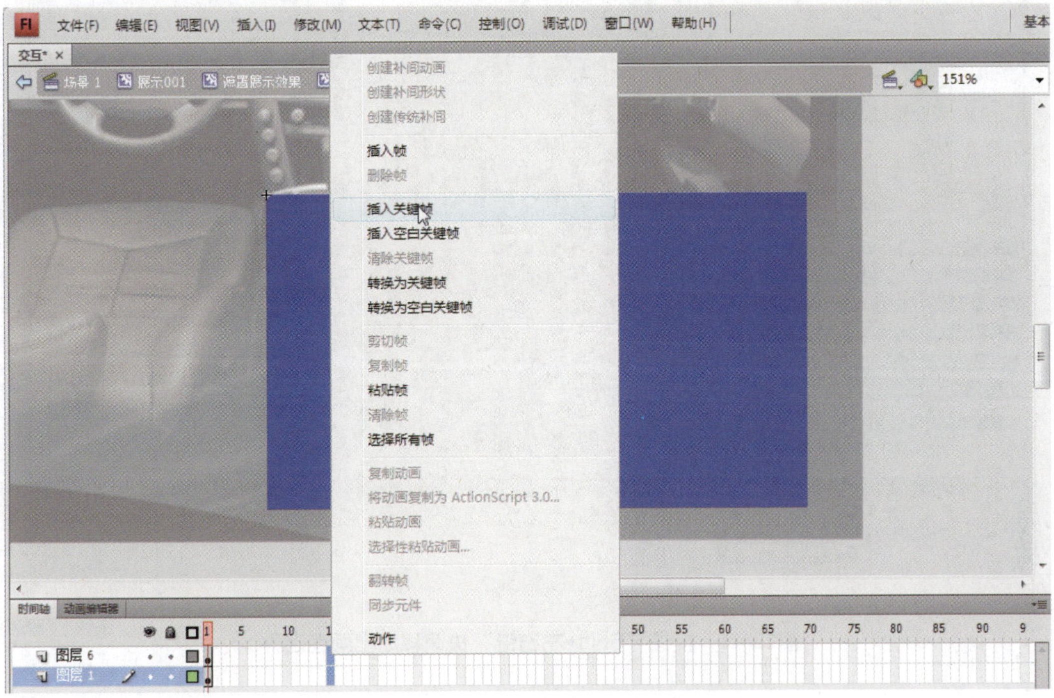

图12-39 在第15帧位置插入关键帧

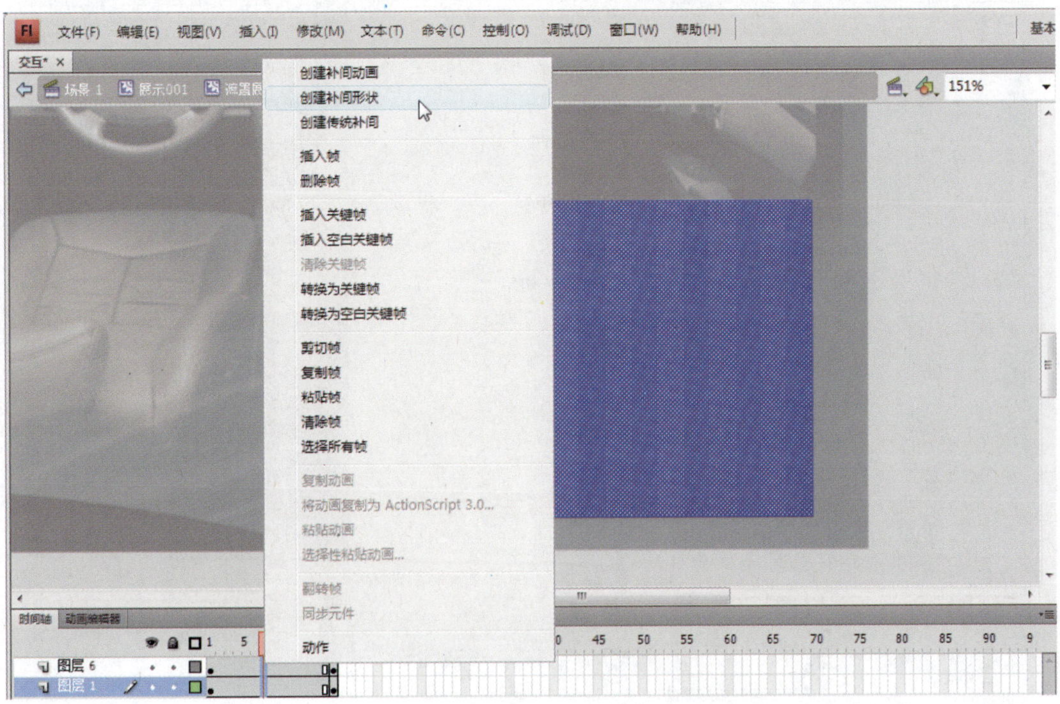

图12-40 在菜单中选择“创建补间形状”选项

⑨在两层第一帧位置处分别向各自的相反方向移动，按住“Shfit+左右键”快速移动出画面之外，如图12-41所示。

⑩新建图层在第15帧位置插入关键帧处键入“stop();”动作语句，如图12-42所示。

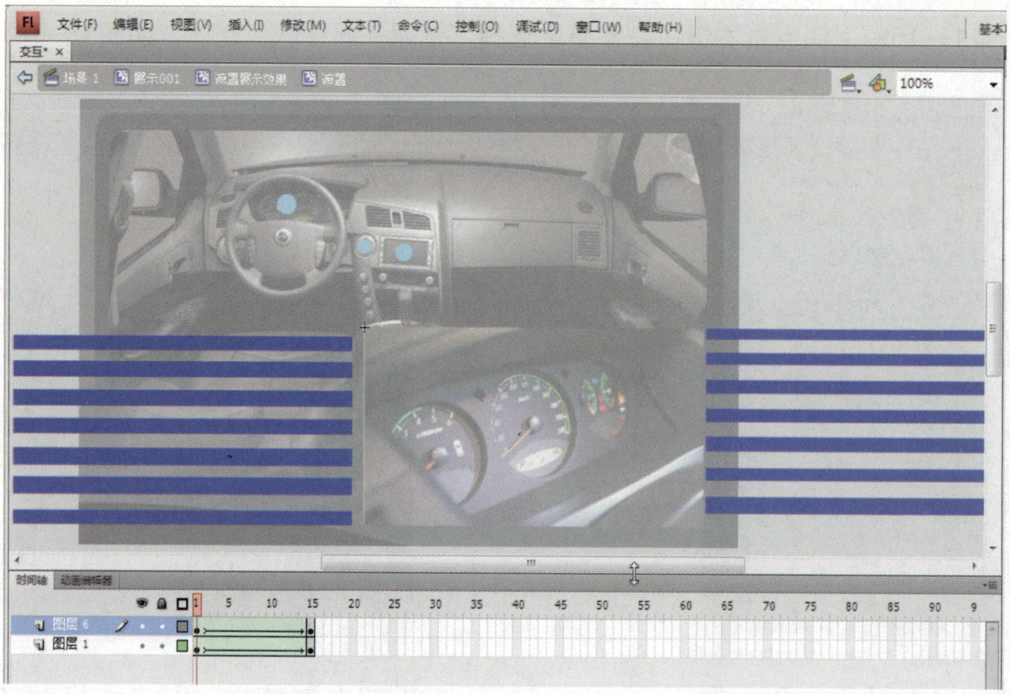

图12-41　按住“Shift+左右键”快速移动出画面之外

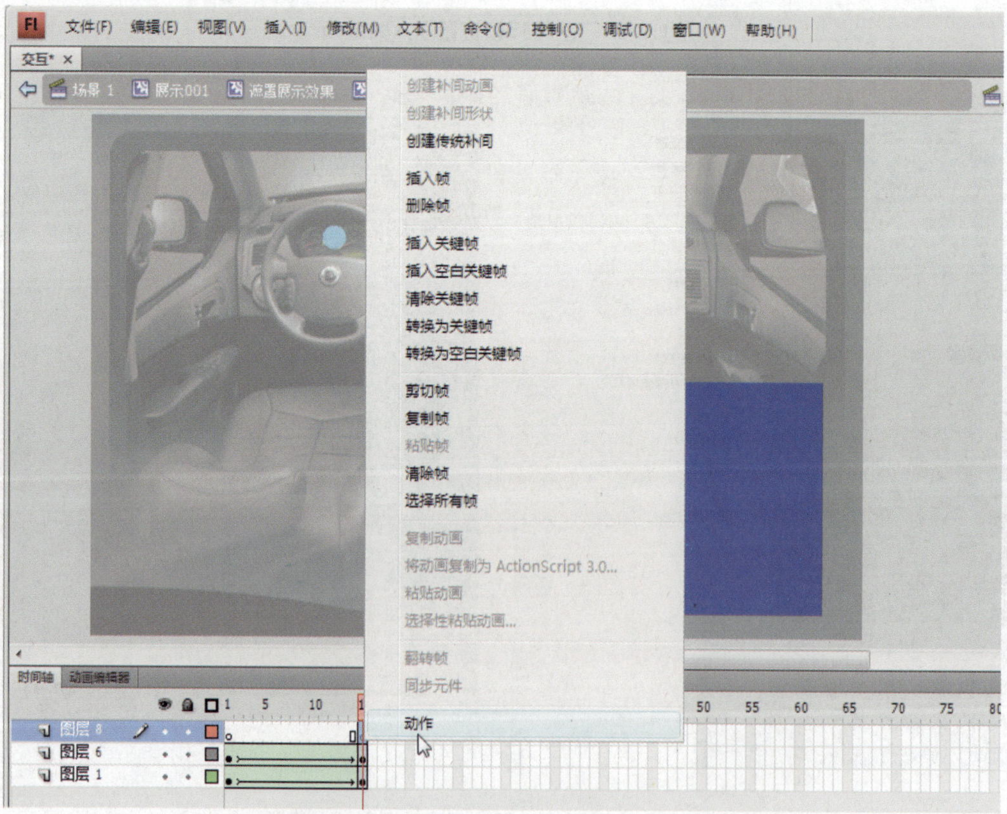

图12-42　第15帧位置插入关键帧处键入“stop();”

⑪双击空白区域快速回到“遮罩显示效果”影片剪辑内，在时间轴图层“遮罩效果”点击右键，在菜单中选择“遮罩层”选项，如图12-43所示。

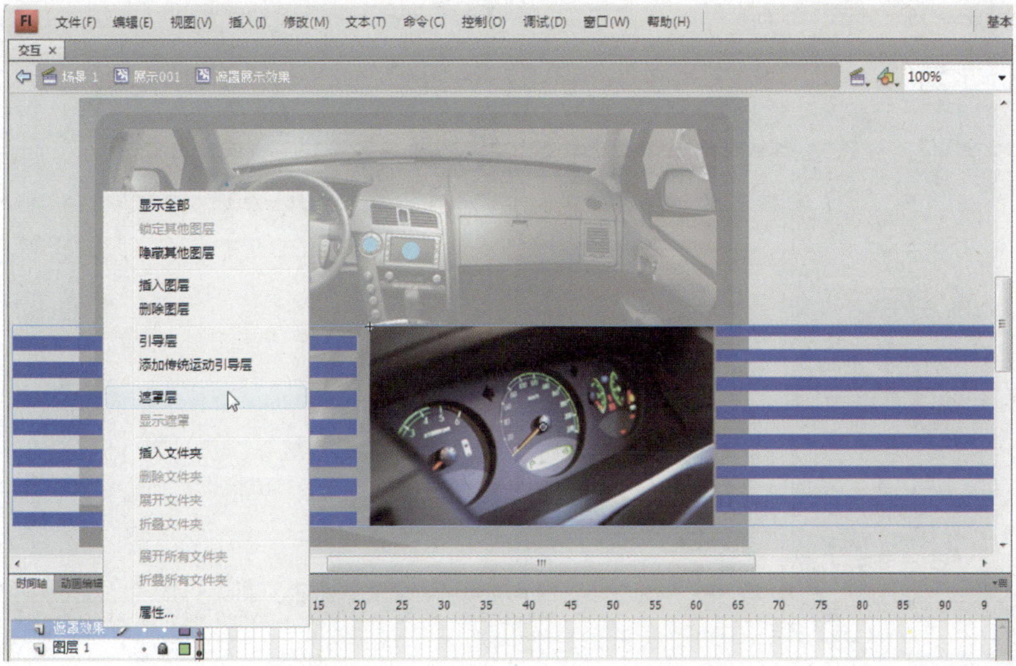

图12-43 在菜单中选择“遮罩层”选项

⑫双击空白区域快速回到“遮罩001”影片剪辑内，在第1帧位置点击右键，插入关键帧，点击右键，选择“动作”语句，在弹出的“动作-帧”对话框中键入“stop();”，如图12-44所示。

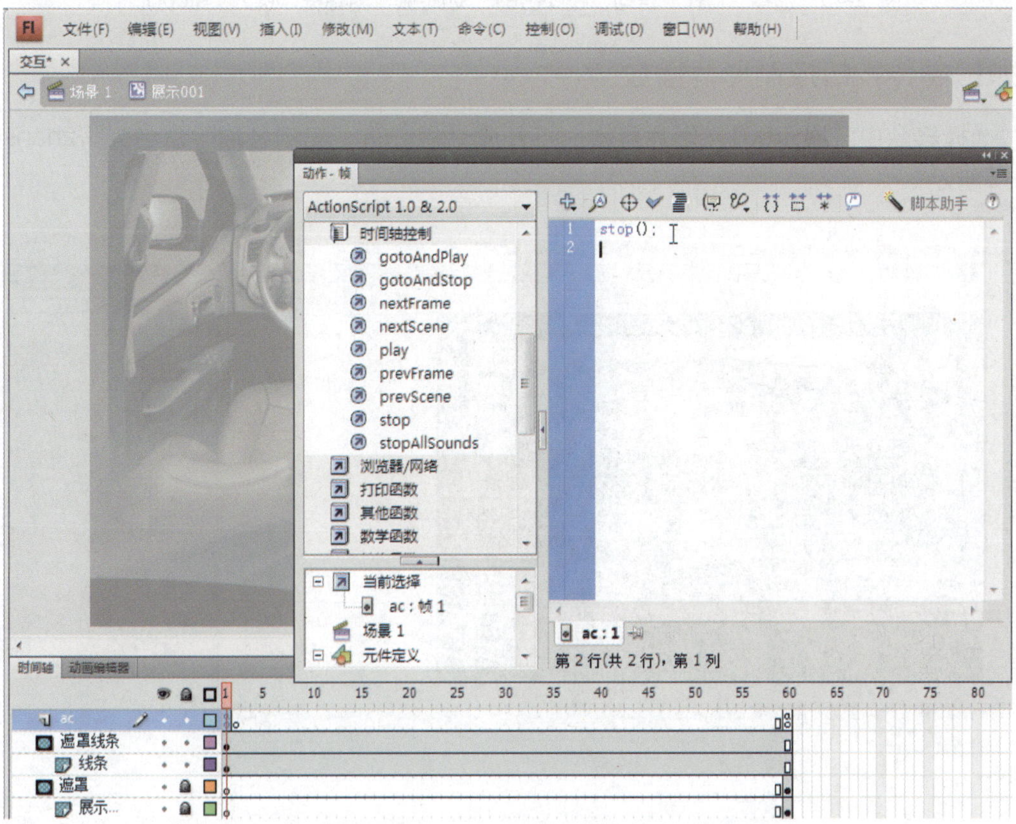

图12-44 选择“动作”语句，在弹出的“动作-帧”对话框中键入“stop()”

⑬双击“遮罩线条”影片剪辑内部，在第1帧位置插入关键帧，点击右键选择“动作”语句，在弹出的“动作-帧”对话框中键入“stop();”，如图12-45所示。

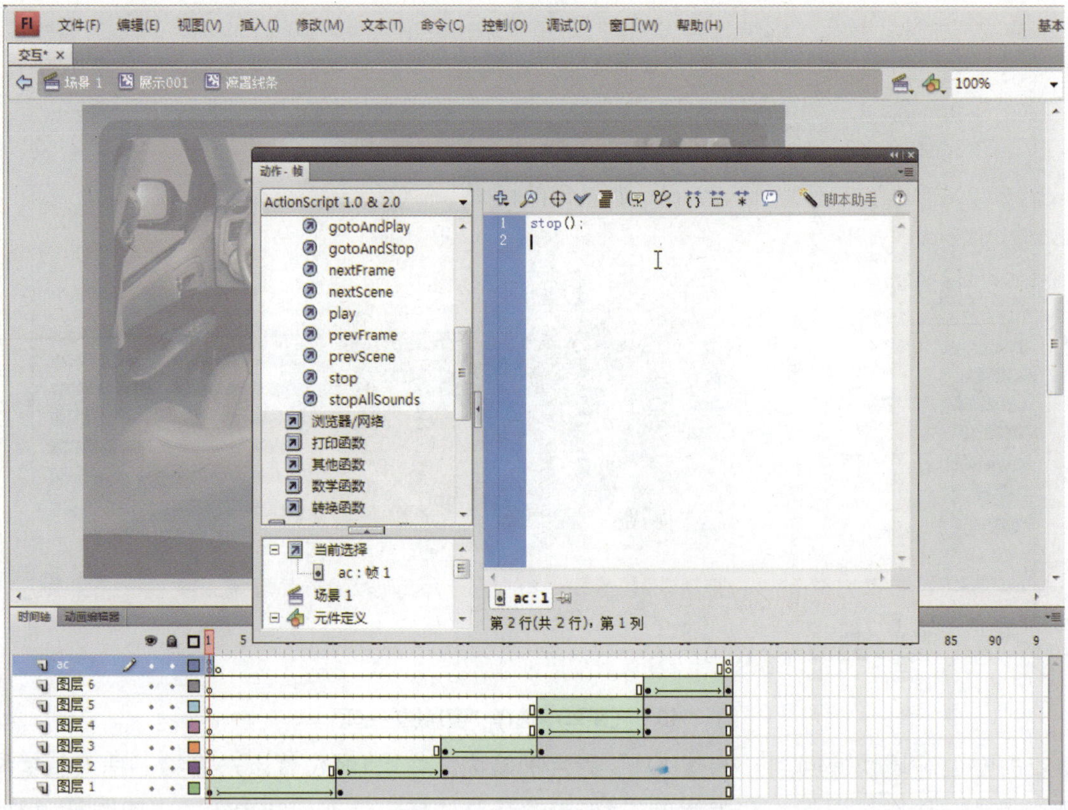

图12-45　选择“动作”语句，在弹出的“动作-帧”对话框中键入“stop();”

12.5　如何制作按钮控制影片播放

（1）选择舞台中“展示001”影片剪辑，打开属性栏，将“实例名称”命名为“zhanshi001”，如图12-46所示。

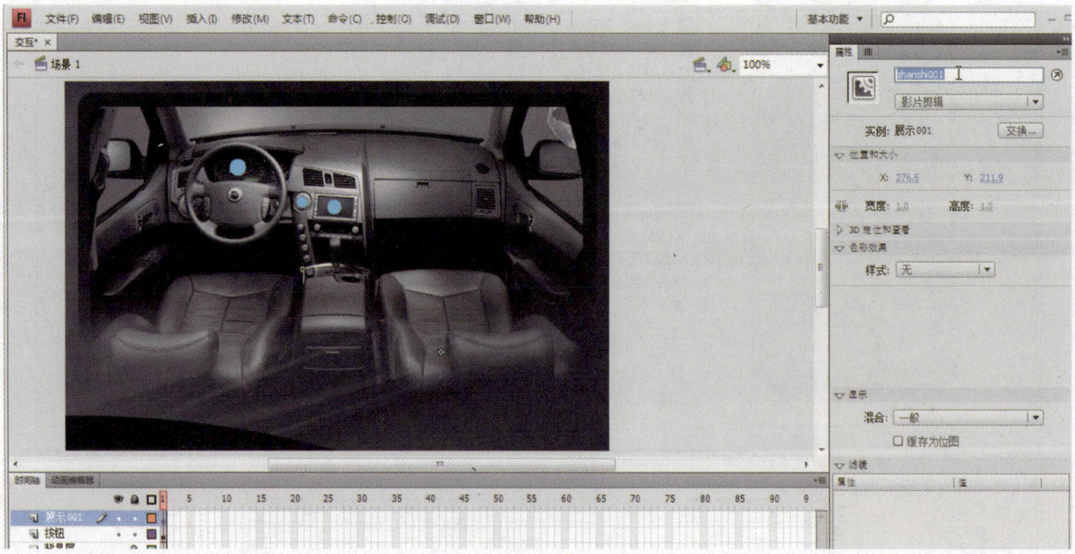

图12-46　将实例名称命名为“zhanshi001”

（2）双击“展示001”影片剪辑内部，选择影片剪辑“遮罩线条”，打开属性中的“实例名称”，键入“xiantiao”，如图12-47所示。

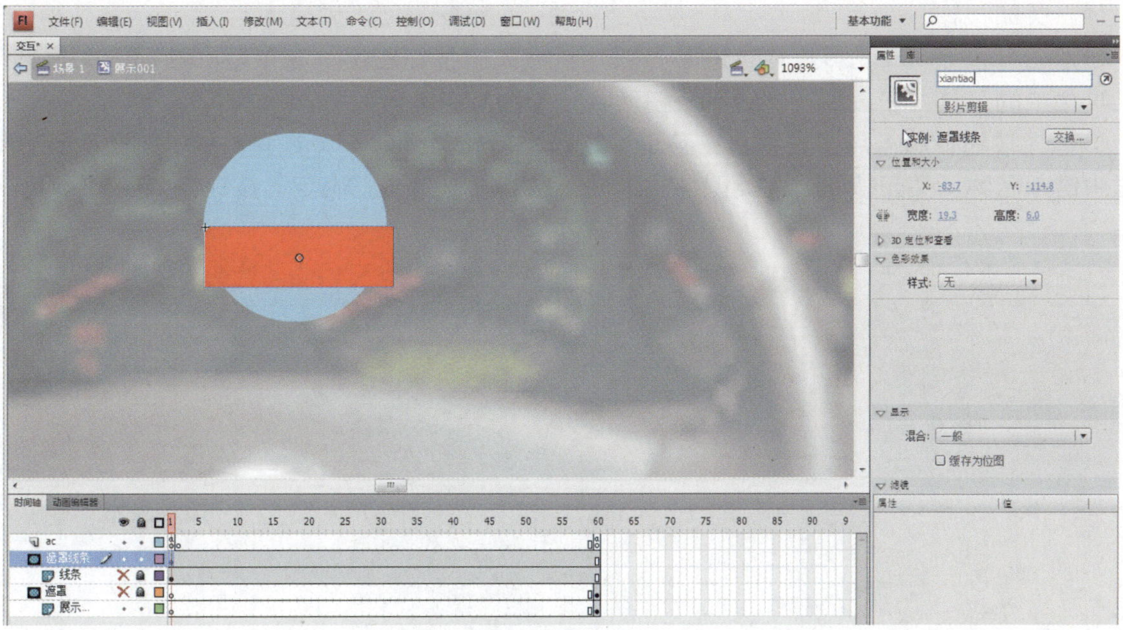

图12-47 打开属性中的“实例名称”，键入“xiantiao”

（3）选择场景1中的按钮，点击右键，在菜单中选择“动作”，弹出“动作-按钮”对话框中键入以下动作语句：

```
on (release) {
    zhanshi001.play();
    zhanshi001.xiantiao.play();
    }
```

如图12-48所示。

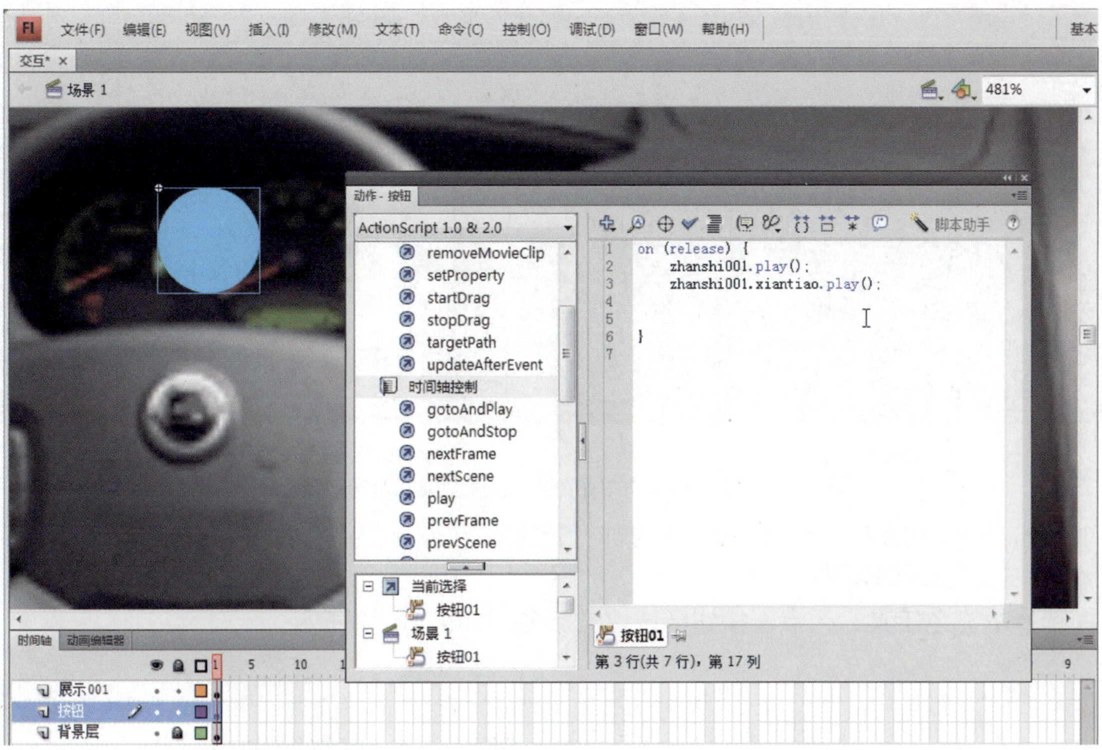

图12-48 在弹出的“动作-按钮”对话框中键入动作语句

（4）关闭按钮。

①双击“展示001”影片剪辑进入内部，新建关闭按钮图层，在最后一帧插入关键帧，选择工具栏中的工具，在最后一帧绘制按钮形状，如图12-49所示。

②选择按钮形状，点击右键，在菜单中选择“转化为元件”，在弹出的“转化为元件”对话框中键入名称“关闭按钮”，类型模式选择“按钮”，单击“确定”按钮，如图12-50所示。

图12-49　新建关闭按钮图层，选择最后一帧插入关键帧

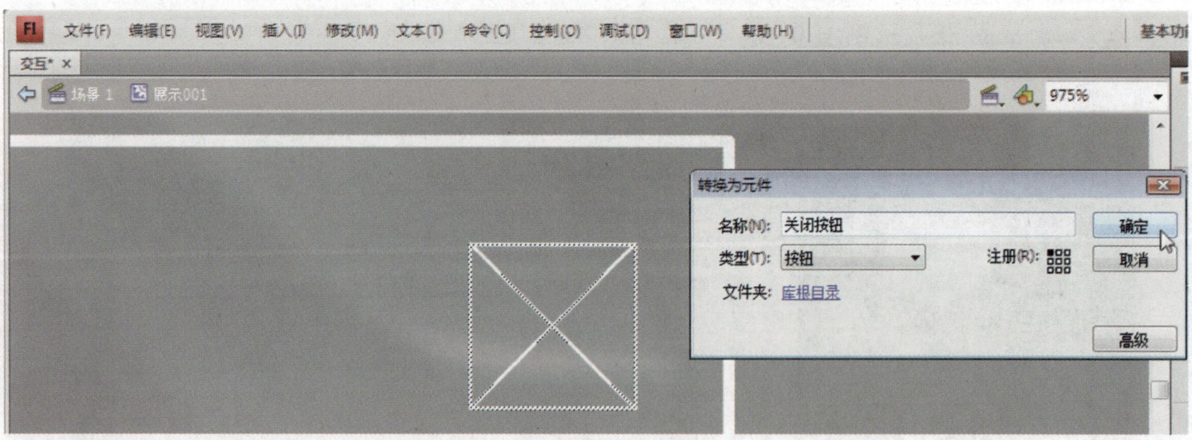

图12-50　键入名称“关闭按钮”，类型模式选择“按钮”

③双击“关闭按钮”元件进入按钮内部，选择“点击”，点击右键，在菜单中选择“插入关键帧”，如图12-51所示。

④选择填充色工具，为点击按钮区域填充颜色，如图12-52所示。

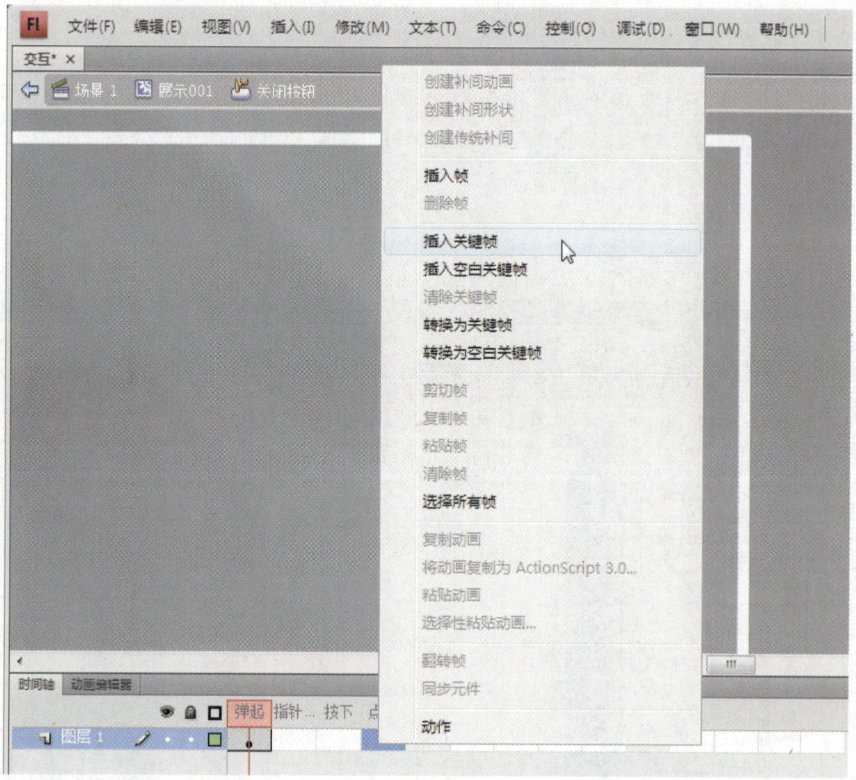

图12-51 选择“点击”，在菜单中选择“插入关键帧”

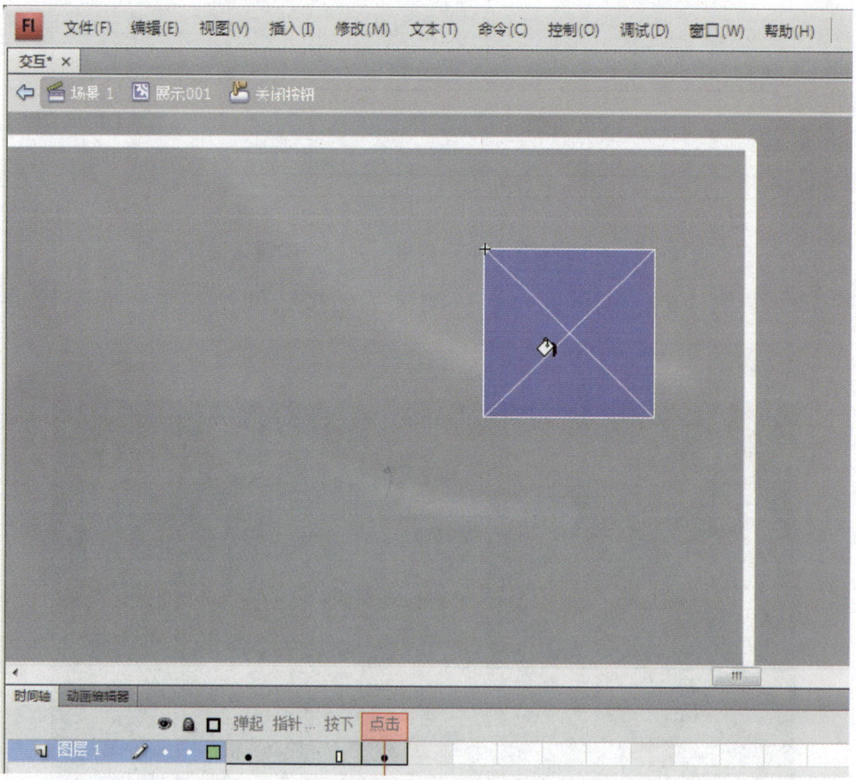

图12-52 选择填充色工具，为点击按钮区域填充颜色

⑤选择“关闭按钮”，点击右键，在菜单中选择“动作”，在弹出的“动作-按钮”对话框中键入以下动作语句：

```
on (release) {
    gotoAndStop(1);
    xiantiao.play();
}
```

如图12-53所示。

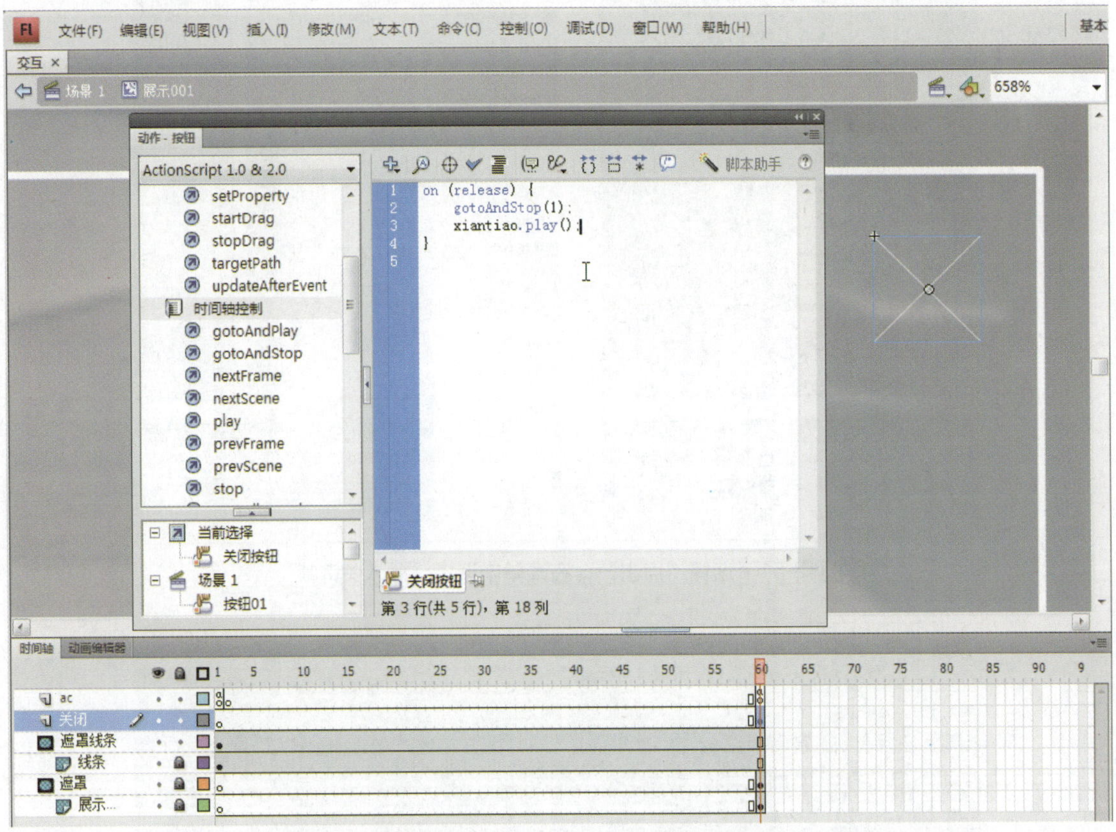

图12-53　在弹出的“动作-按钮”对话框中键入动作语句

⑥选择“控制”菜单下的“测试影片”，测试关闭按钮使用效果，如图12-54所示。

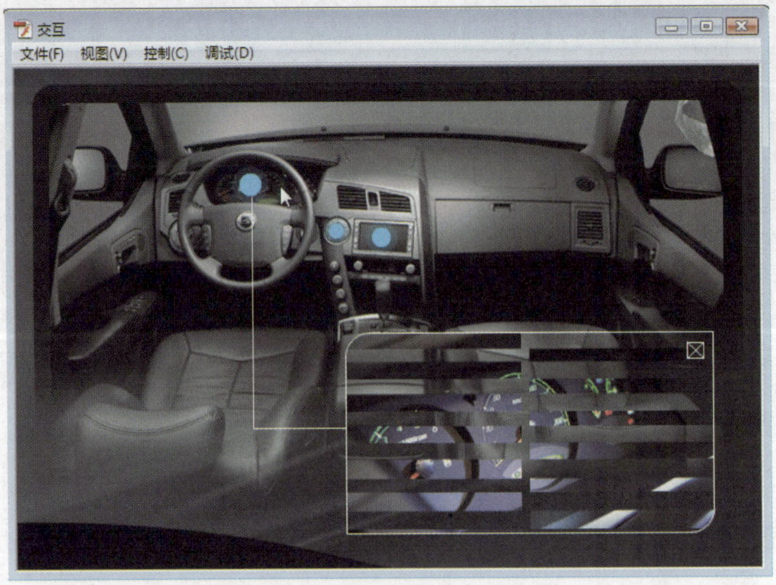

图12-54　测试关闭按钮使用效果

12.6 如何制作不同的交互展示图像

提示： 利用上面制作“展示001”影片剪辑的制作方法，制作出“展示002”和“展示003”影片剪辑，选择“测试影片”测试效果，结果发现没有形成互动效果，如图12-55所示。

图12-55 没有形成互动效果

（1）选择舞台中相应的第1个“按钮01”，点击右键，在菜单中选择“动作”选项，在弹出的“动作-按钮”对话框中键入以下动作语句：

```
on (release) {
    zhanshi001.play();
    zhanshi001.xiantiao.play();

    zhanshi002.gotoAndStop(1);
    zhanshi002.xiantiao.gotoAndStop(1);

    zhanshi003.gotoAndStop(1);
    zhanshi003.xiantiao.gotoAndStop(1);


}
```

如图12-56所示。

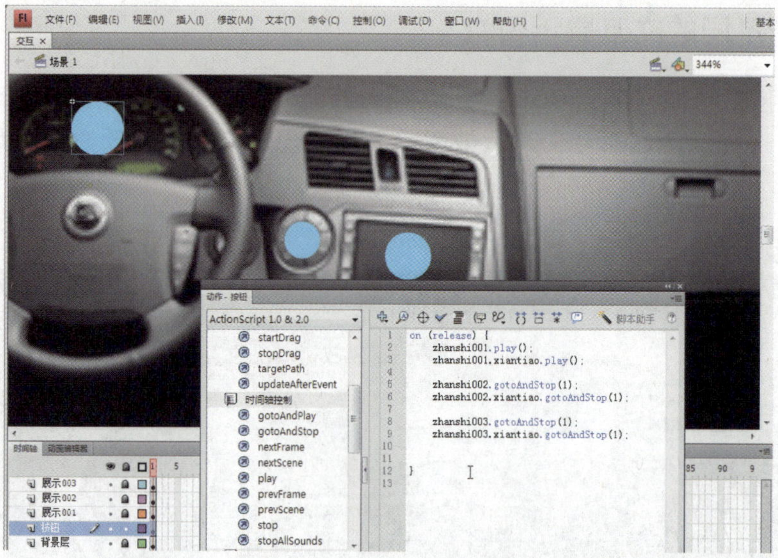

图12-56　在弹出的“动作-按钮”对话框中键入动作语句

（2）选择舞台中相应的第2个“按钮01”，点击右键，在菜单中选择“动作”选项，在弹出的“动作-按钮”对话框中键入以下动作语句：

```
on (release) {
    zhanshi002.play();
    zhanshi002.xiantiao.play();

    zhanshi001.gotoAndStop(1);
    zhanshi001.xiantiao.gotoAndStop(1);

    zhanshi003.gotoAndStop(1);
    zhanshi003.xiantiao.gotoAndStop(1);
}
```

如图12-57所示。

图12-57　在弹出的“动作-按钮”对话框中键入动作语句

（3）选择舞台中相应的第3个“按钮01”，点击右键，在菜单中选择“动作”选项，在弹出的“动作-按钮”对话框中键入以下动作语句：

```
on (release) {
    zhanshi003.play();
    zhanshi003.xiantiao.play();

    zhanshi002.gotoAndStop(1);
    zhanshi002.xiantiao.gotoAndStop(1);

    zhanshi001.gotoAndStop(1);
    zhanshi001.xiantiao.gotoAndStop(1);
}
```

如图12-58所示。

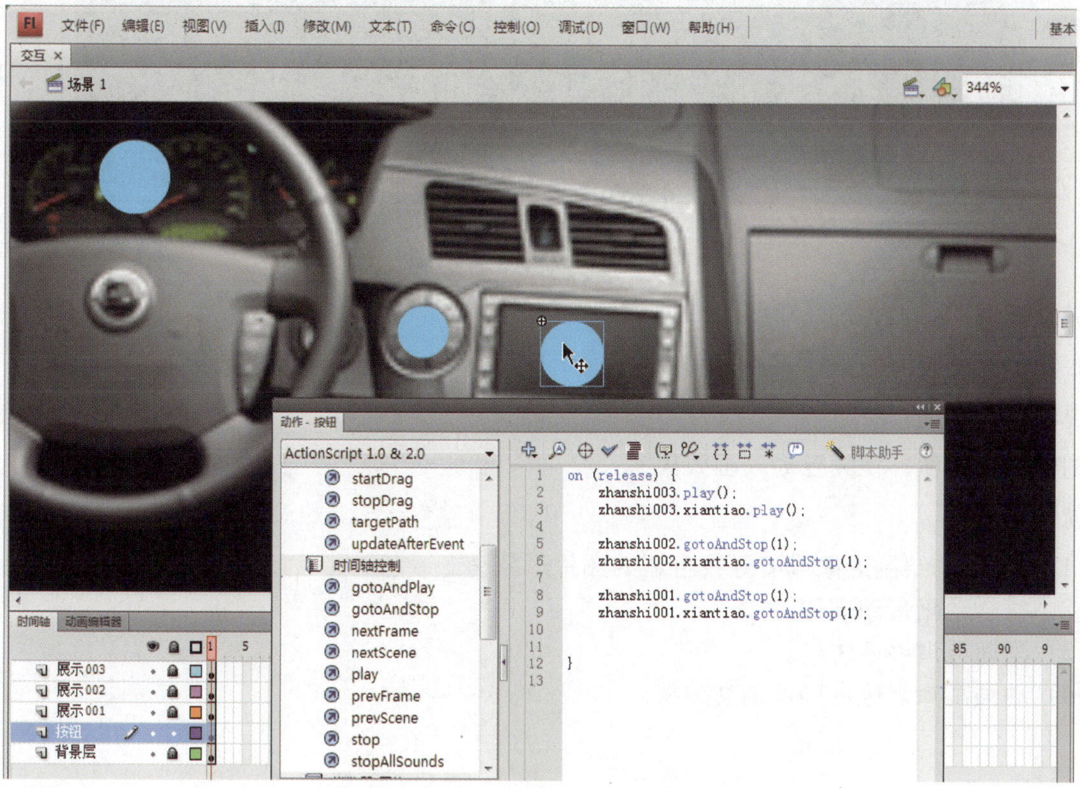

图12-58 在弹出的“动作-按钮”对话框中键入动作语句

（4）选择“控制”菜单下“测试影片”，测试最终效果，如图12-59所示。

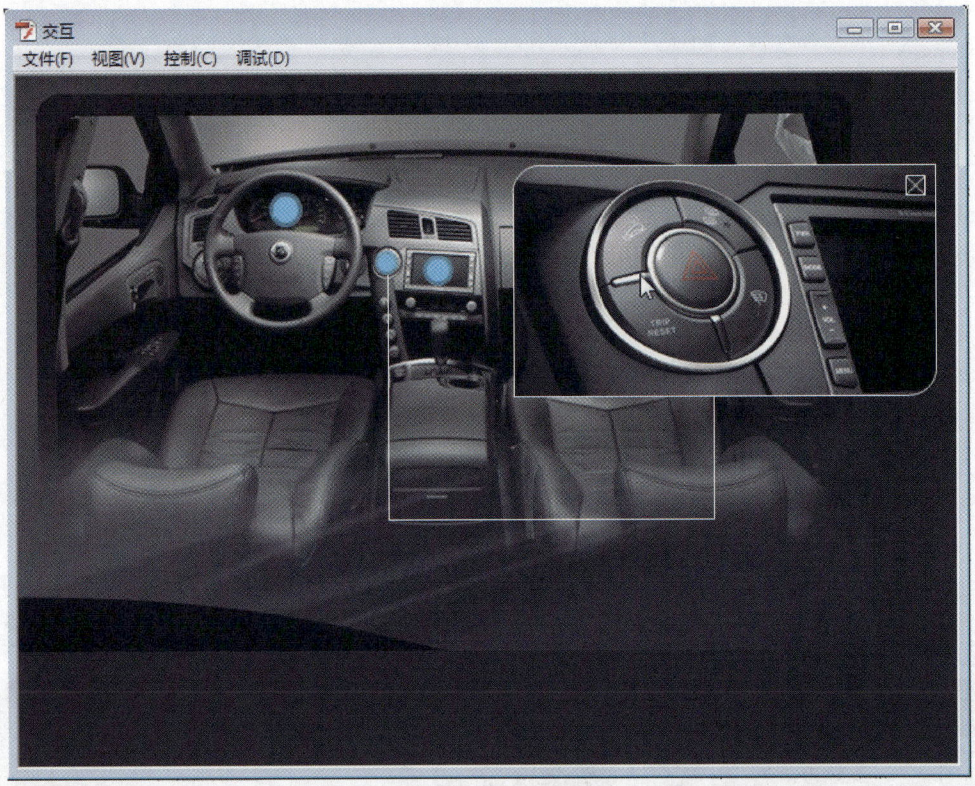

图12-59 测试最终交互效果

活学活用：

本实例为交互展示类，采用相同的技术，可以制作出商业展示动画效果。

现场创作实训：

制作一个图像、视频互动动画效果。

创作要求：

（1）用Flash绘制形象或者寻找合适的图片形象。

（2）符合动画运动规律。

（3）画面色调协调统一。

（4）动画寓意表达准确及创意效果。

第13章　FLASH CS4骨骼绑定动画实例

新功能实例（青蛙骑车）

图13-1　青蛙骑车效果图

情景化描述：利用Flash CS4的最新功能“骨骼绑定工具”，快速制作出青蛙的上肢和下肢，制作仿人物骑车的动作艺术效果，利用“创建补间动画”及“缓动”功能快速制作出自行车车轮的自然转动。

【学习重点】

（1）熟练掌握并使用工具栏中的绘画工具。

（2）熟练掌握颜色嵌入图像纹理效果。

（3）熟练使用影片剪辑和影片剪辑之间的套用关系。

（4）熟练使用工具栏中的骨骼动画工具并制作动画。

制作流程图如图13-2所示。

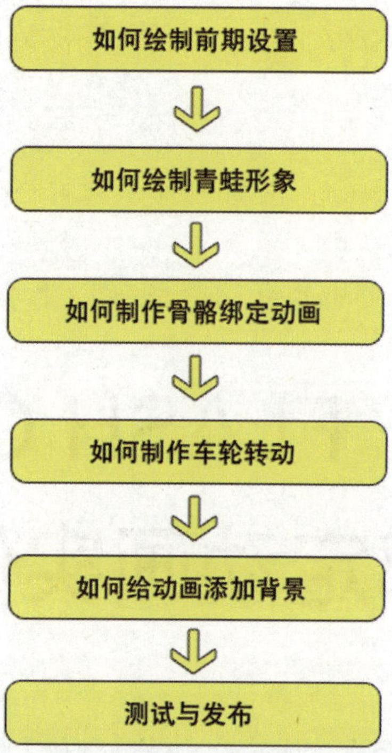

图13-2　流程图

具体操作

13.1　如何绘制前期设置

提示：新建场景时要选择“Flash文件(ActionScript3.0)”文档，只有Flash文件(ActionScript3.0)才能支持骨骼工具和绑定工具功能，如图13-3所示。

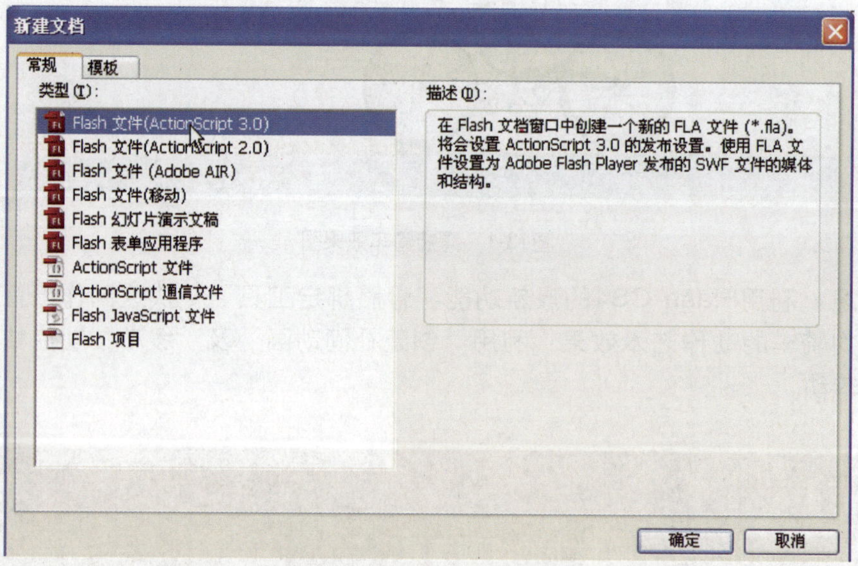

图13-3　选择“Flash文件(ActionScript3.0)”文档

提示：为了更好地操作绘制形象，将画布尺寸设置720*576像素，这个尺寸是现在视频播放的标准尺寸。

选择“修改”→“文档属性”，在弹出的“文档属性”对话框中设置720*576像素比，如图13-4所示。

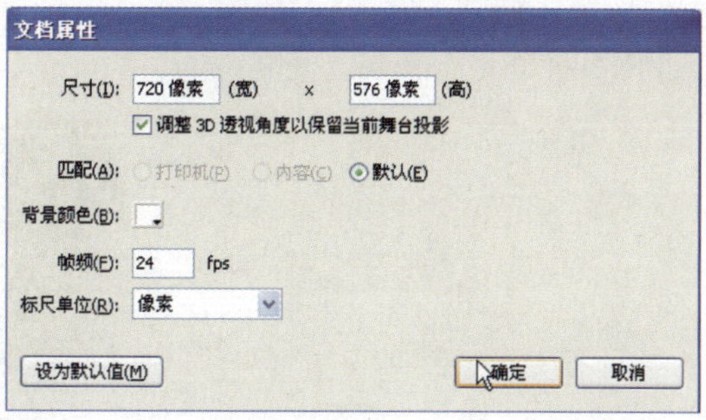

图13-4　在文档属性对话框中设置720*576像素比

13.2　如何绘制青蛙形象

1. 制作青蛙骑车的影片剪辑

提示：为了将整个青蛙和自行车融为一体，以便更好地修改和添加其他辅助内容，所以将两者放在一个影片剪辑中，如图13-5所示。

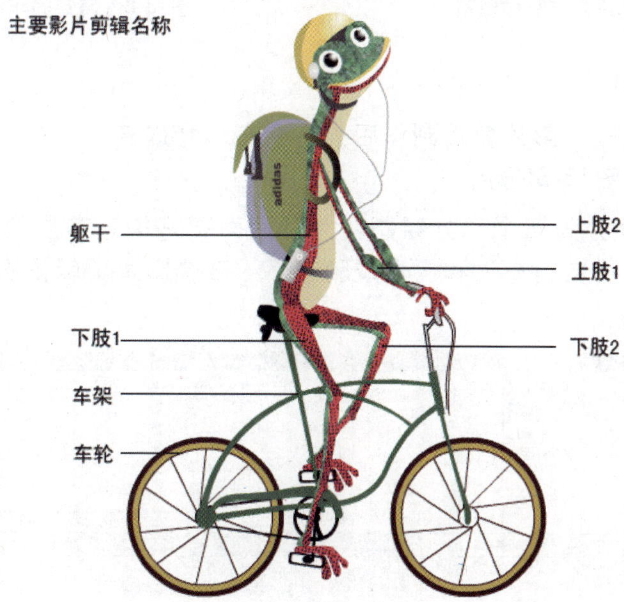

图13-5　将两者放在一个影片剪辑中（最终效果）

（1）选择“插入”→“新建元件”，如图13-6所示。

（2）在弹出的对话框中，将类型选择为“影片剪辑”，名称设置为“青蛙骑车”，其他“图形”元件和“按钮”元件不能进行动画播放，如图13-7所示。

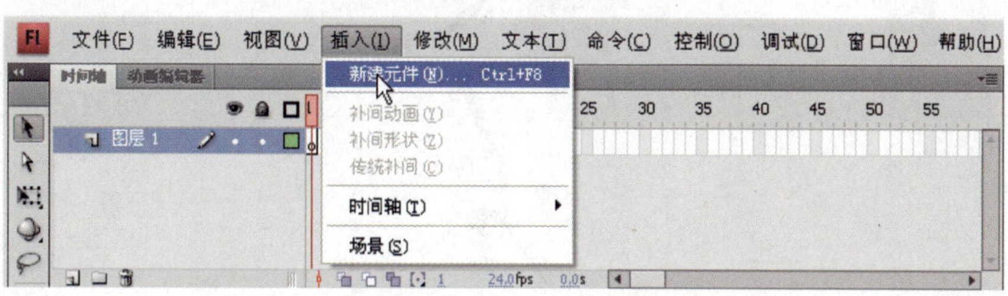

图13-6　选择“插入”菜单中的“新建元件”

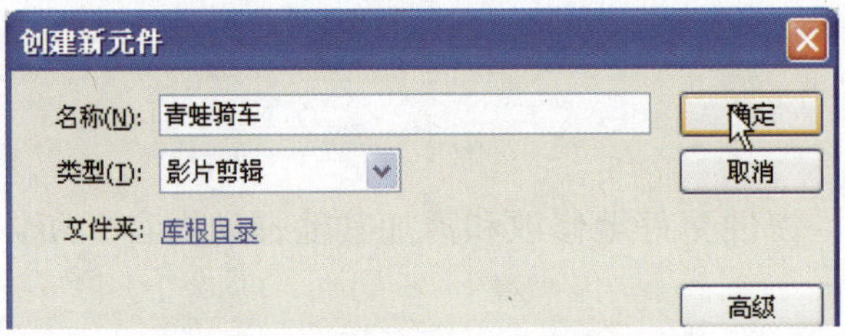

图13-7　将类型选择为“影片剪辑”

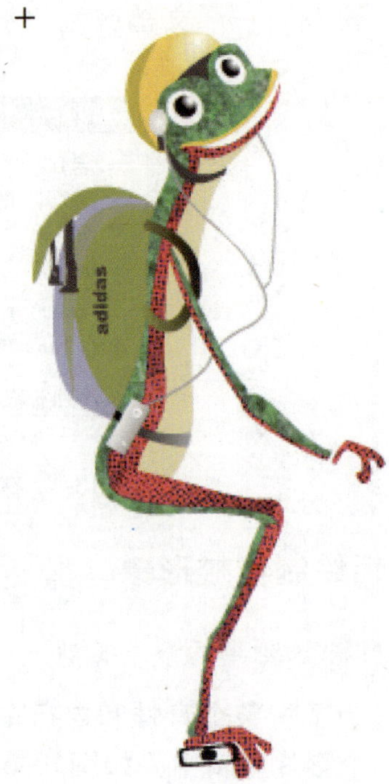

图13-8　青蛙骑车前（影片剪辑）

2. 制作局部影片剪辑动画

提示：完成“青蛙骑车”影片剪辑制作后，将要在“青蛙骑车”影片剪辑内部建立各个局部的关节绘制。效果图如图13-8所示。

将“青蛙骑车”内部分为三个部分绘制，为了后面更好地调节层关系，以自行车为中间层，将“青蛙骑车前”、“自行车”和“青蛙骑车后”三个影片剪辑依次安排在三个层，效果图如图13-9至图13-11所示。

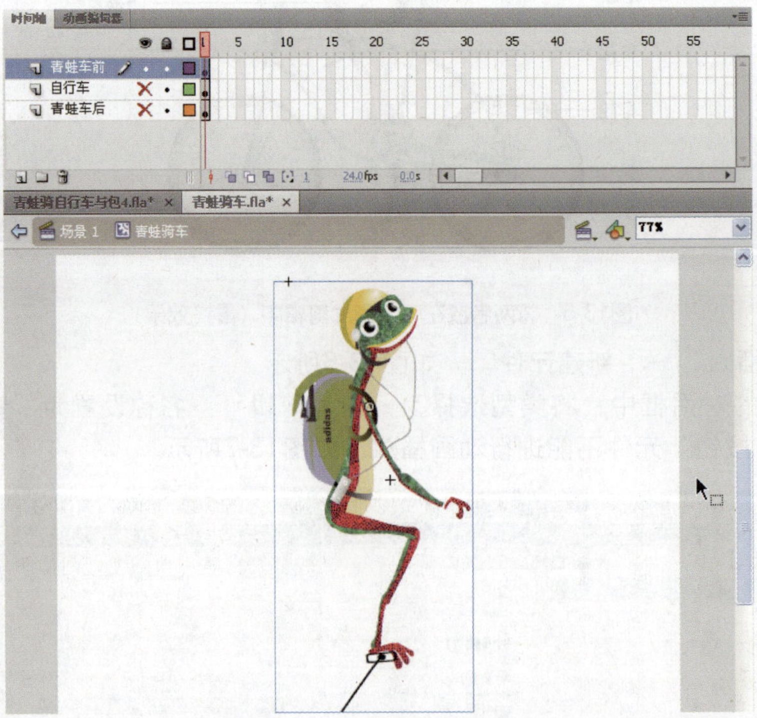

图13-9　“青蛙骑车前（影片剪辑）”放在时间轴的最上层

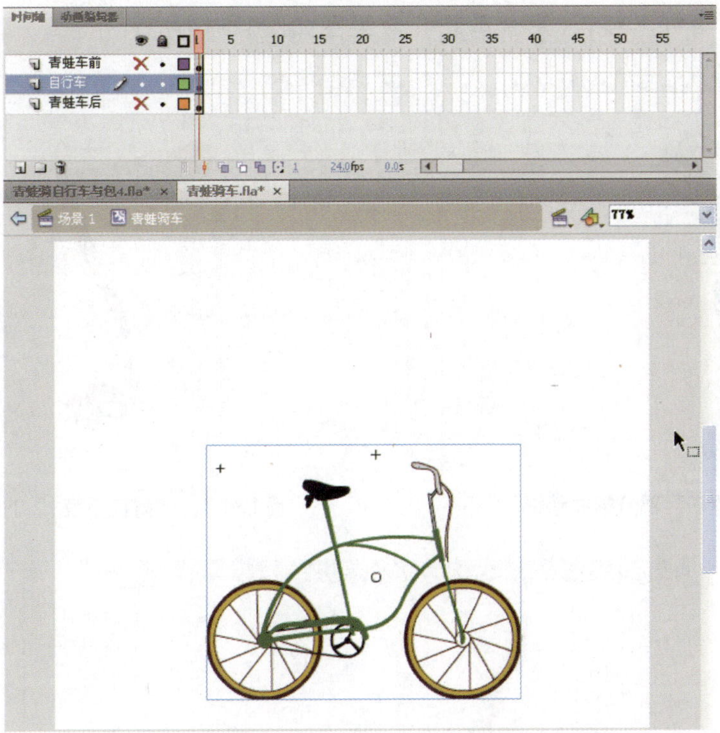

图13-10 “自行车（影片剪辑）”放在时间轴的中间层

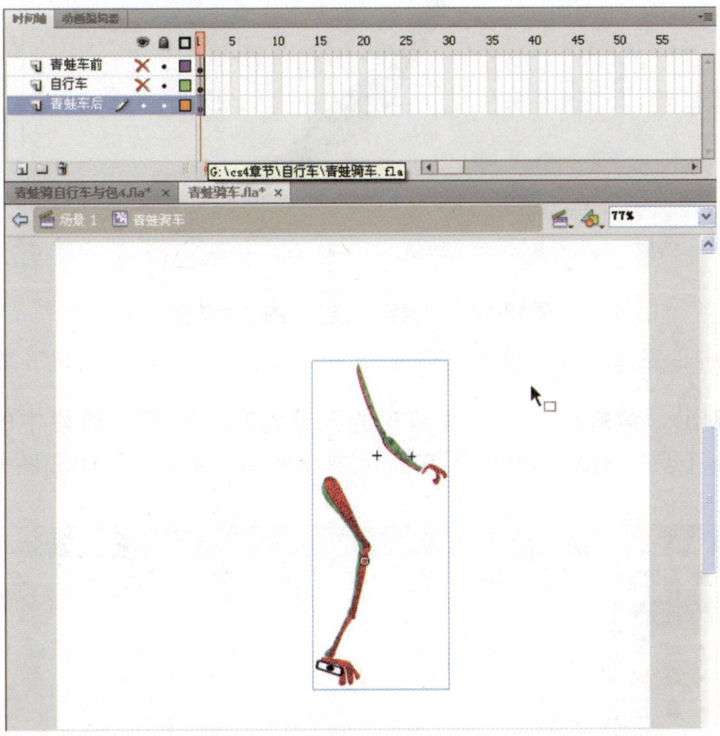

图13-11 “青蛙骑车后（影片剪辑）”放在时间轴的最下层

3. 制作青蛙骑车前（影片剪辑）

提示： 制作“青蛙骑车前”影片剪辑中的内容包括三个方面，分为三个部分绘制出“青蛙骑车前”的局部组合影片剪辑。

（1）一个是“青蛙躯干”部分影片剪辑，效果图如图13-12所示。

（2）一个是“青蛙下肢1”影片剪辑，效果图如图13-13所示。

（3）一个是“青蛙上肢1”影片剪辑，效果图如图13-14所示。

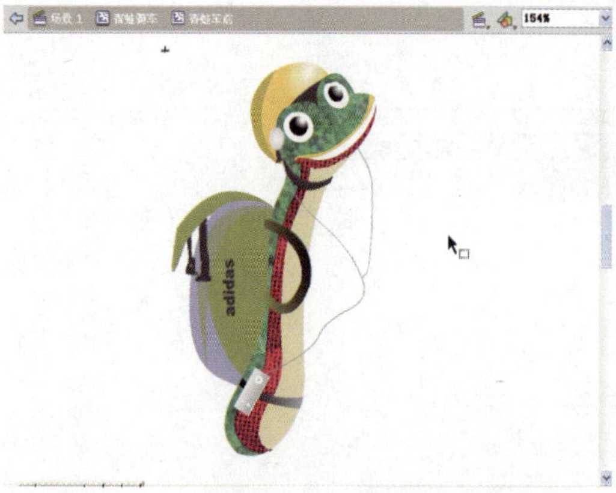

图13-12　“青蛙躯干”部分影片剪辑

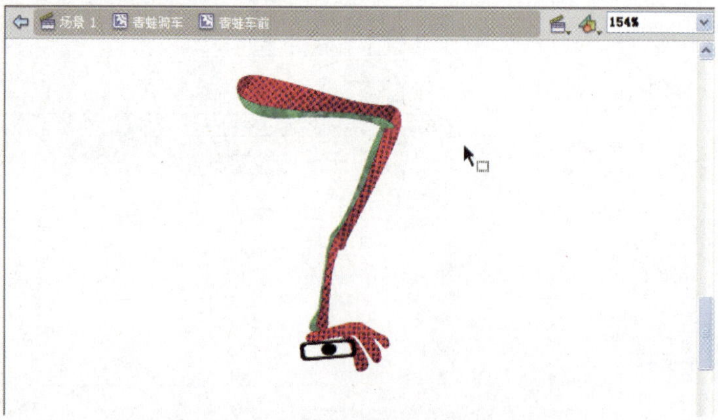

图13-13　“青蛙下肢1”的影片剪辑

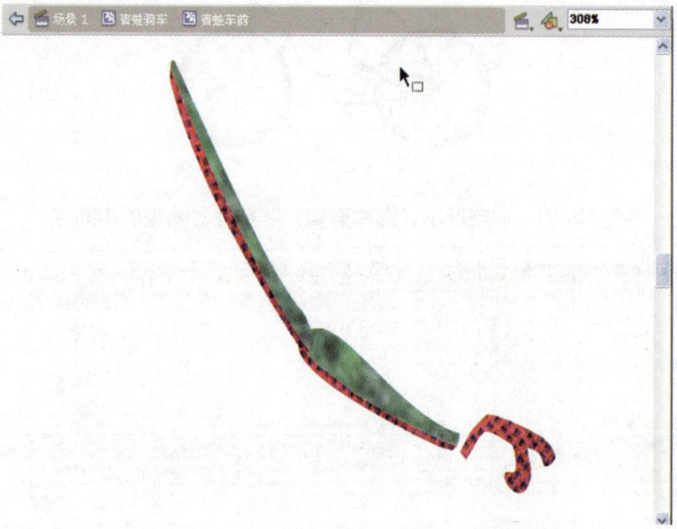

图13-14　“青蛙上肢1” 的影片剪辑

4．“青蛙躯干”部分影片剪辑

（1）首先，绘制出“青蛙躯干”影片剪辑的部分内容，利用工具栏中的钢笔工具或者是铅笔工具等其他的绘制工具将青蛙部分躯干在舞台中绘制出，如图13-15和图13-16所示。

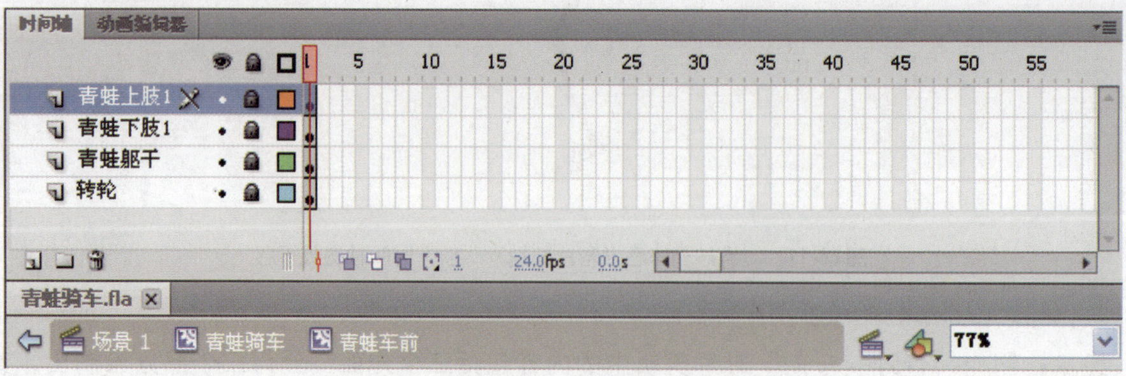

图13-15　时间轴中三个部分的排列次序

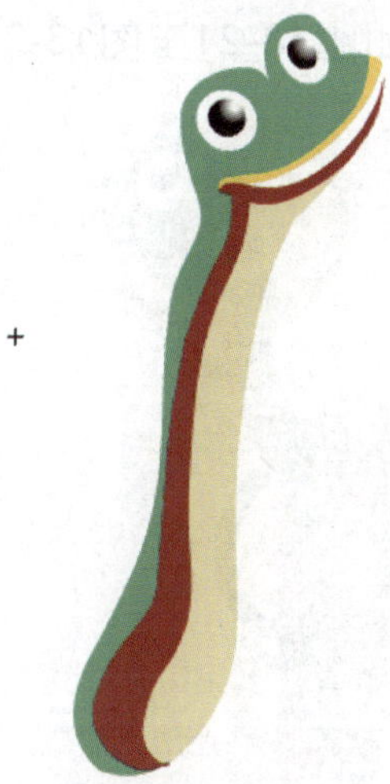

图13-16　将青蛙的躯干部分在舞台中绘制出

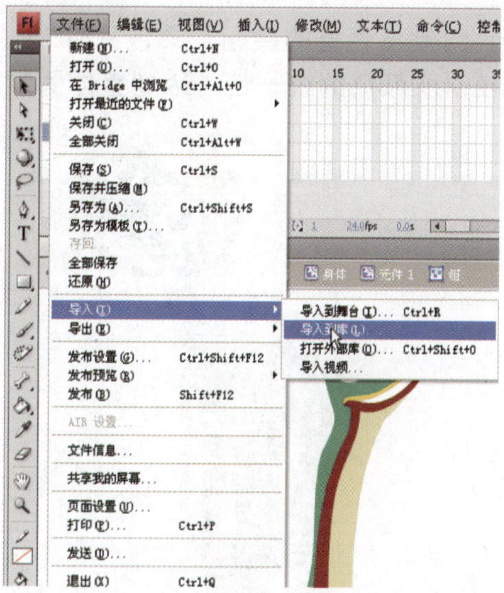

图13-17　“文件”菜单下的“导入到库”

提示：为了让青蛙更具有艺术效果，将在局部的地方加入艺术贴图。

(2) 选择“文件”→“导入到库”选项，如图13-17所示。

(3) 在弹出对话框中选择所给的艺术贴图并打开，选择相应的颜色部分，如图13-18所示。

(4) 打开颜色面板，将类型改为“位图”，选择相应贴图，效果图如图13-19所示。

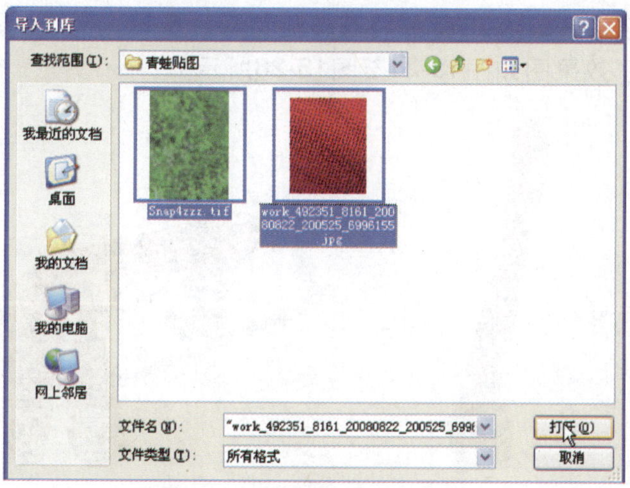

图13-18　选择所给的艺术贴图

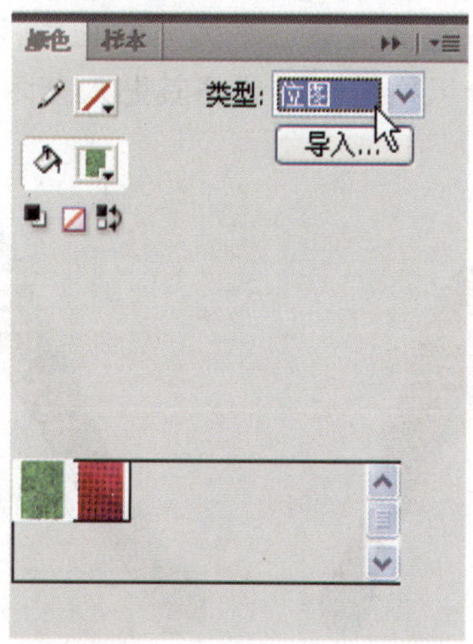

图13-19　将类型改为“位图”

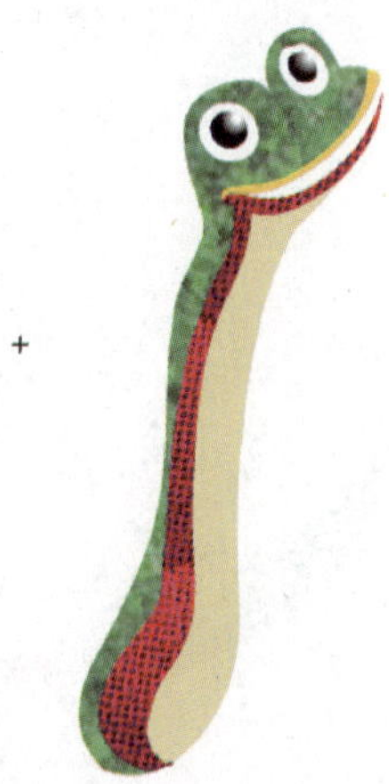

图13-20　贴图加入的效果图

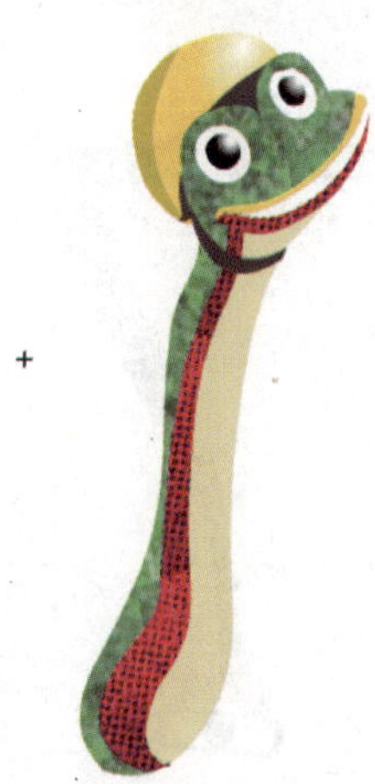

图13-21　绘制出青蛙的头帽

（5）绘制出青蛙的头帽、书包、MP3、耳机等效果辅助图形，在绘制时注意各个图形之间的协调性以及颜色的统一性，达到整体协调与统一，效果图如图13-21至图13-23所示。

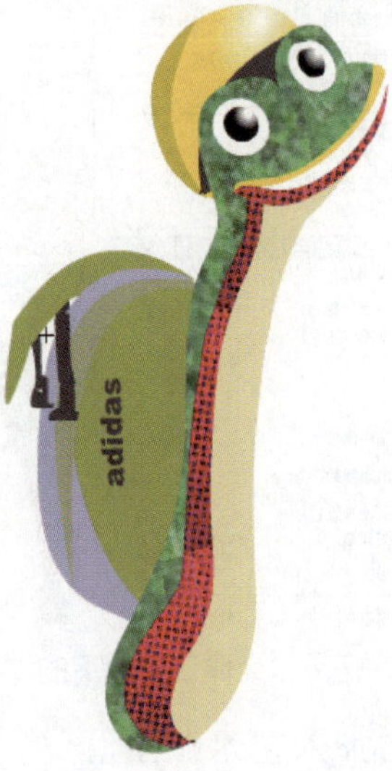

图13-22　绘制出青蛙的书包

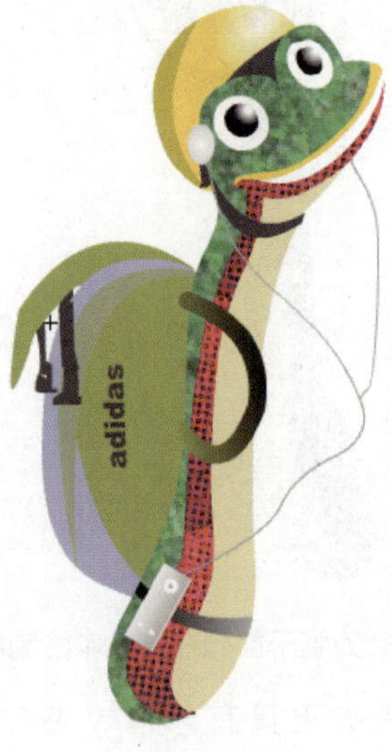

图13-23　绘制出青蛙的MP3和耳机

5．“青蛙下肢1”部分影片剪辑

绘制出“青蛙下肢1”部分内容影片剪辑元件，这一部分将设置重要骨骼绑定功能，在绘制时一定要注意各个关节的独立性，每绘制一个关节都要将其转化为影片剪辑。为了使其与躯干部分风格统一，要将其贴入艺术贴图，效果图如图13-24至图13-28所示。

图13-24　下肢1

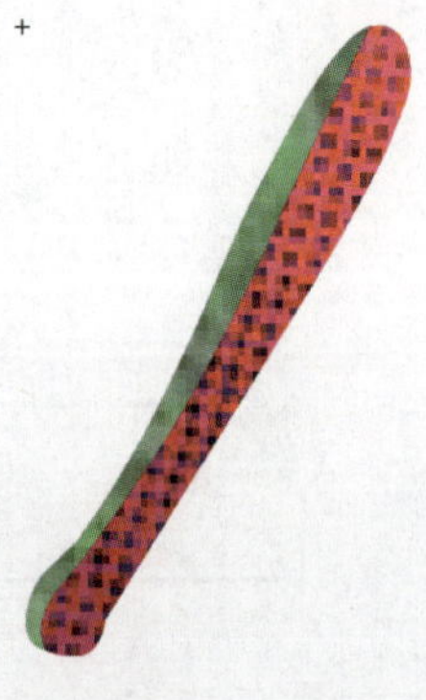

图13-25　下肢2

图13-26　下肢3

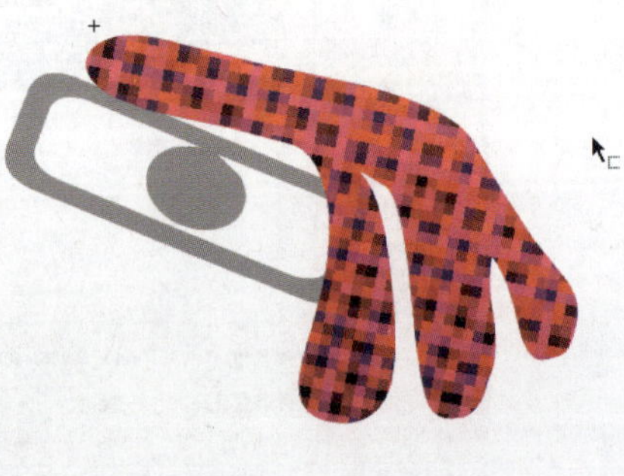

图13-27　下肢4

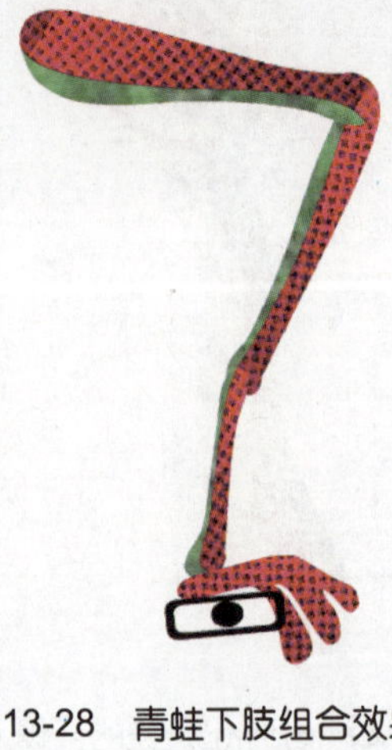

图13-28　青蛙下肢组合效果图

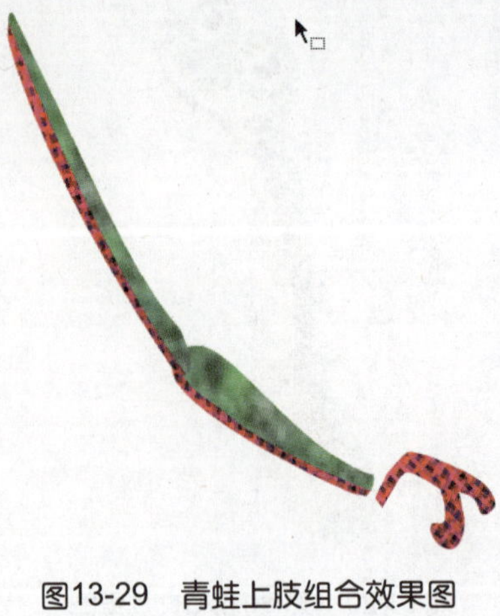

图13-29　青蛙上肢组合效果图

6. “青蛙上肢1”部分影片剪辑

绘制出“青蛙上肢1”部分内容影片剪辑元件，这一部分将设置重要的骨骼绑定功能，在绘制时一定要注意各个关节的独立性，所以每绘制一个关节都要将其转化为影片剪辑。为了使其与躯干部分风格统一，将其贴入艺术贴图，效果图如图13-29至图13-32所示。

图13-30 上肢1

图13-31 上肢2

图13-32 上肢3

7. 制作自行车（影片剪辑）

由于自行车是在影片剪辑“青蛙车前”的下层，所以将制作在它的下层绘制。自行车不仅仅是一个图形，而且还是一个能动的影片剪辑。将自行车分为影片剪辑“车架”和影片剪辑“车轮”绘制，效果图如图13-33至图13-35所示。

图13-33 影片剪辑“自行车”效果图

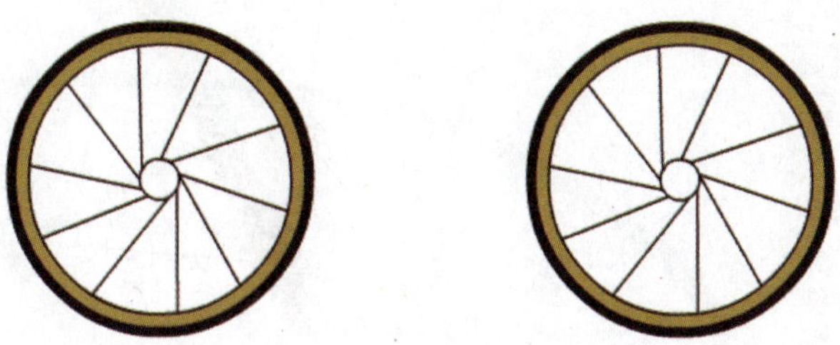

图13-34 影片剪辑“车轮”效果图

图13-35 影片剪辑“车架”效果图

13.3　如何制作骨骼绑定动画

（1）将前面绘制的元件进行组合，把影片剪辑“青蛙车前”放在影片剪辑“自行车”上面，效果图如图13-36所示。

图13-36　把影片剪辑“青蛙车前”放在影片剪辑“自行车”上面

（2）双击进入影片剪辑“青蛙下肢1”内部。

提示：为了使各个关节能很流畅的旋转，必须将各个关节的中心点调节到各个元件的关键部位。

（3）用激活工具栏中的“任意变形工具”选择每个关节，移动元件中心点到关节活动部位，效果图如图13-37至图13-40所示。

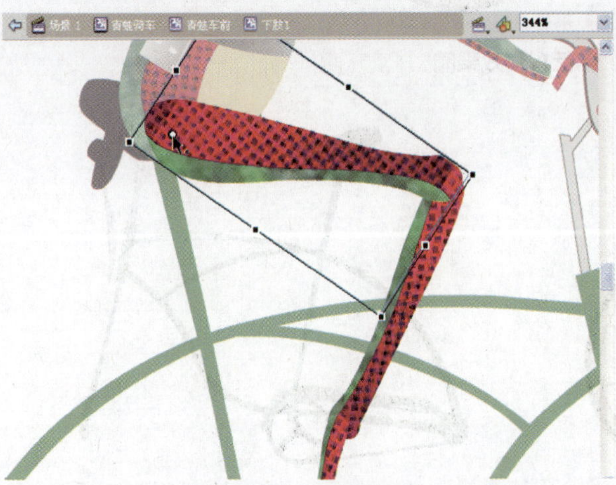

图13-37　中心点调节到各个元件的关键部位1

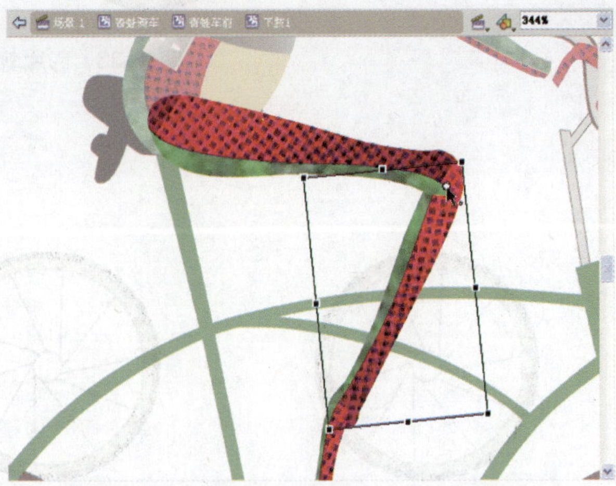

图13-38　中心点调节到各个元件的关键部位2

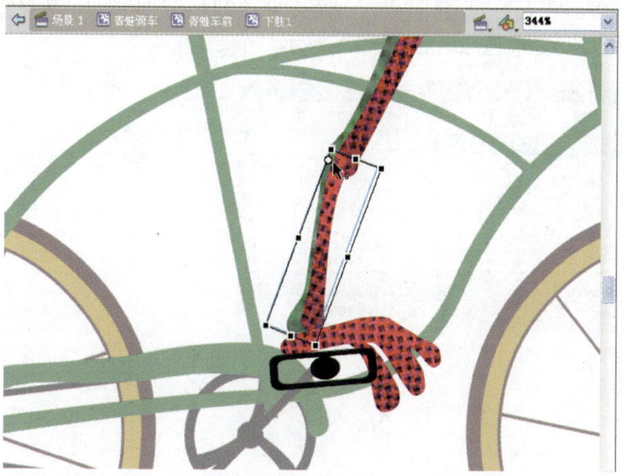

图13-39　中心点调节到各个元件的关键部位3

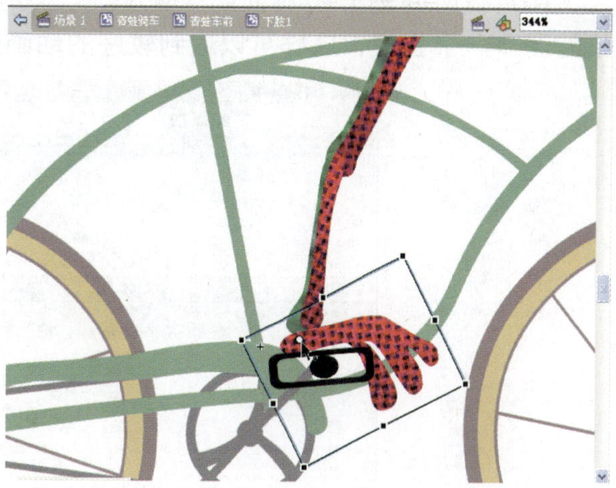

图13-40　中心点调节到各个元件的关键部位4

提示：添加骨骼工具是这章的内容重点，也是这个版本闪亮的地方。

（4）选择激活工具栏中的骨骼工具，将各个元件的中心依次连接起来，效果图如图13-41至图13-44所示。

图13-41　添加骨骼工具1

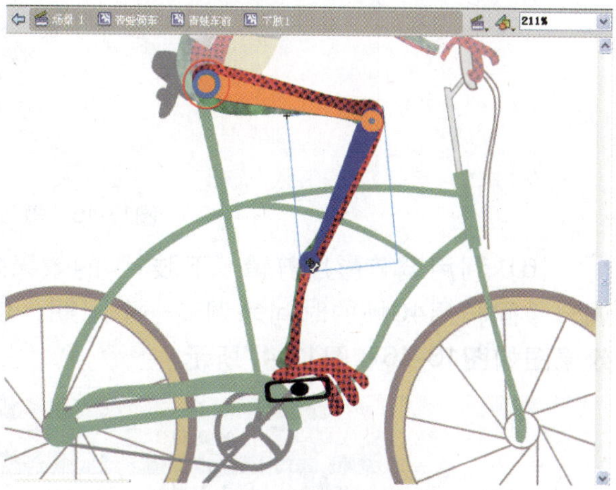

图13-42　添加骨骼工具2

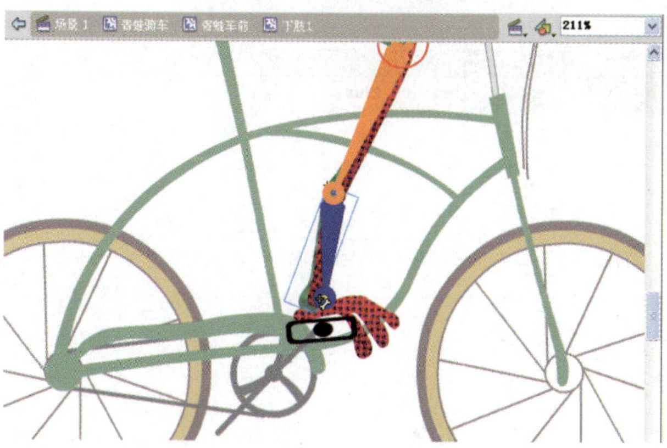

图13-43　添加骨骼工具3

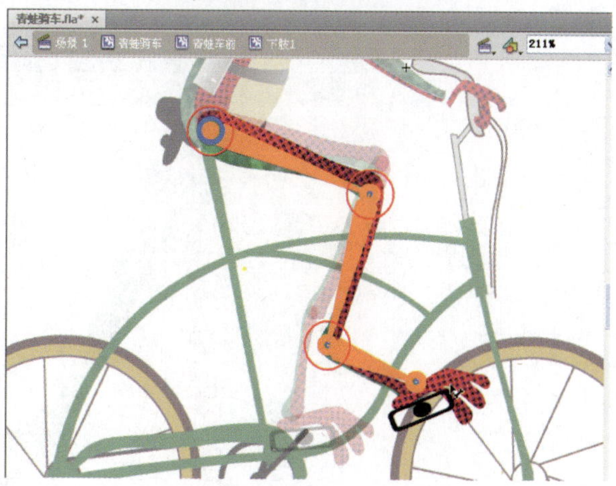

图13-44　添加骨骼工具4

提示：添加完骨骼工具后，参照背景自行车的中轴轮的位置调节登轮位置。

（5）在时间轴第40帧位置“插入帧”，用40帧时间来脚踏一圈，为了使动作更流畅，每10帧就调节一个位置，这样可以达到较好的动画效果，效果图如图13-45所示。

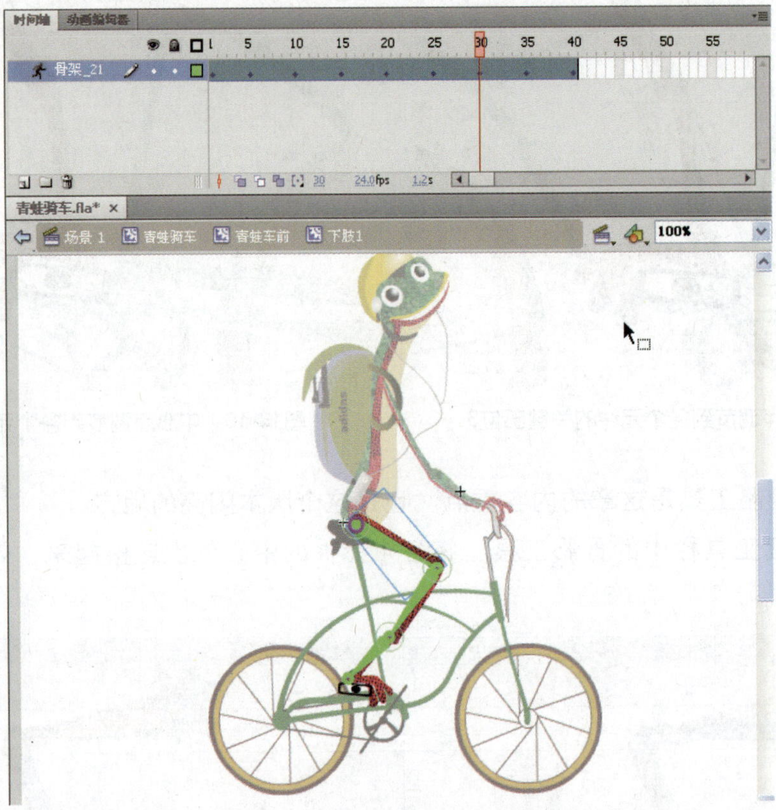

图13-45　每10帧就调节一个位置

（6）利用调节影片剪辑“下肢1”的效果来调节影片剪辑“上肢1”，位置根据自己需要来调节，同样用40帧的时间来调节一个周期，使其与影片剪辑“下肢1”达到整体统一的效果，效果图如图13-46和图13-47所示。

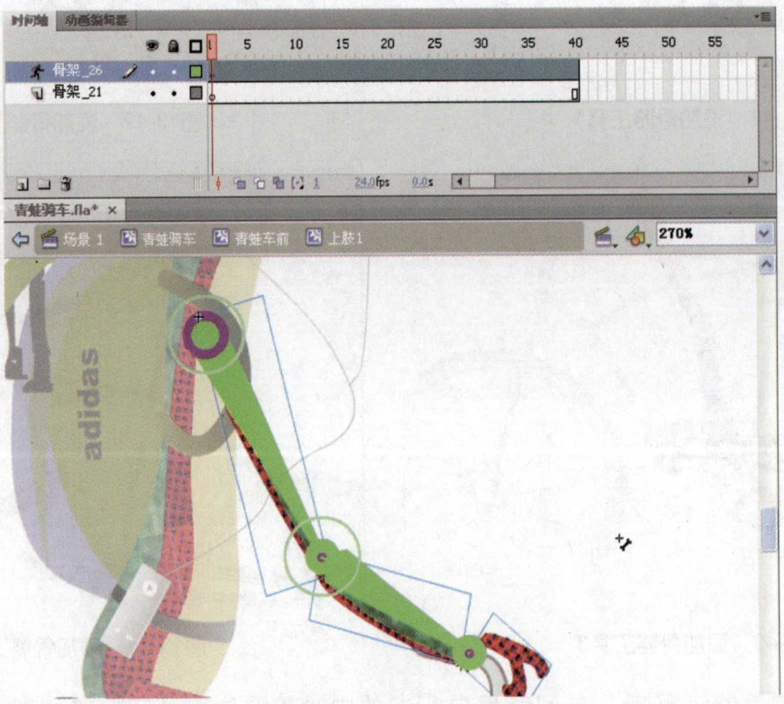

图13-46　调节一个合适位置1

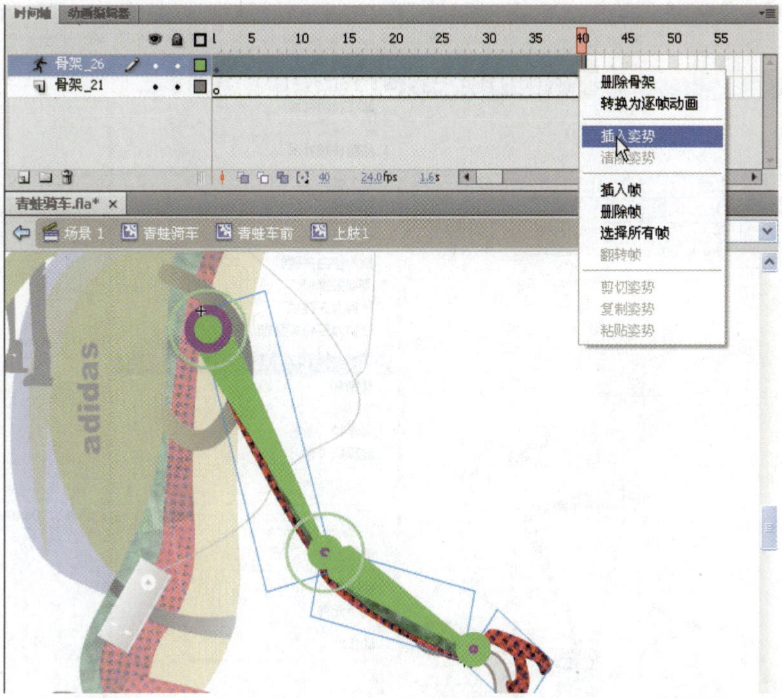

图13-47 调节一个合适位置2

(7)影片剪辑“青蛙车前”制作完毕后，将制作“青蛙车后”影片剪辑放置在影片剪辑“自行车”下层。

提示：重复制作需要花费同样的时间和劳动。这里将复制“下肢1”影片剪辑到“青蛙车后”影片剪辑中去，但是相同元件不能随意进行调节，否则元件会发生变化。解决的办法就是在“库”中将影片剪辑“下肢1”直接复制为一个影片剪辑“下肢2”，然后将影片剪辑“下肢2”拖曳到“青蛙车后”中再进行调节。骨骼工具生成的动画不能随意更改时间轴长短和前后关系。

(8)选择时间轴的内容，点击右键，在弹出的菜单中选择“转换为逐帧动画”选项，选择前20帧的内容剪切并粘贴到后20帧后面，效果图如图13-48图13-49所示。

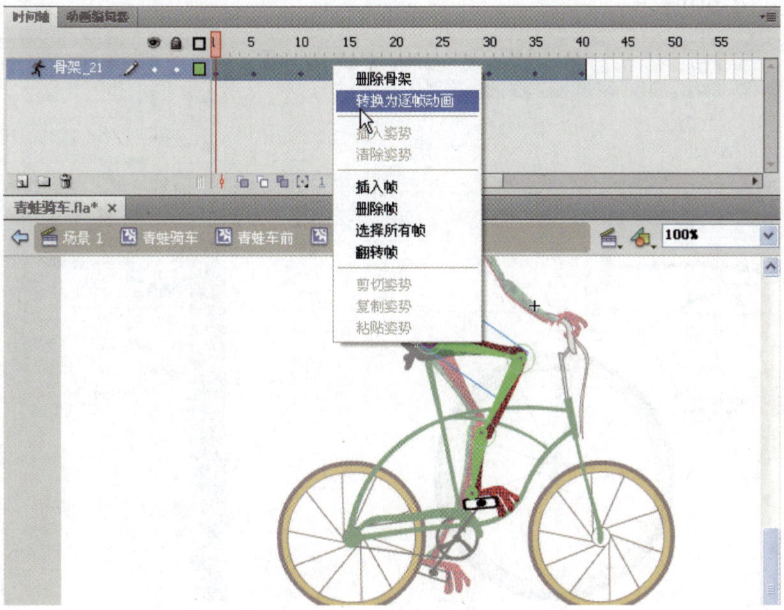

图13-48 选择“转换为逐帧动画”选项

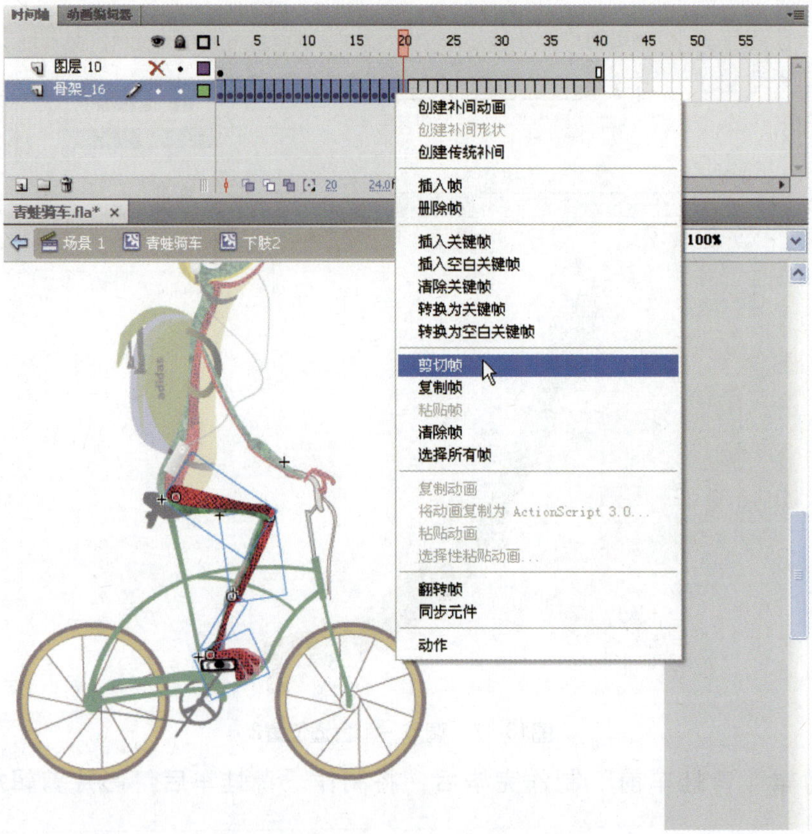

图13-49　选择前20帧的内容剪切到后20帧的后面

13.4　如何制作车轮转动

点击进入“自行车”影片剪辑内部，再次点击“车轮”影片剪辑内部，将时间轴在第40帧位置“插入帧”，在第1 帧到第40帧之间点击右键，在弹出菜单中选择“创建补间动画”，将时间轴指针移动到第40帧位置，选择在激活舞台中“车轮”影片剪辑，打开“属性栏”的“旋转栏”选项，将旋转值设置为“1”，旋转方向设置为“顺时针方向”，旋转测试并观看动画效果，效果图如图13-50所示。

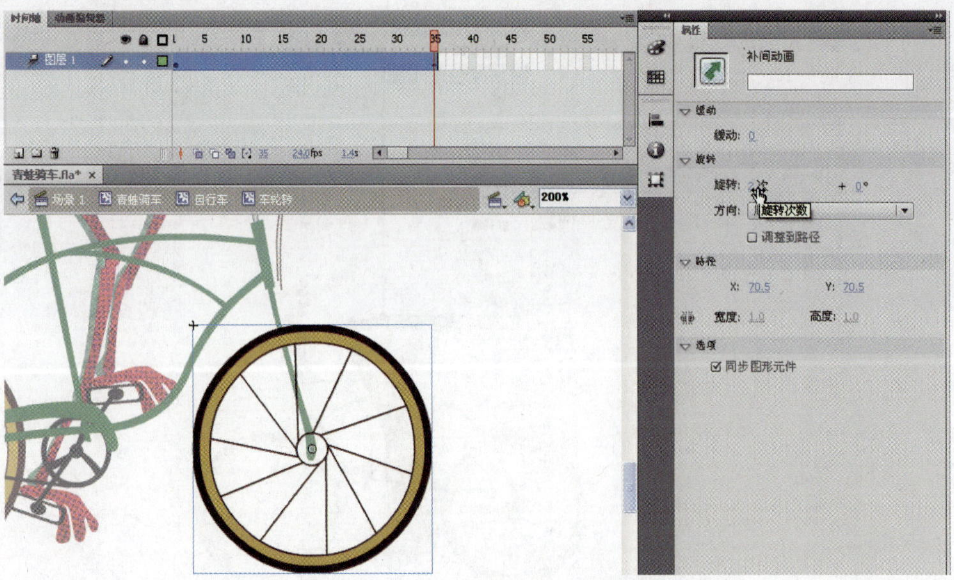

图13-50　在“属性栏”的“旋转栏”中将旋转值设置为“1”

13.5 如何给动画添加背景

在背景素材中寻找合适的背景或者根据自己的需要绘制相应背景，并根据动画方向做相反动作，根据画面效果将画面设置900*576像素，最后，发布并测试结果，效果图如图13-51至图13-53所示。

图13-51 背景素材

图13-52 根据动画方向做相反的动作

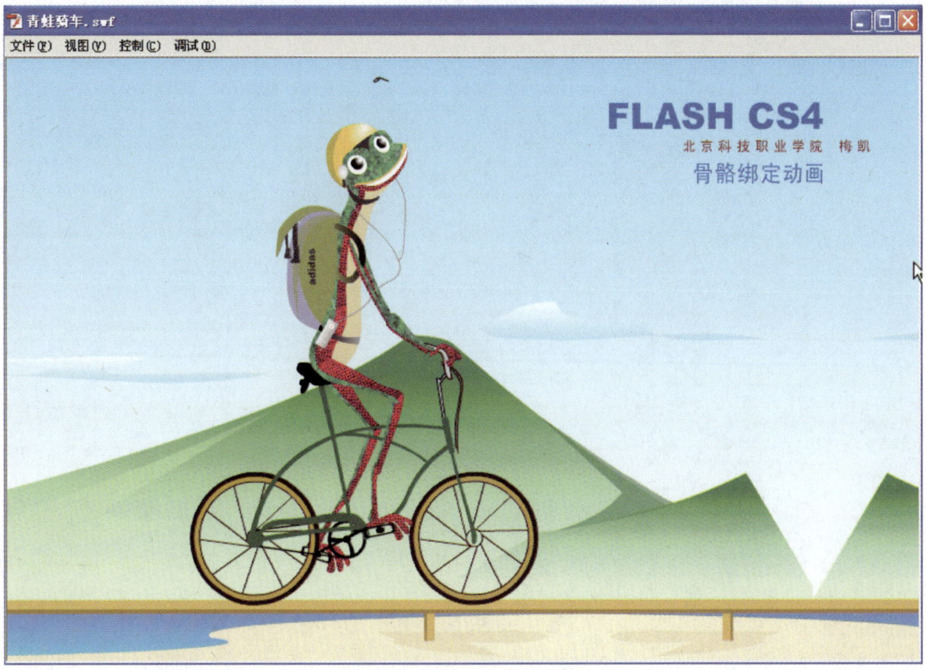

图13-53 测试结果

活学活用：

本实例为骨骼动画类，采用相同的技术，可以制作出人物形象运动动画效果。

现场创作实训：

制作一个卡通人物形象跑步或者骑车等动画效果。

创作要求：

（1）用Flash绘制形象或者寻找合适的图片形象。

（2）符合动画运动规律。

（3）画面色调协调统一。

（4）动画寓意表达准确及创意效果。

第14章　FLASH游戏设计实例

图14-1　游戏效果图

情景化描述：本实例为Flash游戏设计基础实例，学习Flash游戏互动设计效果及游戏可玩性的设计思路，实例为小猪飞跃水沟吃蛋糕的幽默互动游戏，如图14-1所示。

【学习重点】

（1）熟练使用工具栏中的绘图工具。

（2）熟练使用gotoAndPlay动作语句。

（3）熟练使用帧标签。

（4）熟练掌握声音与游戏的配合。

制作流程图如图14-2所示。

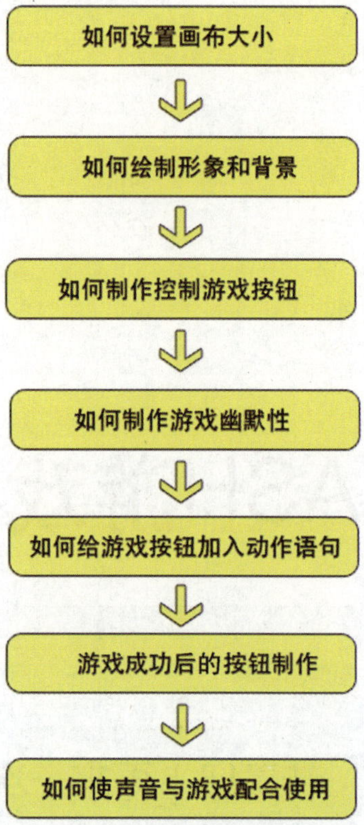

图14-2　流程图

具体制作

14.1　如何设置画布大小

选择“修改”菜单下的“文档”选项，在弹出的“文档属性”对话框中设置尺寸800*600像素，背景颜色设置为“白色”，“帧频”设置为“30”，单击“确定”按钮，如图14-3所示。

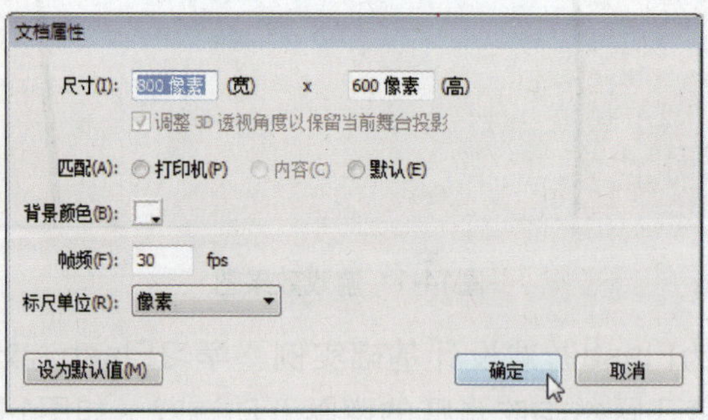

图14-3　设置尺寸800*600像素

14.2　如何绘制形象和背景

（1）选择工具栏中的“刷子工具”和“颜料桶工具”，在舞台中绘制小猪形象，如图14-4所示。

（2）创建元件。选择小猪形象，点击右键，在弹出的菜单中选择“转化为元件”选项。在弹出的“转化为元件”对话框中键入名称“小猪”，类型模式选择“图形”，单击“确定”按钮，如图14-5所示。

图14-4 绘制小猪形象

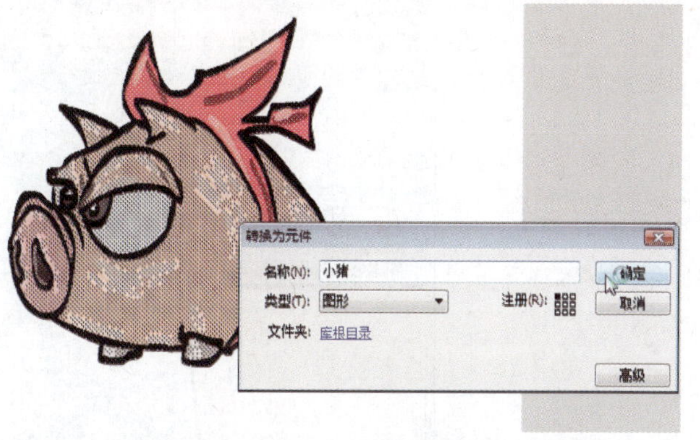

图14-5 键入名称“小猪”，类型模式选择“图形”

（3）选择工具栏中的“刷子工具”和“颜料桶工具”，在舞台中绘制蛋糕形象，如图14-6所示。

（4）创建元件。选择蛋糕形象，点击右键，在菜单中选择“转化为元件”，在弹出的“转化为元件”对话框中键入名称“蛋糕”，类型模式选择“图形”，单击“确定”按钮，如图14-7所示。

图14-6 绘制蛋糕形象

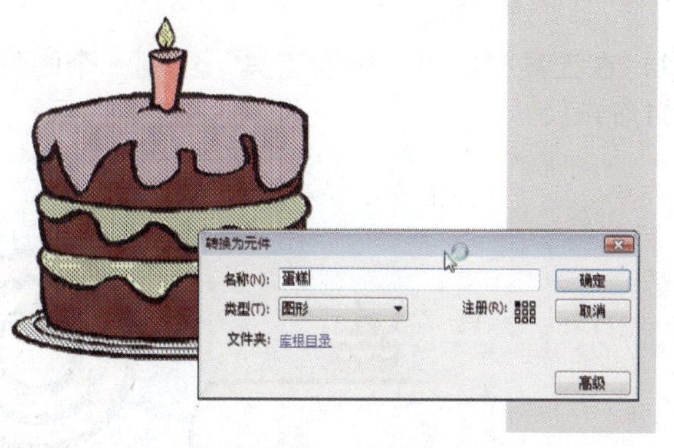

图14-7 键入名称“蛋糕”，类型模式选择“图形”

（5）选择工具栏中的“矩形工具”绘制矩形，在属性栏中设置矩形尺寸为800×600像素，x=0、y=0，选择填充渐变色蓝色到白色渐变，如图14-8和图14-9所示。

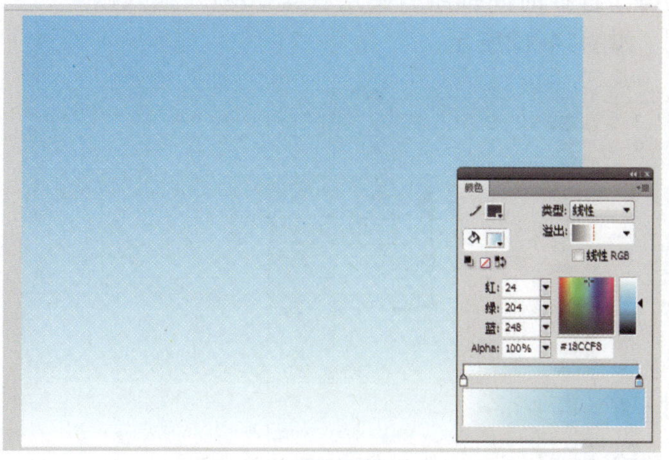

图14-8 在属性栏中设置矩形尺寸为800×600像素

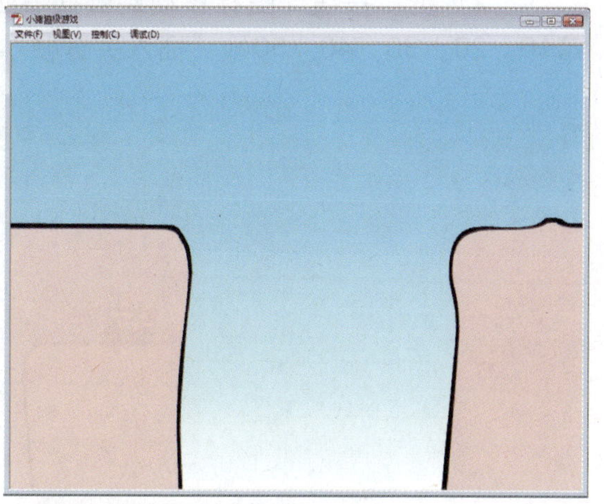

图14-9 场景图

（6）将“库”中的“小猪”和“蛋糕”元件拖曳到舞台中，选择小猪，点击右键，在菜单中选择“分散到图层”，如图14-10所示。

图14-10　把“小猪”和“蛋糕”元件拖曳到舞台中

14.3　如何制作控制游戏按钮

（1）在工具栏中用“椭圆工具”绘制一个圆形图标，点击右键，转化为“按钮”元件，如图14-11所示。

图14-11　绘制一个圆形图标

（2）把“按钮”图标移动到画面右上角，选择时间轴所有图层在第60帧“插入帧”，在第10、20、30、40、50帧“插入关键帧”，如图14-12所示。

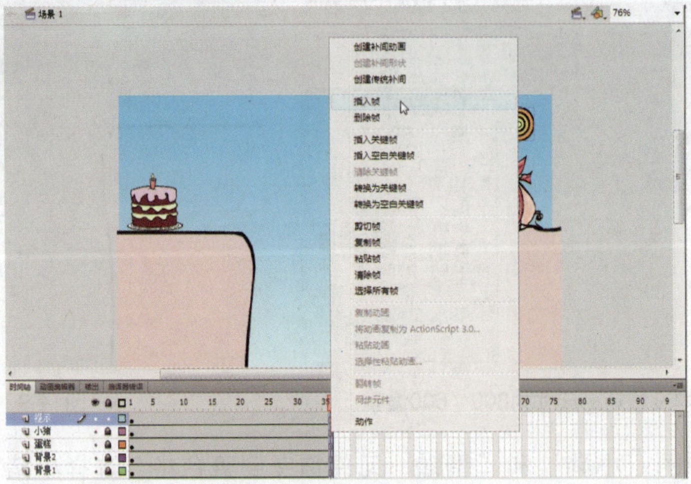

图14-12　选择时间轴所有图层在第60帧“插入帧”

（3）在第10～20帧之间绘制一个圆点标，在第20～30帧之间再绘制一个圆点标，在第30～40帧之间再绘制一个圆点标，在第40～50帧之间再绘制一个圆点标，在第50～60帧之间再绘制一个圆点标，如图14-13和图14-14所示。

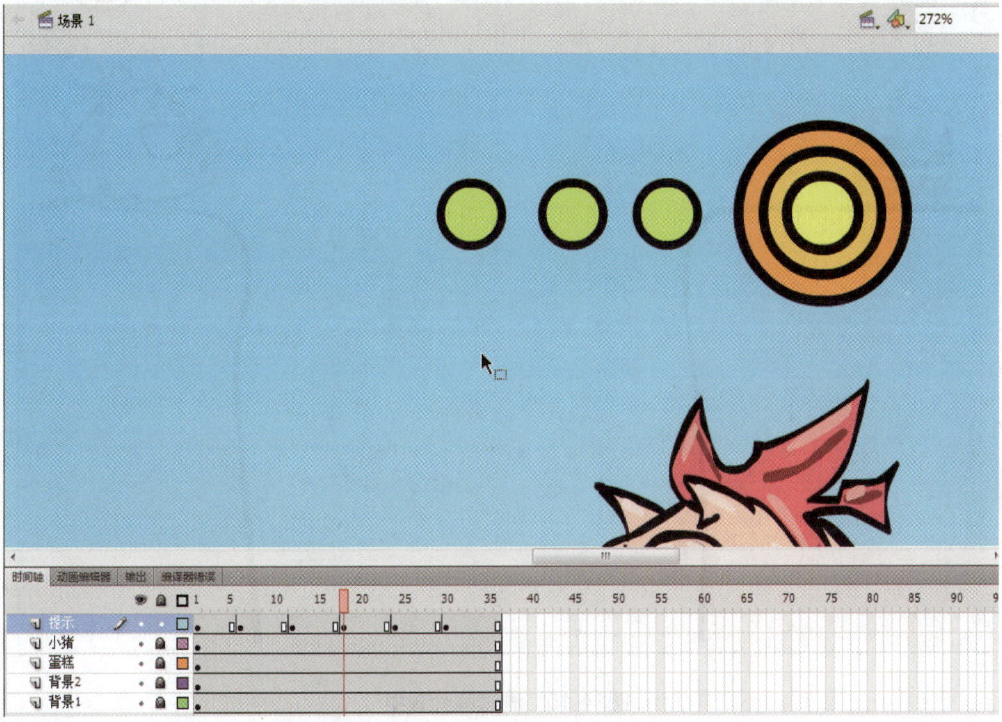

图14-13　在第30～40帧之间再绘制一个圆点标

图14-14　在第50～60帧之间再绘制一个圆点标

（4）在“控制”菜单下“测试影片”，测试画面效果，如图14-15所示。

图14-15　测试画面效果

14.4　如何制作游戏幽默性

（1）选择“小猪”，把背景延长帧移到115帧左右，在时间轴上新建图层，命名为“ac”，专门加入动作语句；在第60帧位置插入关键帧，点击右键，在菜单中选择“动作”选项，在弹出的“动作-帧”对话框中键入“gotoAndPlay(1);”，如图14-16和图14-17所示。

图14-16　选择“小猪”，把背景层延长帧移到115帧左右

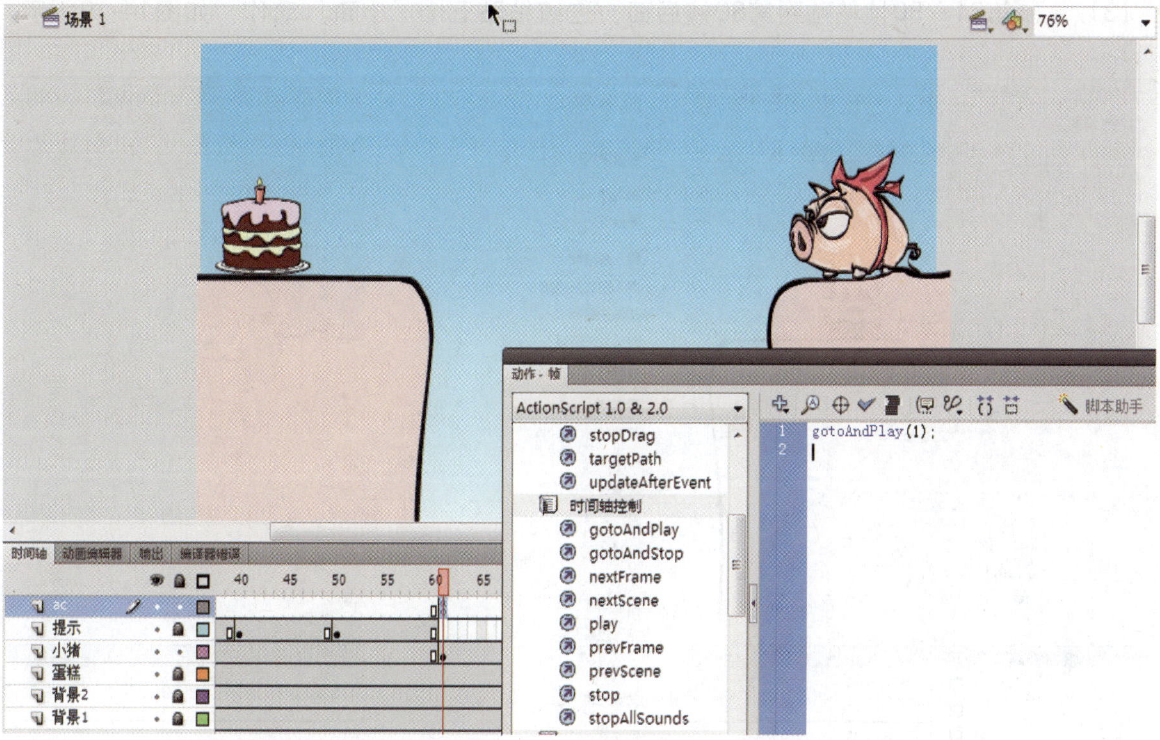

图14-17　在弹出的“动作-帧”对话框中键入“gotoAndPlay(1);”

（2）在小猪层第61～80帧之间插入关键帧，调节小猪跳入悬崖的动作，分四段调节，将第四段距离帧加长并调节到画面之外，点击右键，在菜单中选择“创建传统补间”选项，如图14-18所示。

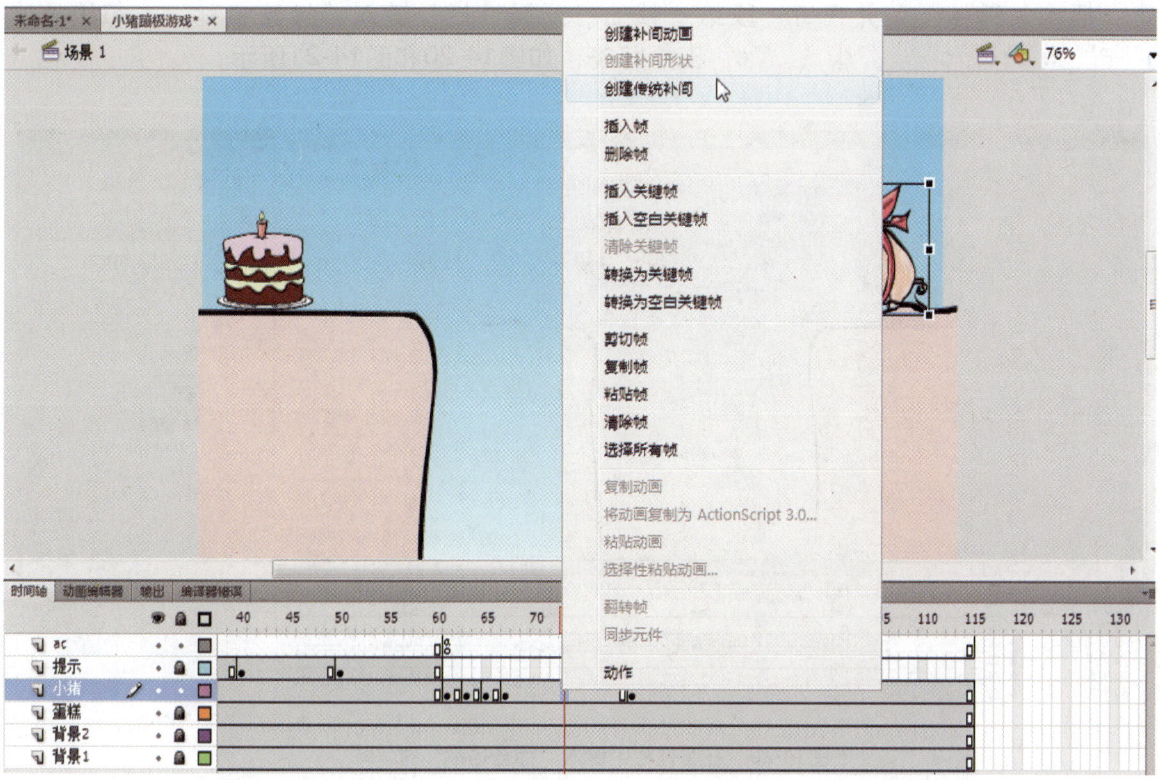

图14-18　在菜单中选择“创建传统补间”选项

（3）复制第61～80帧粘贴到第80帧后面，连续粘贴五个“小猪”动作，如图14-19所示。

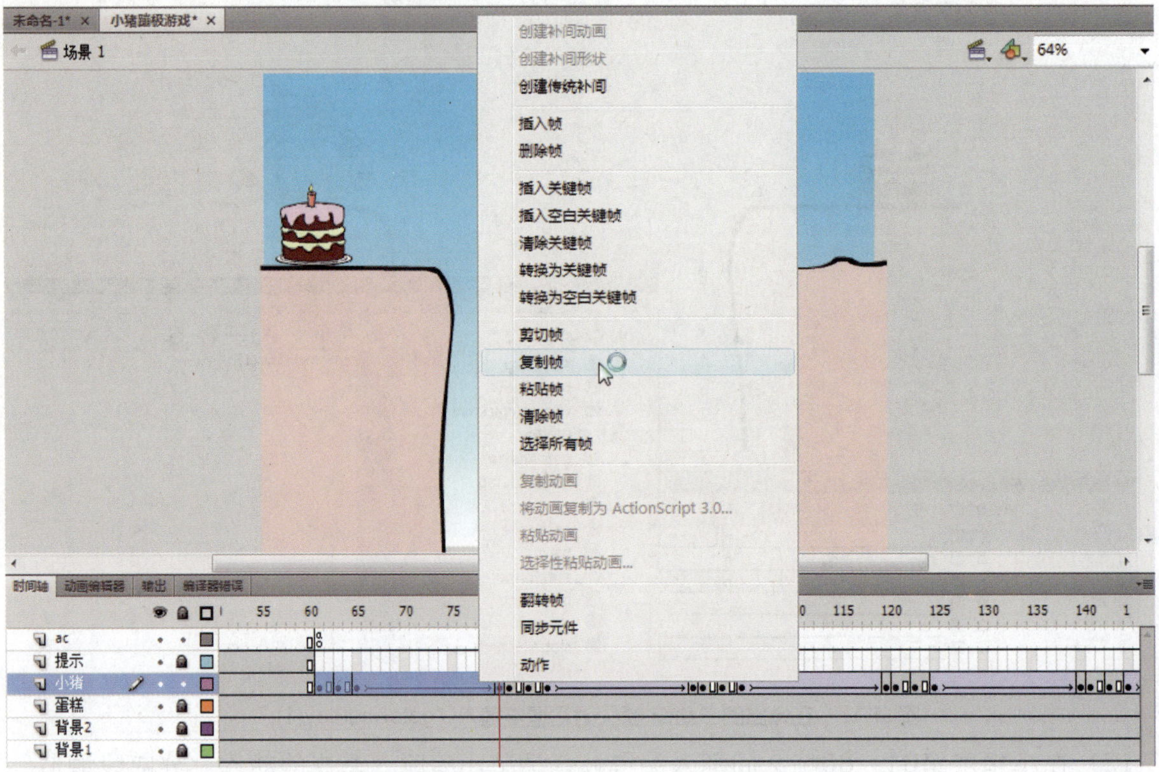

图14-19　连续粘贴五个“小猪”动作

（4）选择“ac”层，在第61～80帧、81～100帧、101～120帧、121～140帧、141～160帧处“插入关键帧”，并在每一段第一帧处打开属性栏，键入“标签名称”，每段依次为“a”、“b”、“c”、“d”、“e”五个标签，如图14-20和图14-21所示。

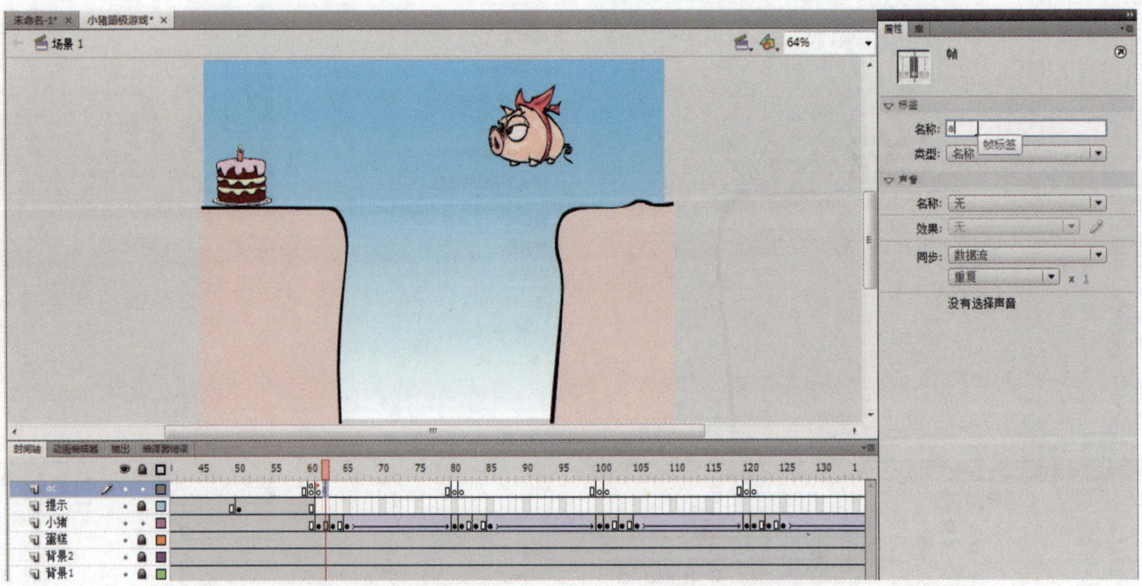

图14-20　在属性栏中键入“标签名称”为“a”

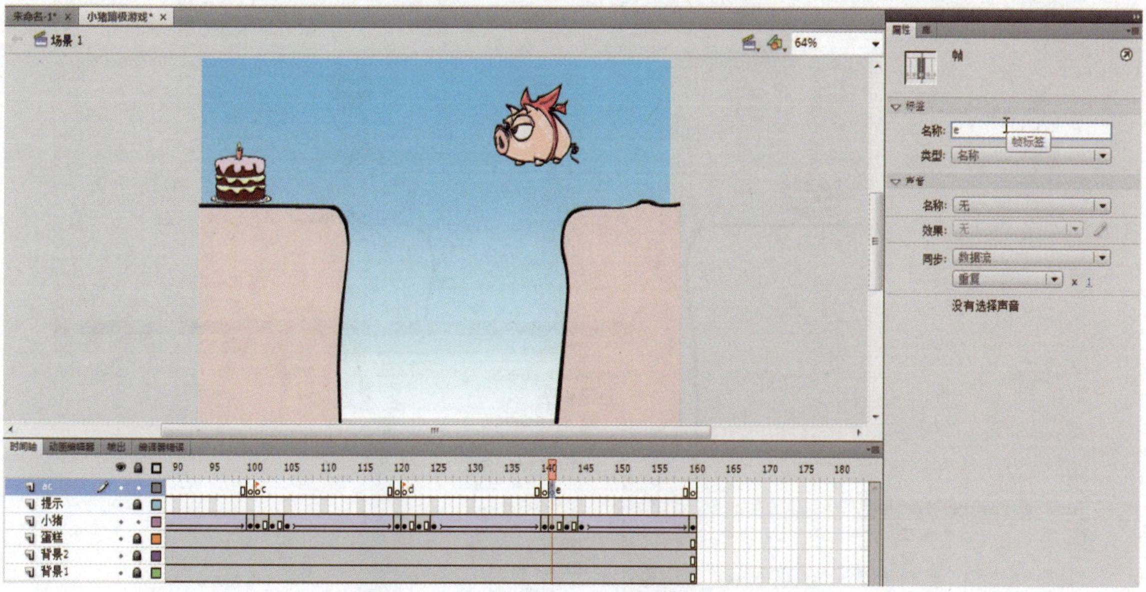

图14-21 在属性栏中键入“标签名称”为“e”

（5）在“ac”层第80帧、100帧、120帧和140帧处，点击右键，在菜单中选择“动作”选项，在弹出的“动作-帧”对话框中键入“gotoAndPlay(1);”，如图14-22所示。

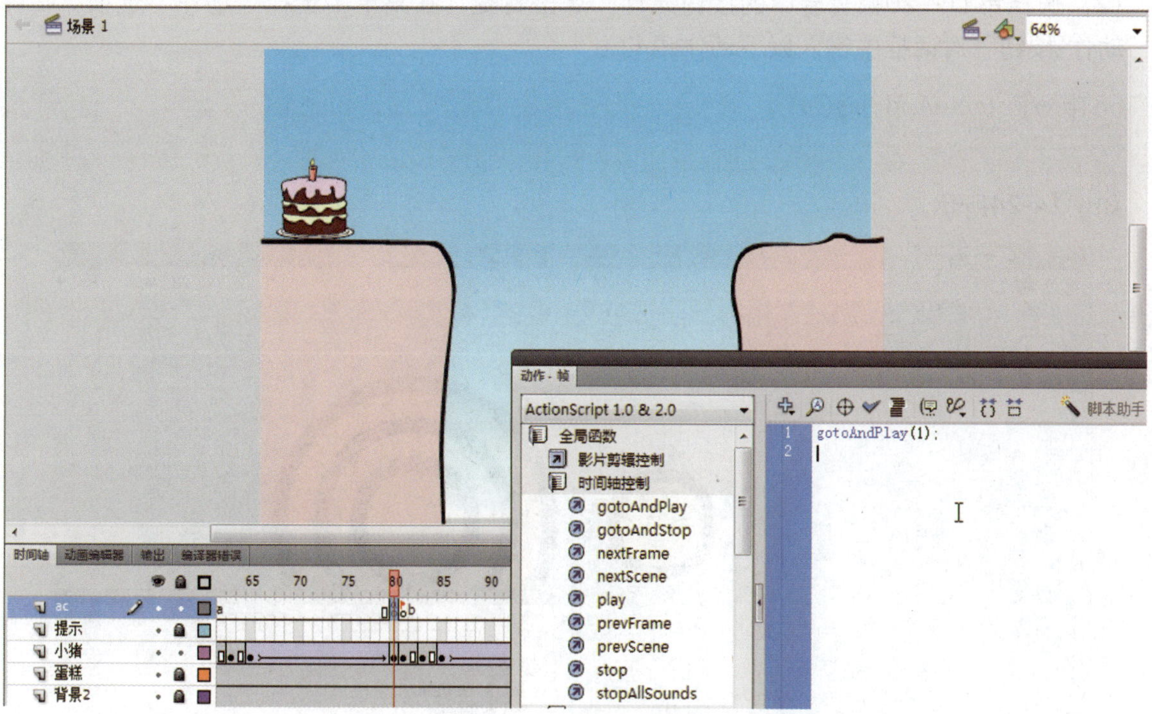

图14-22 在弹出的“动作-帧”对话框中键入“gotoAndPlay(1);”

14.5 如何给游戏按钮加入动作语句

（1）选择“按钮提示”层，选择第1～10帧舞台中的按钮元件，点击右键，在菜单中选择“动作”选项，在弹出的“动作-按钮”对话框中键入以下动作语句：

```
on (press) {gotoAndPlay("a");
}
```

如图14-23所示。

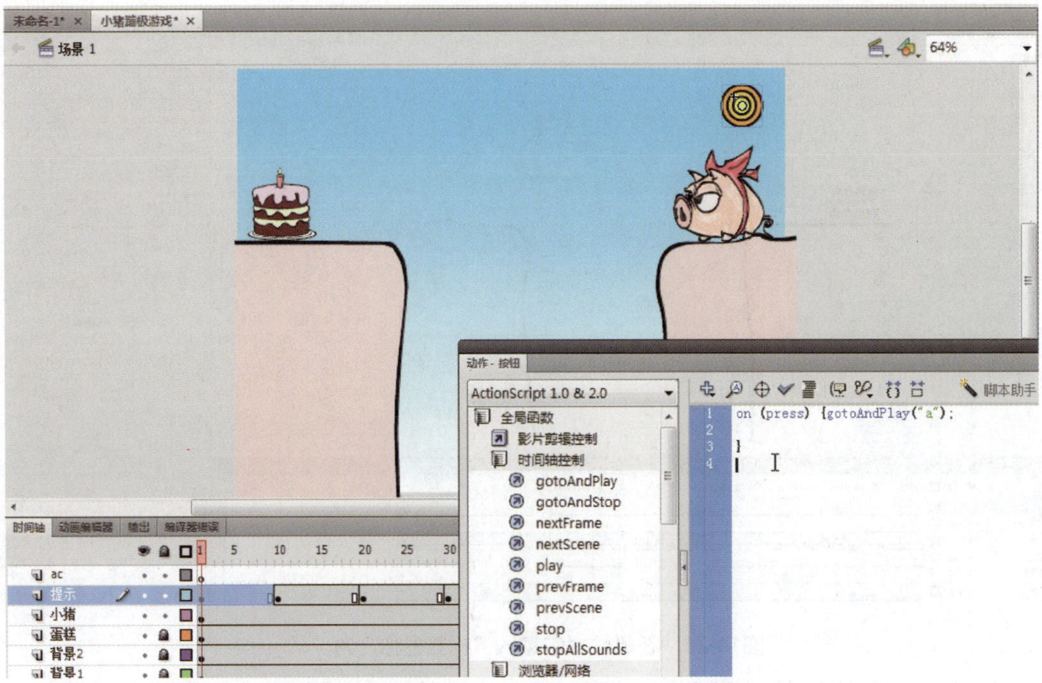

图14-23　在弹出的“动作-按钮”对话框中键入动作语句

（2）选择第11～20帧舞台中的按钮元件，点击右键，在菜单中选择“动作”选项，在弹出的“动作-按钮”对话框中键入以下动作语句：

```
on (press) {gotoAndPlay("a");
}
```

如图14-24所示。

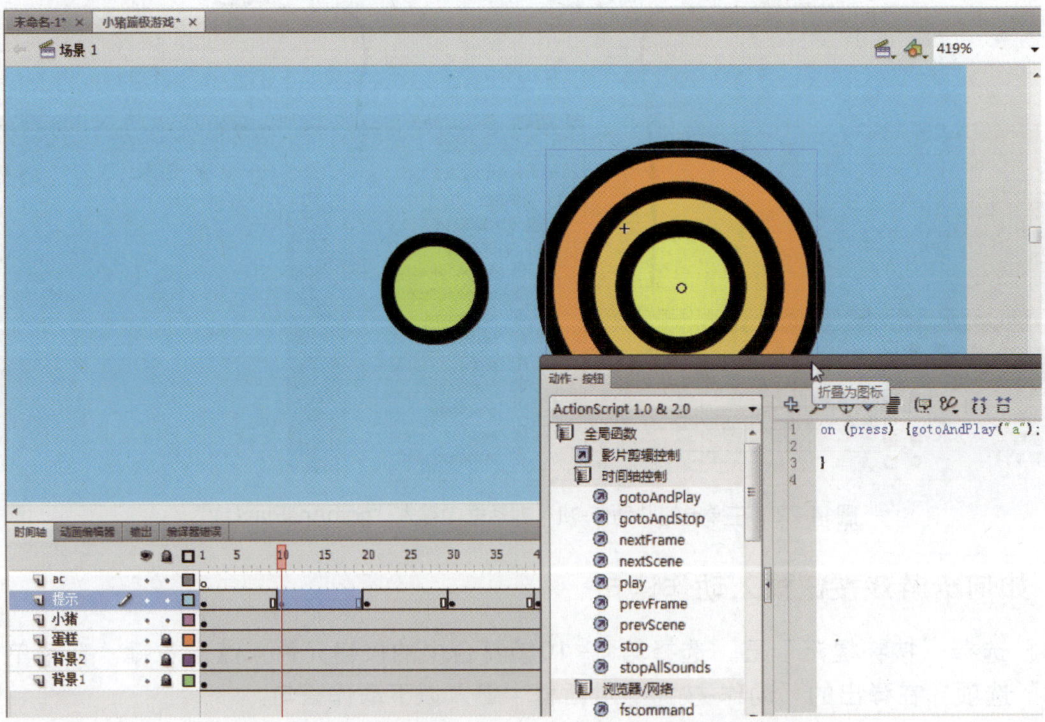

图14-24　在弹出的“动作-按钮”对话框中键入动作语句

（3）选择第21～30帧舞台中的按钮元件，点击右键，在菜单中选择“动作”选项，在弹出的“动作-按钮”对话框中键入以下动作语句：

```
on (press) {gotoAndPlay("b");
}
```

如图14-25所示。

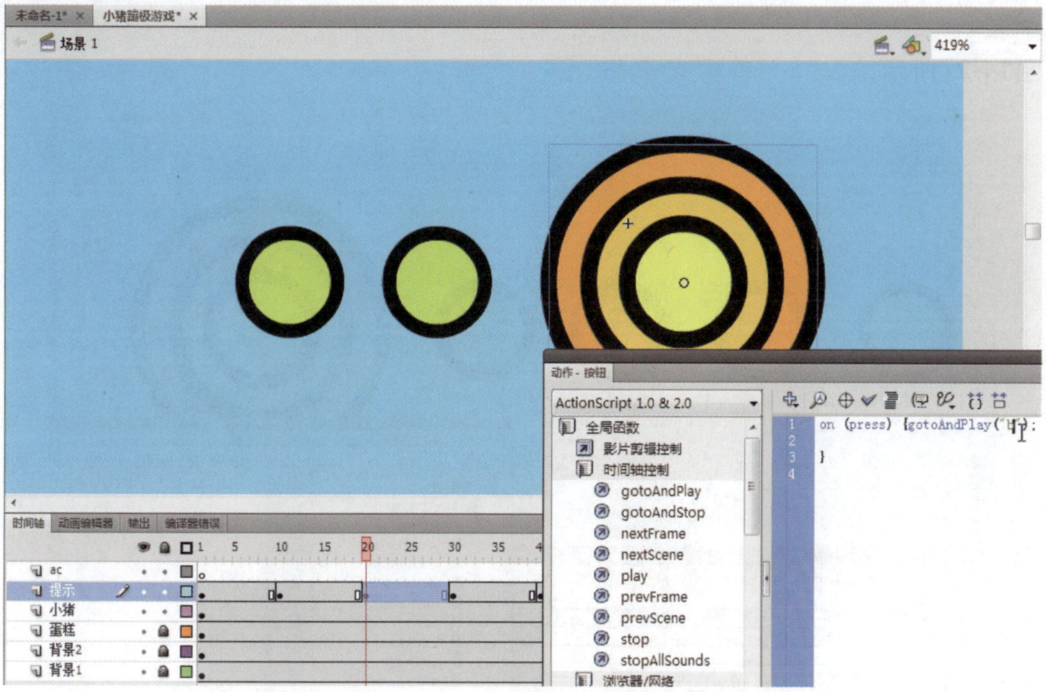

图14-25　在弹出的“动作-按钮”对话框中键入动作语句

（4）选择第31～40帧舞台中的按钮元件，点击右键，在菜单中选择“动作”选项，在弹出的“动作-按钮”对话框中键入以下动作语句：

```
on (press) {gotoAndPlay("c");
}
```

如图14-26所示。

图14-26　在弹出的“动作-按钮”对话框中键入动作语句

（5）选择第41～50帧舞台中的按钮元件，点击右键，在菜单中选择“动作”选项，在弹出的“动作-按钮”对话框中键入以下动作语句：

```
on (press) {gotoAndPlay("d");
}
```

如图14-27所示。

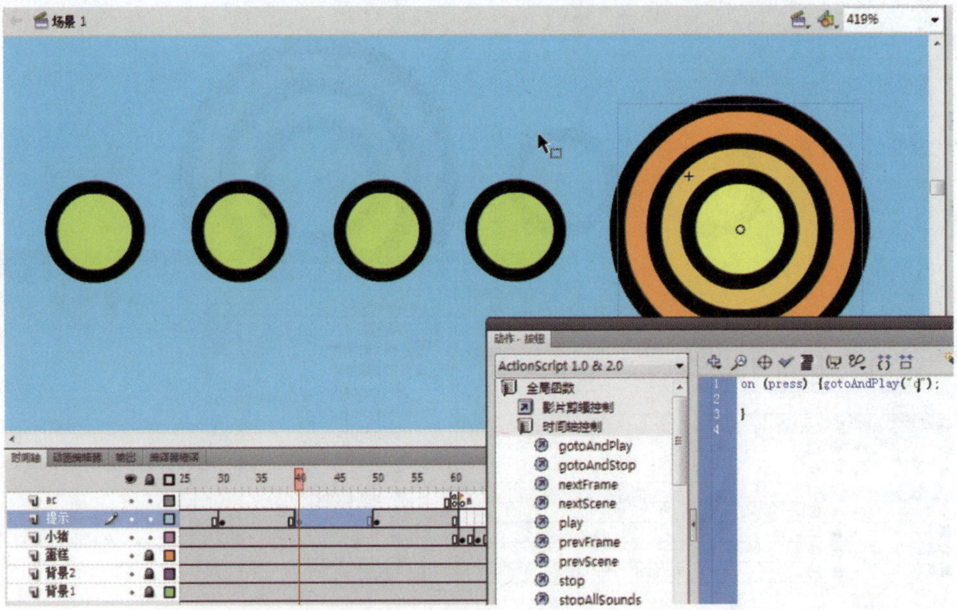

图14-27　在弹出的“动作-按钮”对话框中键入动作语句

（6）选择第51～60帧舞台中的按钮元件，点击右键，在菜单中选择“动作”选项，在弹出的“动作-按钮”对话框中键入以下动作语句：

```
on (press) {gotoAndPlay("e");
}
```

如图14-28所示。

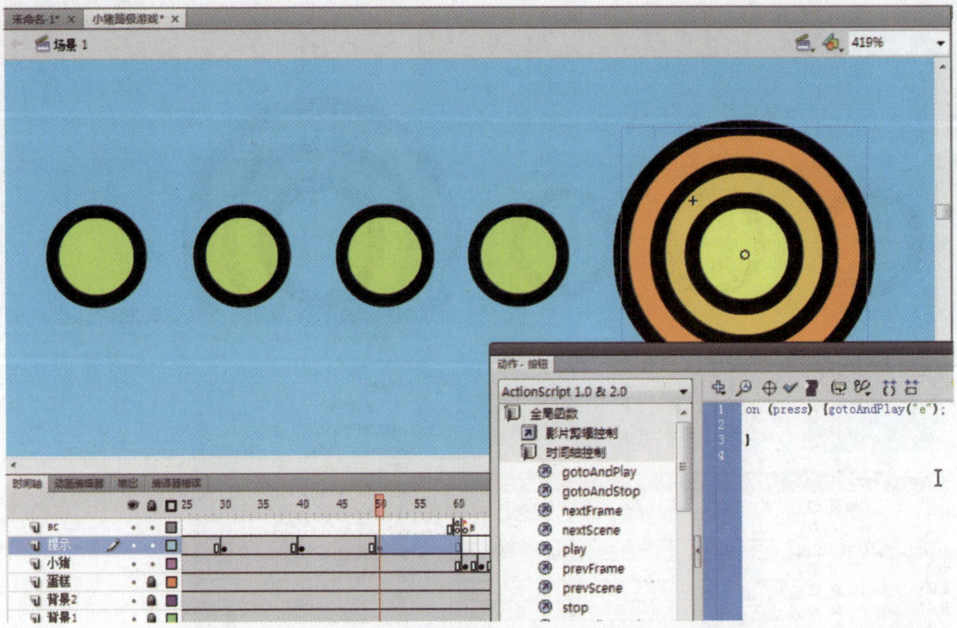

图14-28　在弹出的“动作-按钮”对话框中键入动作语句

（7）在160帧处，点击右键，在菜单中选择“动作”，在弹出的“动作-帧”对话框中键入“stop();”，如图14-29所示。

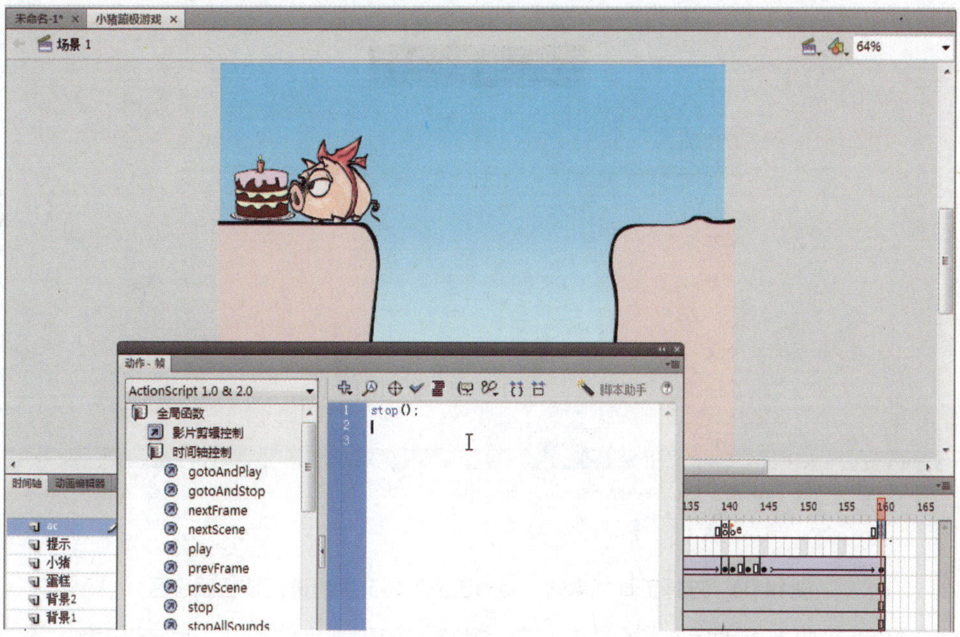

图14-29 在弹出的“动作-帧”对话框中键入“stop();”

14.6 游戏成功后的按钮制作

（1）新建图层“文字”，将最后一帧插入关键帧处，选择工具栏中的“文字工具”，在舞台中键入“恭喜您！再来一次”，点击右键，使其转化为元件，在弹出的“转化为元件”对话框中键入“元件1”，类型模式选择“按钮”，单击“确定”按钮，如图14-30所示。

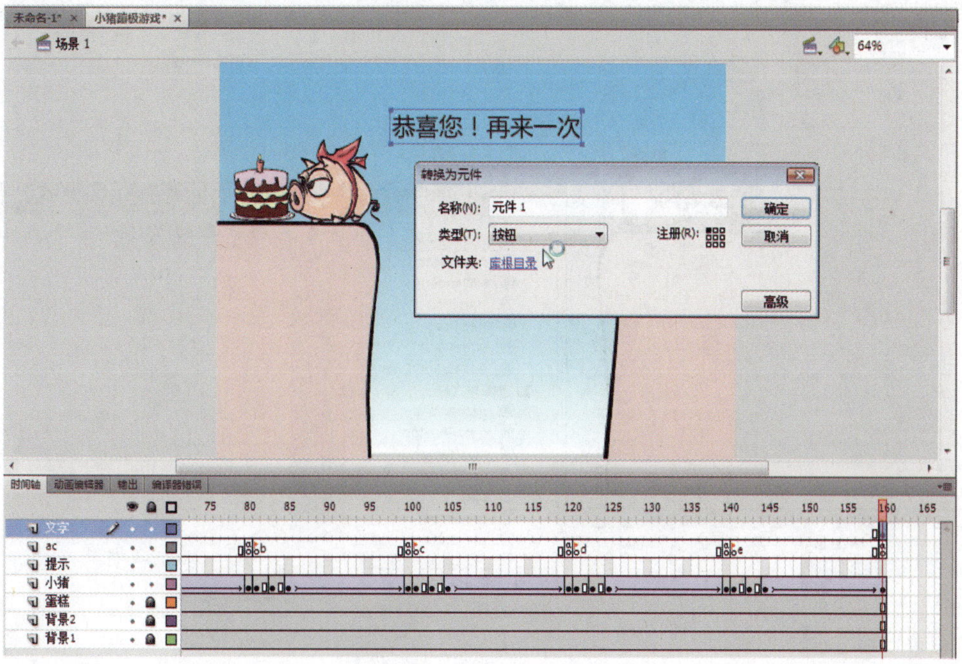

图14-30 转化文字为元件

（2）双击进入“元件1”按钮进入内部，在“点击”帧处“插入关键帧”，选择工具栏中的“矩形工具”将文字覆盖至按钮感应区，如图14-31所示。

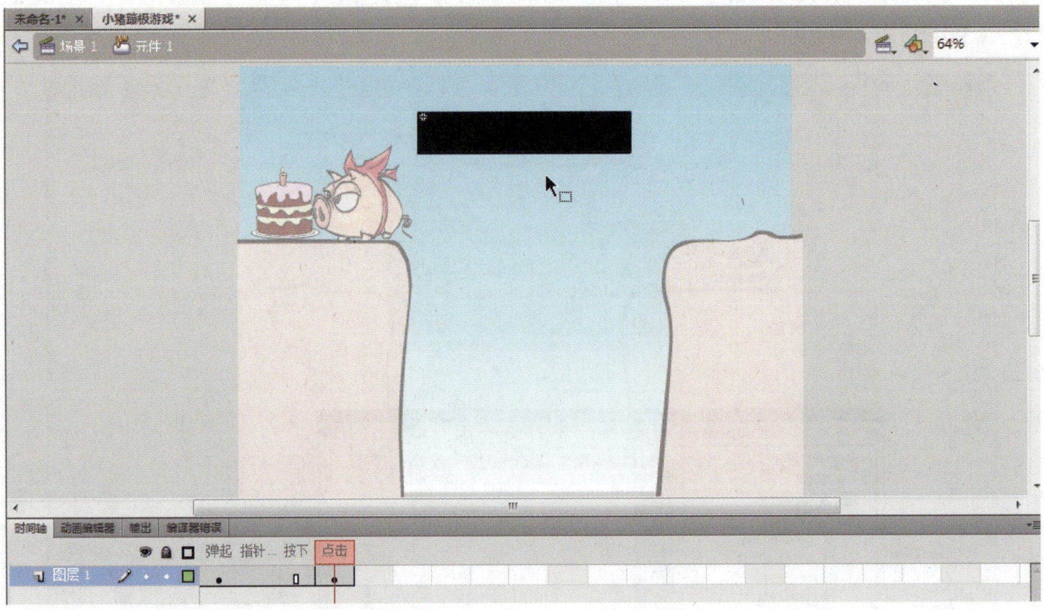

图14-31　选择工具栏中的“矩形工具”将文字覆盖至按钮感应区

（3）双击按钮空白区域回到“场景1”中，选择按钮“元件1”，点击右键，在菜单中选择“动作”选项，在弹出的“动作-按钮”对话框中键入以下动作语句：

```
on (press) {
    gotoAndPlay(1);
}
```

如图14-32所示。

图14-32　在弹出的“动作-按钮”对话框中键入动作语句

（4）在“控制”菜单下选择“测试影片”选项，测试游戏效果，并调节最后一段小猪跳过悬崖成功，如图14-33所示。

图14-33　测试游戏效果

14.7　如何使声音与游戏配合使用

（1）导入小猪跳跃和成功欢呼两个声音，打开“库”进行测试声音效果，如图14-34所示。

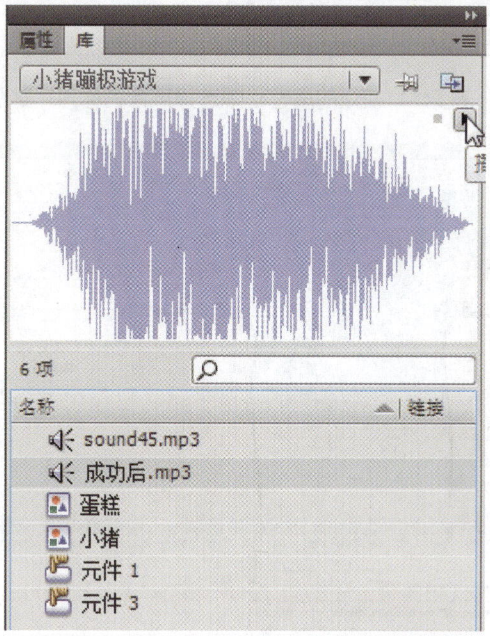

图14-34　导入小猪跳跃和成功欢呼两个声音

（2）在时间轴“小猪”层上，选择第61帧、81帧、101帧、121帧和141帧处打开属性栏中的声音，名称选择“跳跃声音”，第160帧处打开属性栏中的声音，名称选择“成功后声音”，如图14-35至图14-37所示。

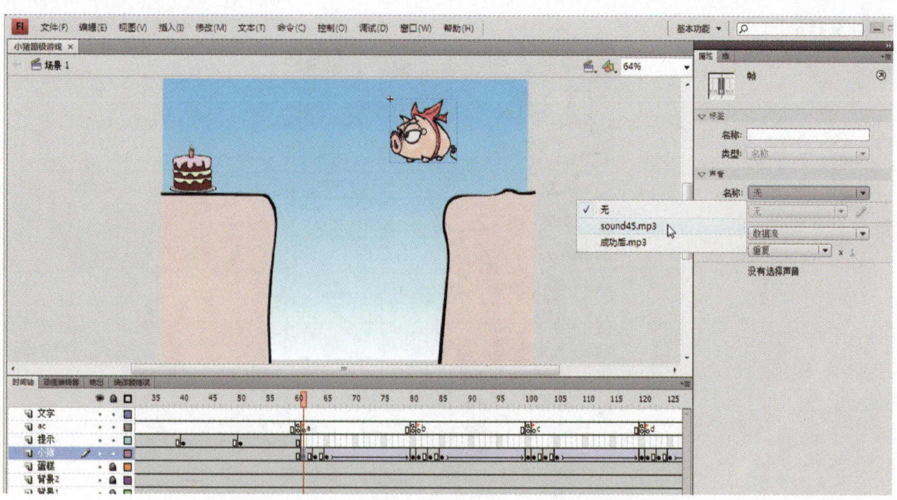

图14-35　在第61帧处的属性栏中选择声音名称为“跳跃声音”

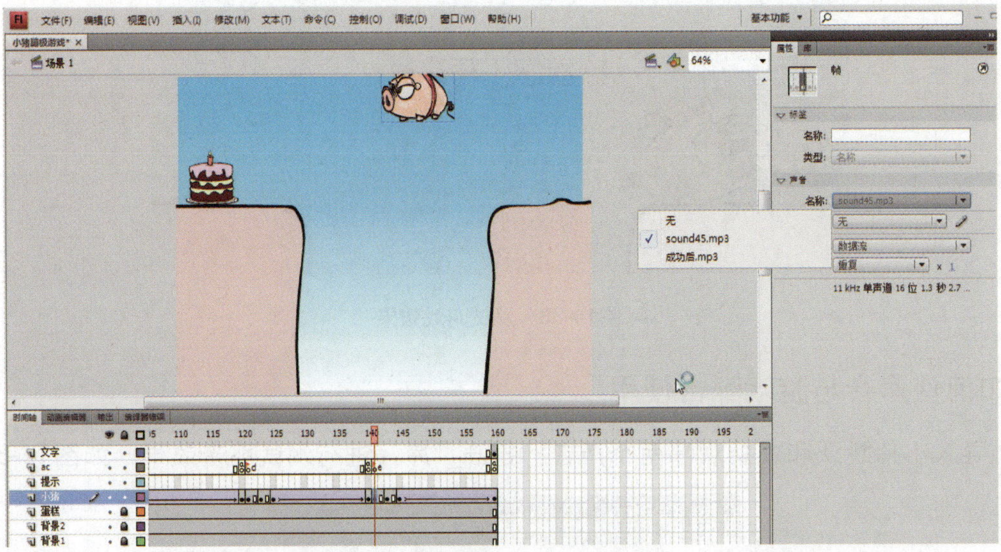

图14-36　在第141帧处的属性栏中选择声音名称为“跳跃声音”

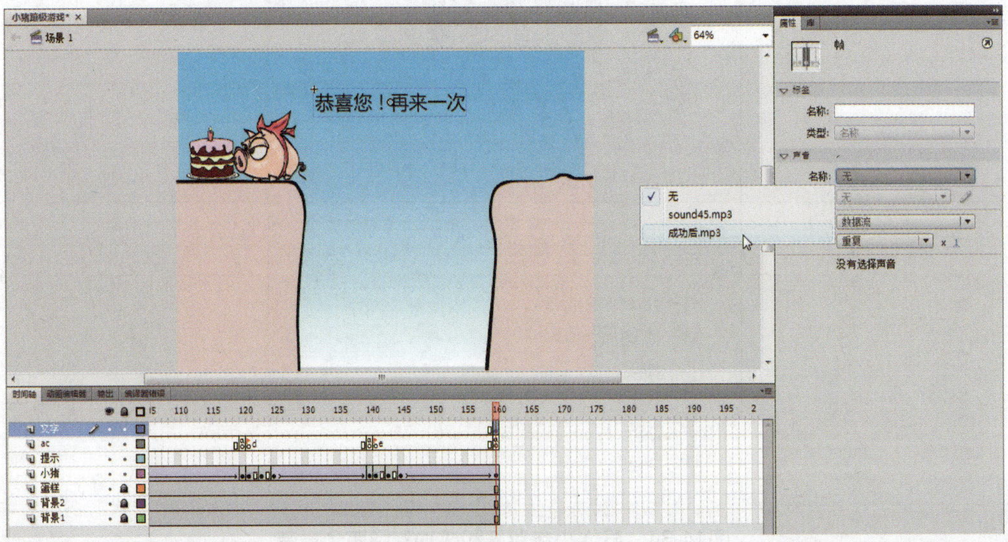

图14-37　在第160帧处打开属性栏，选择声音名称为“成功后声音”

（3）在“控制”菜单下选择“测试影片”选项，测试游戏效果。如果这时小猪的跳跃动作没有声音的话，打开属性栏中调节“同步事件”，选择“事件”选项，再次测试游戏效果，如图14-38和图14-39所示。

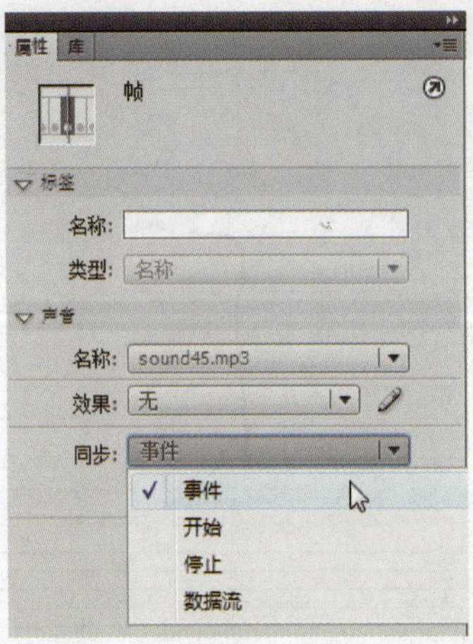

图14-38　调节“同步事件”，选择“事件”选项

图14-39 在“控制”菜单下选择“测试影片”选项，测试游戏效果

活学活用：

本实例为Flash游戏类，采用相同的技术，可以制作出不同的Flash游戏互动设计效果。

现场创作实训：

制作一个游戏互动设计动画效果。

创作要求：

（1）用Flash绘制形象或者寻找合适的图片形象。

（2）符合动画运动规律。

（3）画面色调协调统一。

（4）游戏设计寓意表达准确及创意效果。

第15章　VR虚拟空间展示

（汽车360度空间展示技术）

情景化描述：本章主要是学习和制作VR虚拟空间展示效果，利用对汽车的360度的旋转效果展示及汽车局部的车门打开来说明具体的、真实的、空间的展示动画；主要利用鼠标的左右滑动来展示汽车的空间效果；本章还要继续ActionScrip的学习及实际利用。效果图如图15-1至图15-3所示。

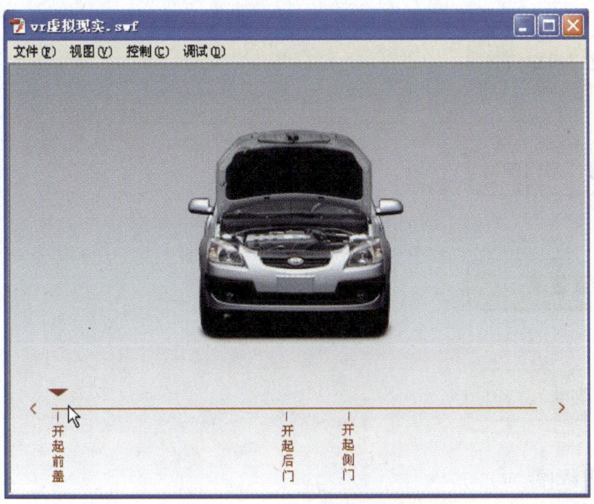

图15-1　开启前车盖效果

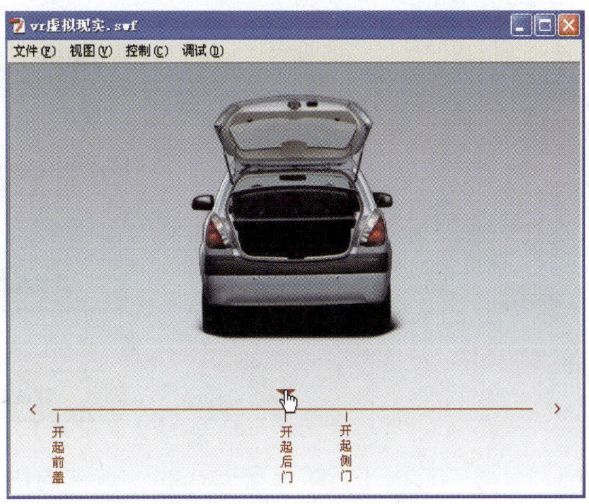

图15-2　开启后车门效果

图15-3　开启侧门效果

【学习重点】

（1）熟练制作vr虚拟空间展示效果。

（2）熟练ActionScrip的学习及实际利用。

（3）熟练使用影片剪辑和影片剪辑之间的套用关系。

制作流程图如图15-4所示。

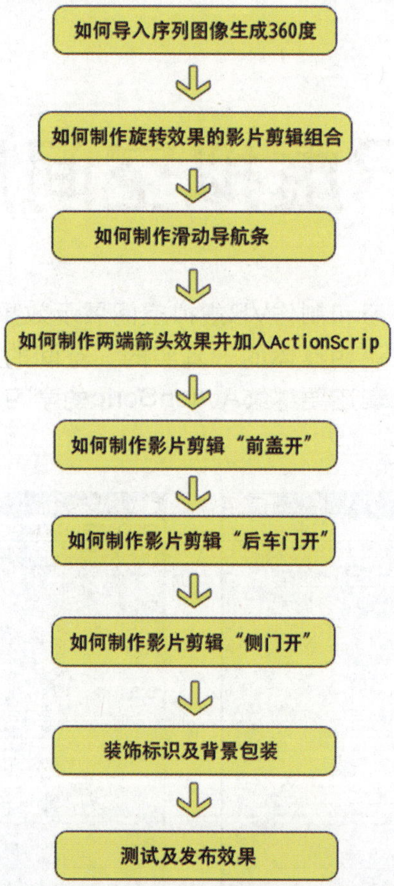

图15-4　流程图

具体制作

15.1　如何导入序列图像生成360度

（1）选择“插入”→“新建元件”，如图15-5所示。

（2）在弹出的对话框中输入名称“车”，类型选择“影片剪辑”，如图15-6所示。

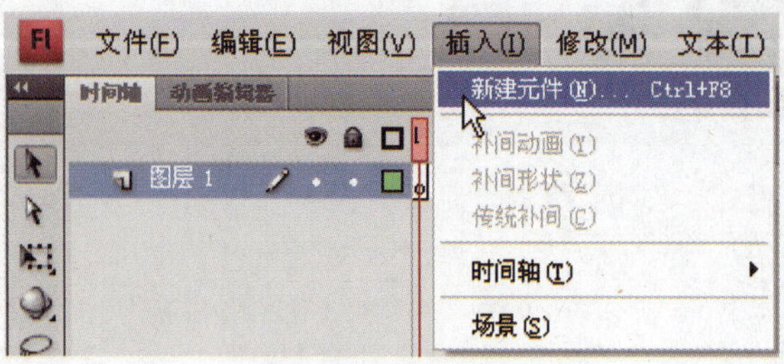

图15-5　新建元件

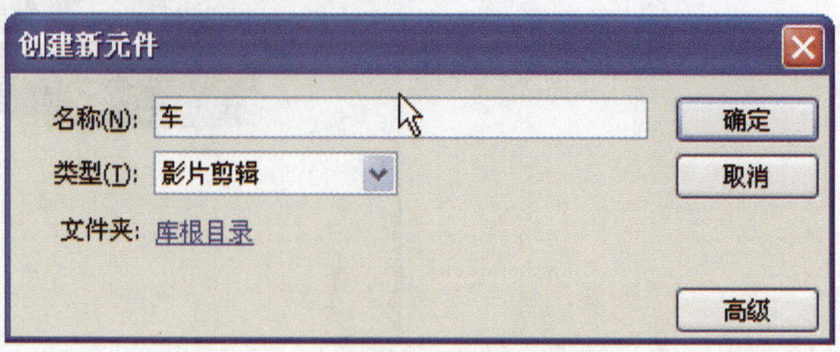

图15-6　类型选择“影片剪辑”

(3) 选择“文件”→“导入”→“导入舞台”，如图15-7所示。

(4) 在弹出的“导入”对话框中找到文件夹中的序列组成部分，选择第一张图片，切忌全部选择图片，选择第一张后点击确定，如图15-8所示。

(5) 在弹出的对话中选择“是”按钮，如图15-9所示。

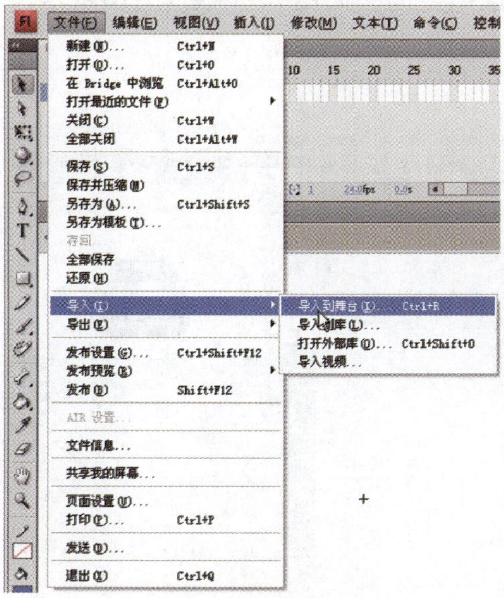

图15-7 “导入”选项下的“导入舞台”

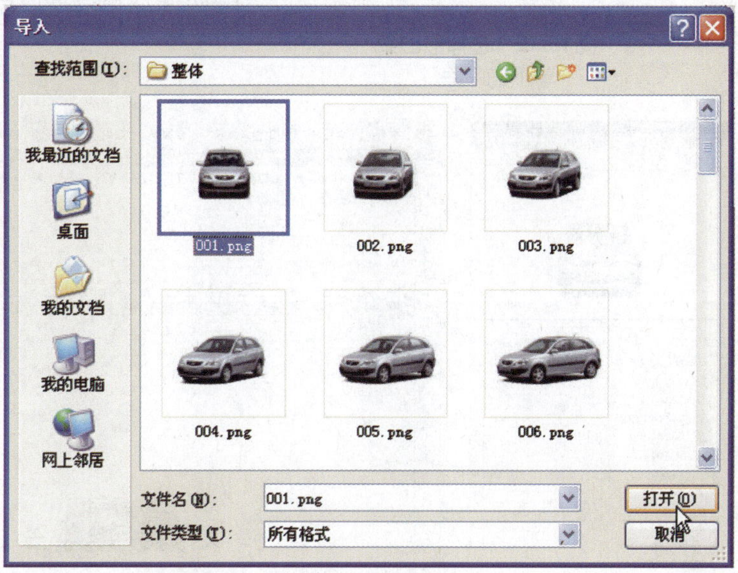

图15-8 用鼠标左键选择第一张图片

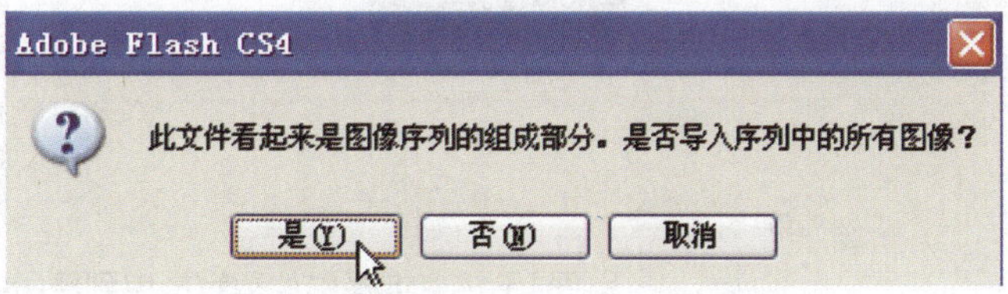

图15-9 在弹出的对话中选择“是”

(6) 影片剪辑“车”的舞台中将出现序列组成部分。虽然是在舞台中有序列组成部分，但测试时画面中并没有图像出现。这是因为导入的序列组成图像是在影片剪辑“车”中，而没有在场景1中，所以要回到场景1中，效果图如图15-10和图15-11所示。

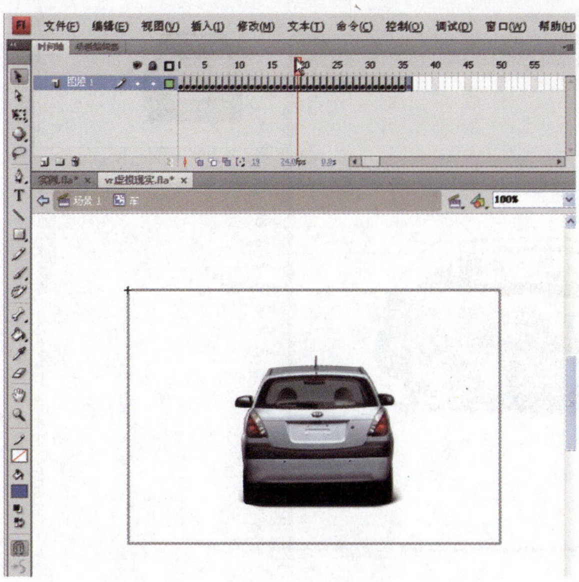

图15-10 舞台上将出现序列组成部分

图15-11 回到场景1中

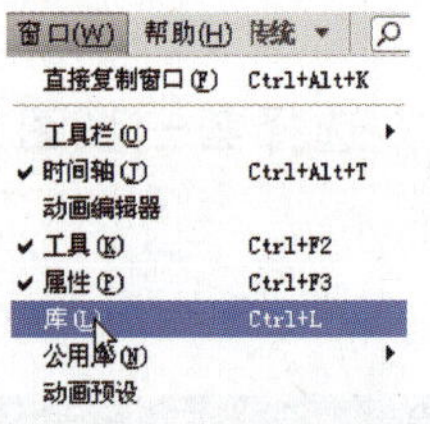

图15-12　选择窗口菜单下的“库”

（7）将影片剪辑“车”拖曳到场景1中，如图15-12和图15-13所示。

（8）选择“窗口”→“库”，在弹出的对话框中选择影片剪辑拖曳到舞台中，这样我们测试时舞台中就会有自动播放的车的VR虚拟空间，如图15-14图15-15所示。

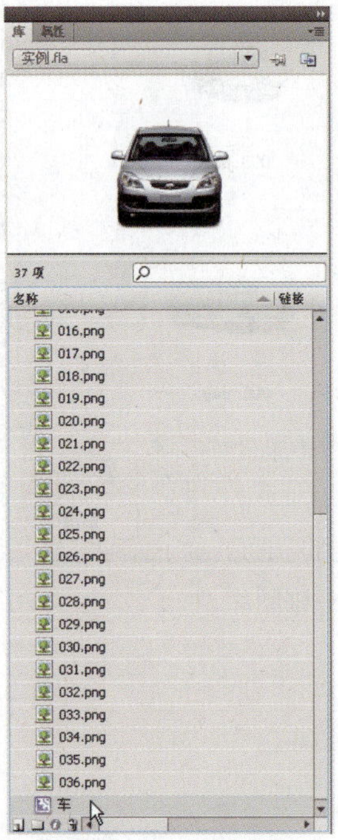

图15-13　选择影片剪辑拖曳到舞台中

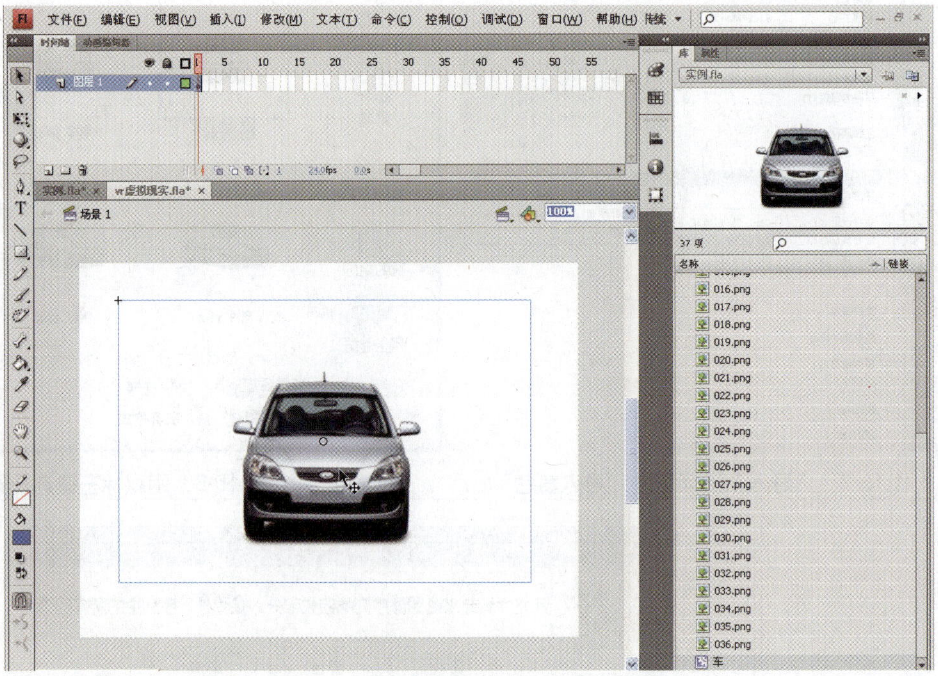

图15-14　选择影片剪辑拖曳到舞台中

图15-15　测试发布

15.2 如何制作旋转效果的影片剪辑组合

（1）用鼠标点击舞台中的影片剪辑“车”，打开属性栏，命名为“vr_images”，这里需要注意是名称只能用英文或者英文与数字的组合，中文或者是数字都不可以操作。效果图如图15-16所示。

提示： 为了更好地控制影片剪辑中的内容使其能够在一个影片剪辑中受到控制，我们要制作一个主要的影片剪辑“main”。

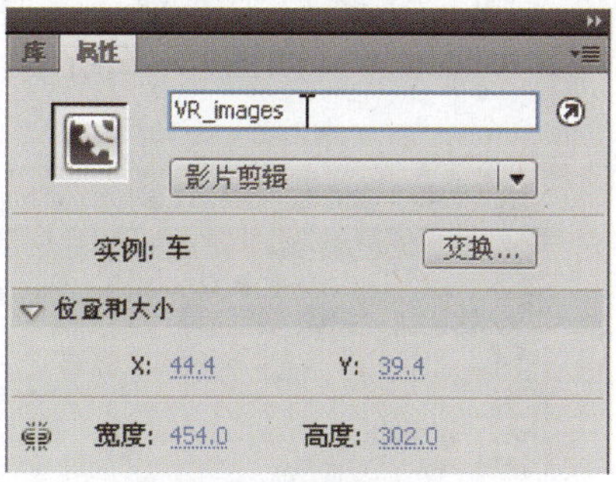

图15-16 在属性栏中，命名为“vr_images”

（2）在“车”的影片剪辑上，点击右键，在弹出的菜单中选择“转化为元件”按钮，效果图如图15-17所示。

（3）在弹出的对话框中将类型改为“影片剪辑”，名称输入“main”，打开属性栏，命名为“main”，这里需要注意的是名称只能用英文或者英文跟数字的组合，中文或者是数字都不可以操作，如图15-18和图15-19所示。

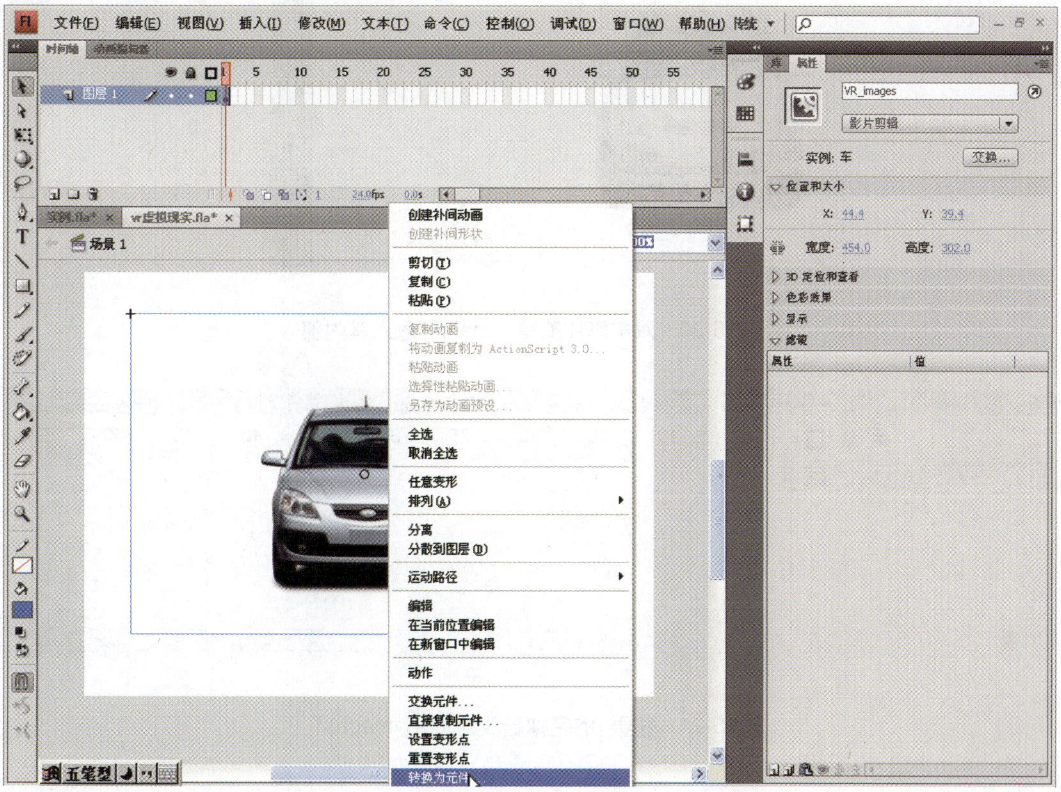

图15-17 在弹出的菜单中选择“转化为元件”

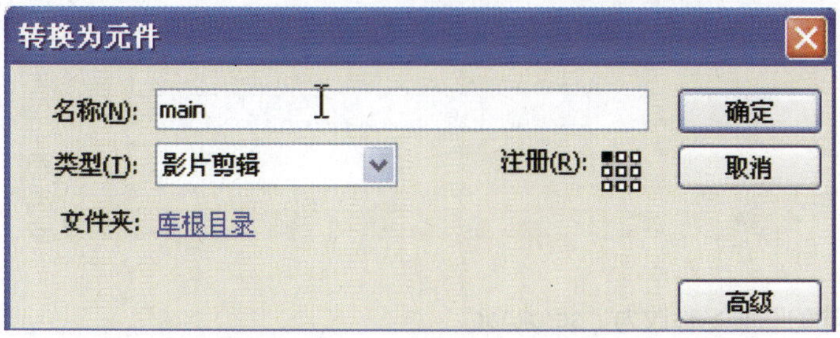

图15-18 类型改为“影片剪辑”，名称输入“main”

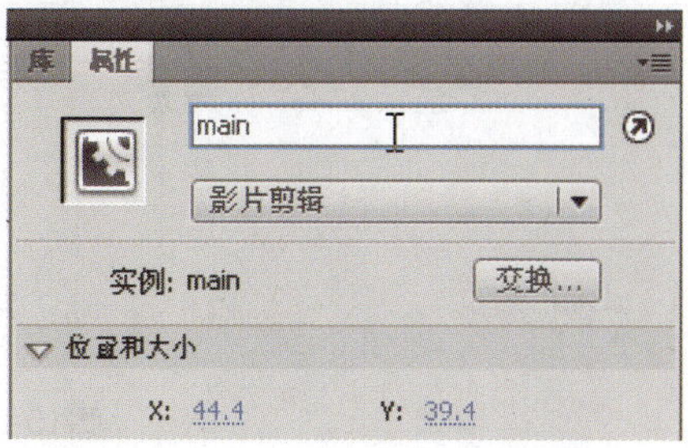

图15-19 在属性栏命名为“main”

（4）双击影片剪辑“main”进入其内部，如图15-20所示。

（5）为了更好地管理图层，将图层1的名称更改为“vr_images”，如图15-21所示。

（6）在舞台中新建一个图层，在其中新建一个控制按钮热区，新建的图层名称改为“scrollbar”，如图15-22所示。

图15-20　双击影片剪辑“main”进入其内部

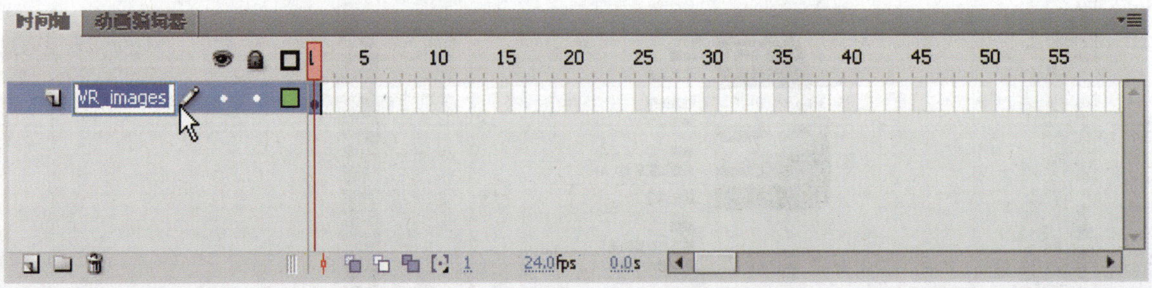

图15-21　图层1的名称更改为“vr_images”

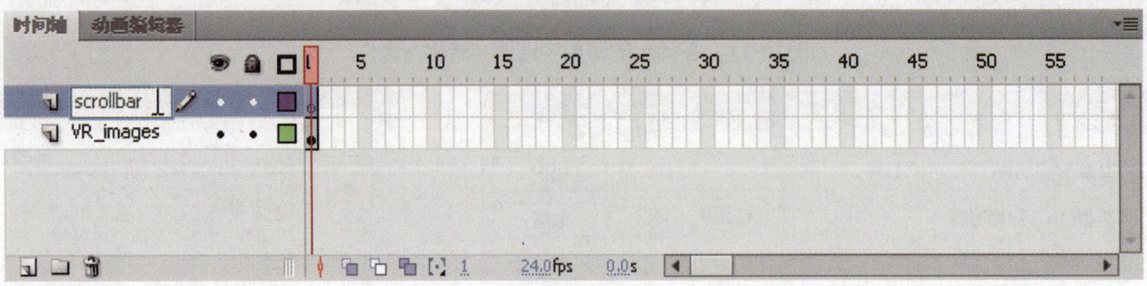

图15-22　新建的图层名称改为“scrollbar”

（7）鼠标激活“scrollbar”层，在舞台中绘制一个按钮；然后鼠标双击新建的“scrollbar”按钮，进入其内部进行编辑，如图15-23所示。

图15-23 在舞台中选择巨形工具绘制其图形

（8）在弹出的按钮的时间轴上“点击”帧上“插入关键帧”，如图15-24所示。

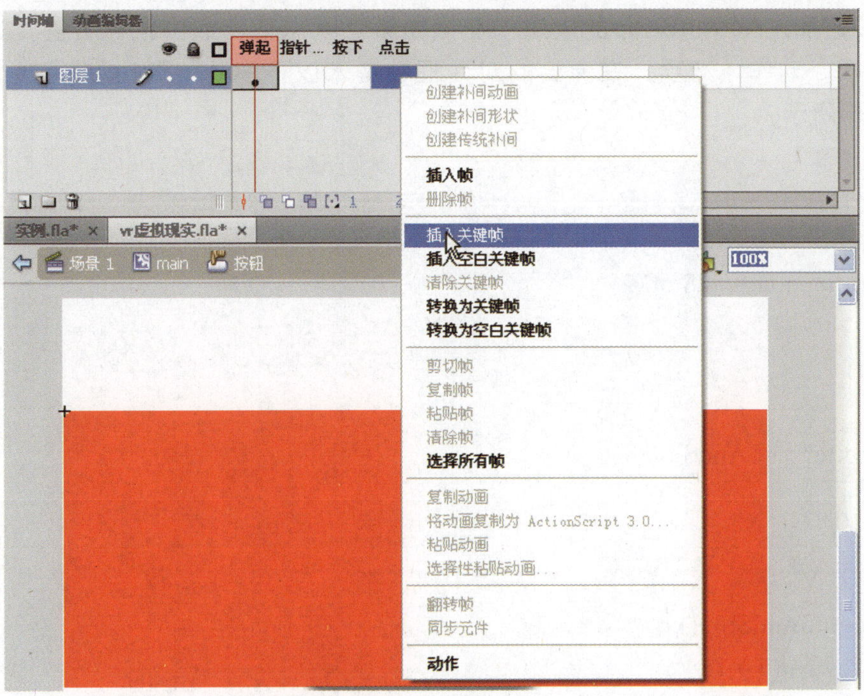

图15-24 选择插入关键帧

（9）将前3帧的内容删掉，这样可以将本按钮回到上一级中，此时看到按钮呈现绿色的热区，在测试发布时鼠标能够起到滑动的作用，这样做的前提是ActionScrip的学习及利用，如图15-25所示。

（10）用鼠标点击舞台中的“main”，进入上一级快捷方式，如图15-26所示。

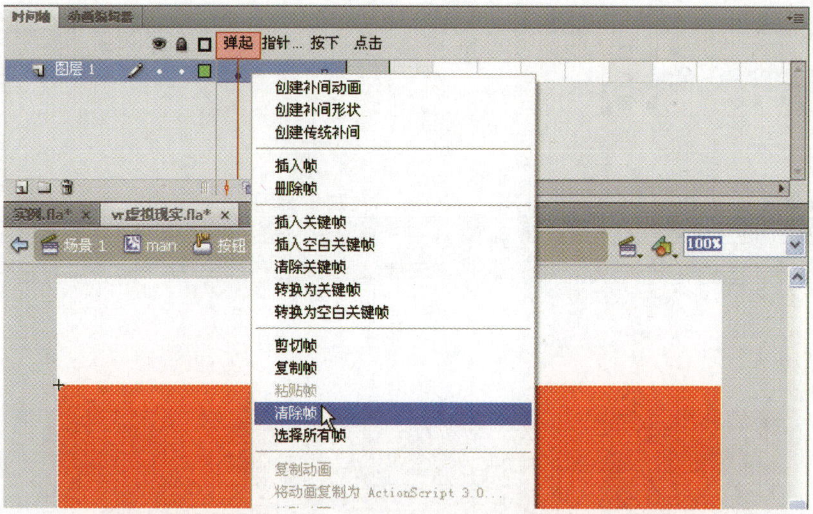

图15-25　选择清除帧

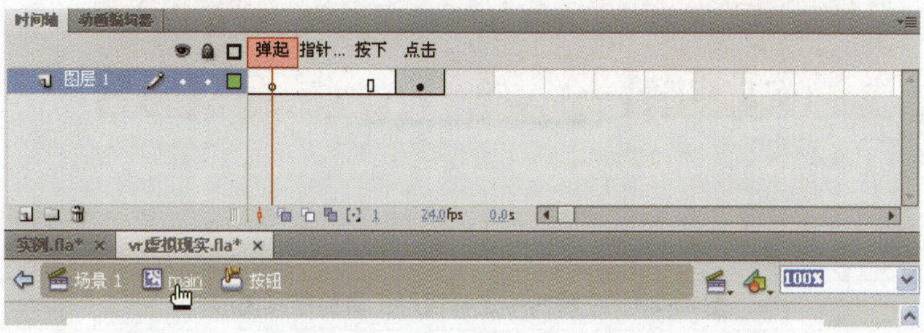

图15-26　点击舞台中的“main”，进入上一级快捷方式

（11）为按钮加入ActionScrip的应用：在按钮激活状态下，点击鼠标右键，选择动作，在弹出菜单中选择“动作”选项，在弹出的对话框中键入以下ActionScrip的代码，效果图如图15-27和图15-28所示。

```
on (rollOver)
{
_parent.scroller.gotoAndStop(2);
}
on (rollOut)
{
_parent.scroller.gotoAndStop(1);
}
on (press)
{
_root.main.gotoAndStop(1);
_parent.pViewNum = 1;
_parent.pPressedB = 1;
}
on (release, releaseOutside)
{
_root.main.gotoAndStop(1);
```

```
_parent.pPressedB = 0;
}
```

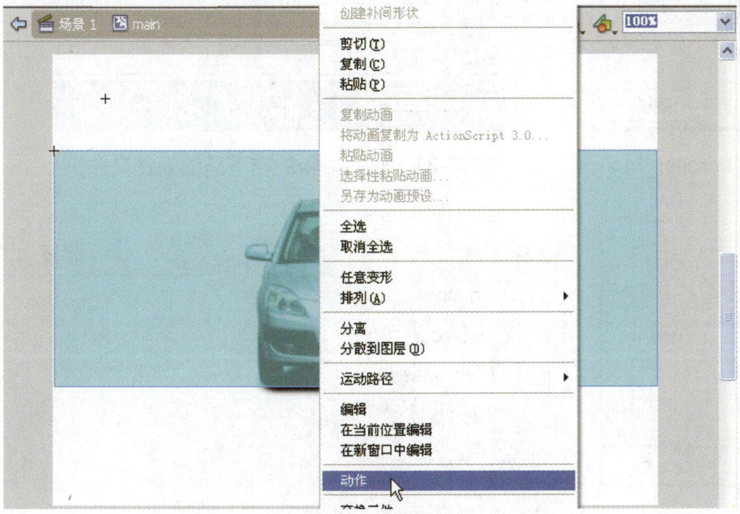

图15-27　在弹出的菜单中选择“动作”

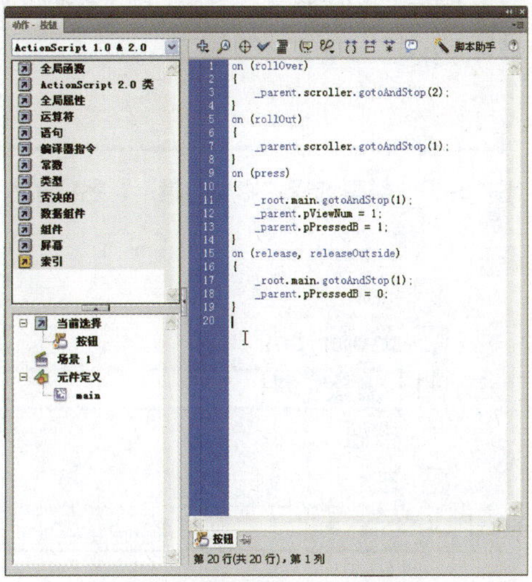

图15-28　对话框中键入命令

（12）在新建的影片剪辑被激活状态下，点击鼠标右键，在弹出菜单中选择“转换为元件”，在弹出的“转换为元件”对话框中将“类型”选择为“影片剪辑”、“名称”输入“scroller_btn”，点击“确定”，效果图如图15-29和图15-30所示。

（13）选择菜单栏中“窗口”下的“库”选项，“库”中的文件已经很多，为了更好地管理文件，可以将图像放在一个文件里，用鼠标选择“库”中左下角的“新建文件夹”，将“车”的图像文件都拖曳到新建文件夹中，将名称改为“VR_images”，效果图如图15-31至图15-33所示。

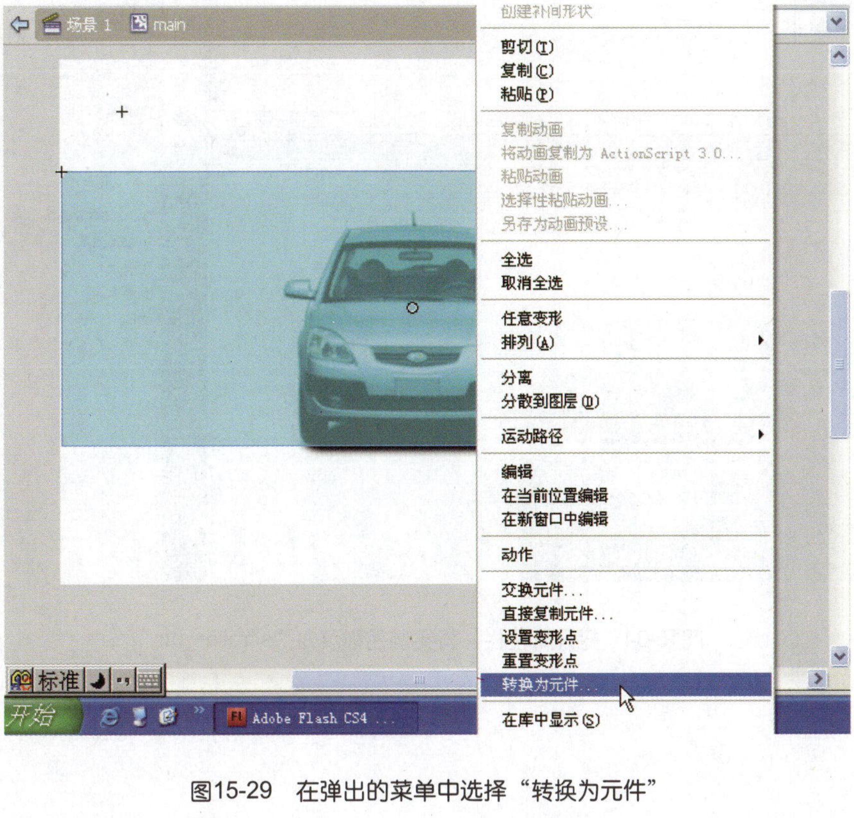

图15-29　在弹出的菜单中选择“转换为元件”

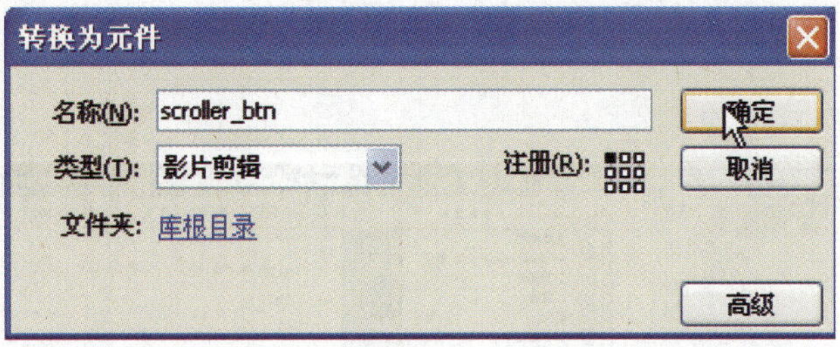

图15-30　类型选择“影片剪辑”，名称输入“scroller_btn”

图15-31　“库”中的左下角的新建文件夹

图15-32　在“库”中将名称改为“VR_images”

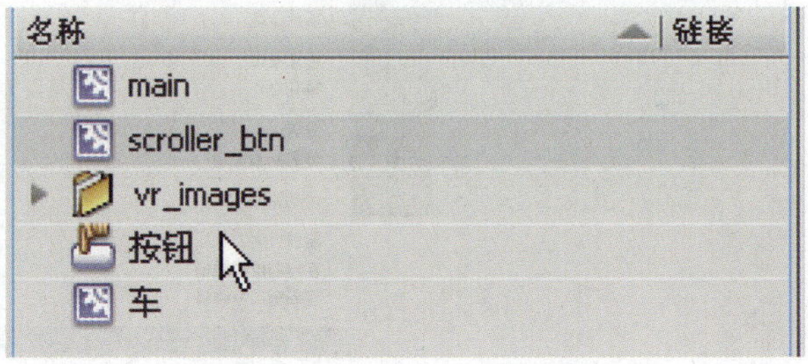

图15-33　文件夹可以打开并关闭

（14）点击鼠标左键选择影片剪辑“scroller_btn”，点击鼠标左键打开属性栏，将实例名称改为“scroller_btn”。将影片剪辑转化为影片剪辑“scrollbar”，在影片剪辑“scroller_btn”被激活状态下，点击鼠标右键，在弹出的菜单栏中选择“转化为元件”选项。在弹出的“转化为元件”对话框中将类型选择为“影片剪辑”，名称键入“scrollbar”，如图15-34至图15-36所示。

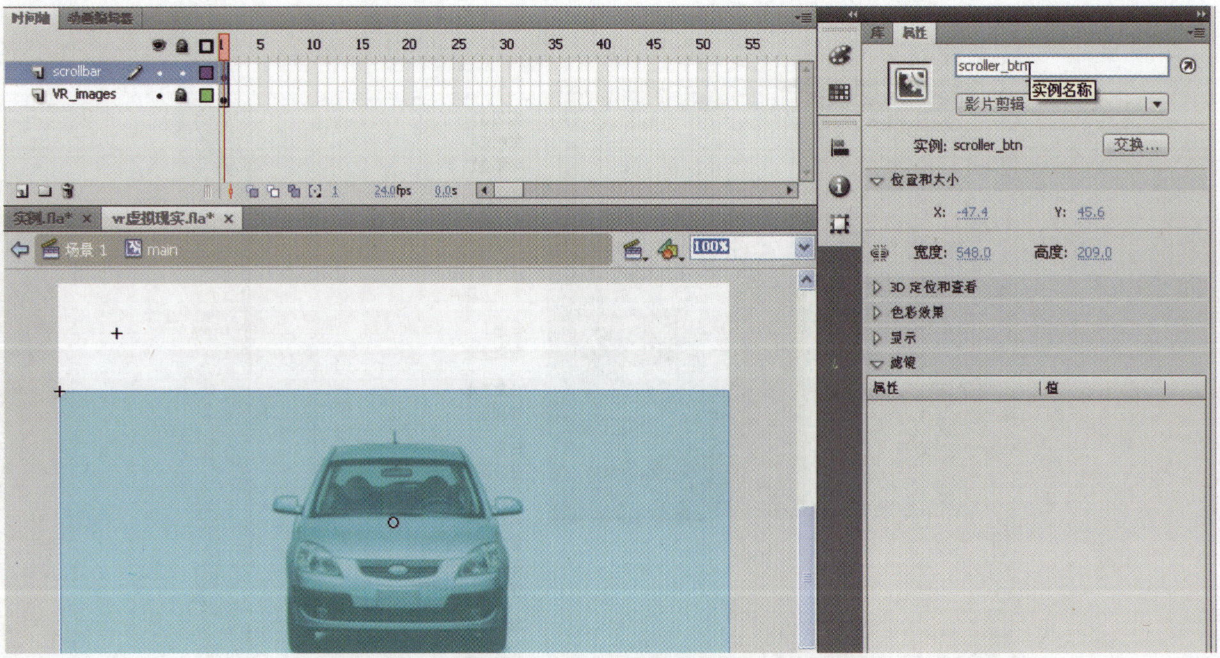

图15-34　打开属性栏，将实例名称改为“scroller_btn”

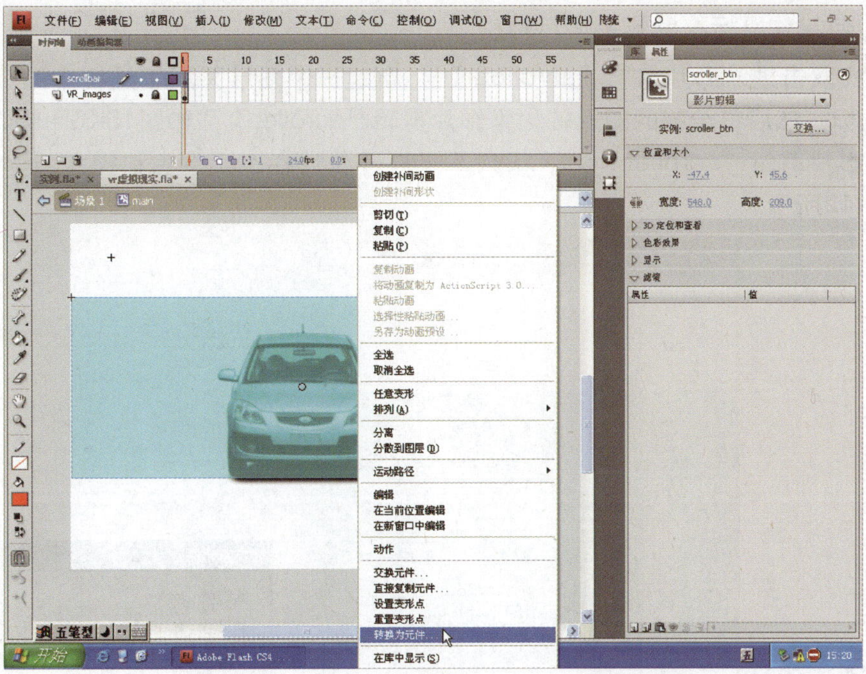

图15-35　在菜单栏中选择“转化为元件”选项

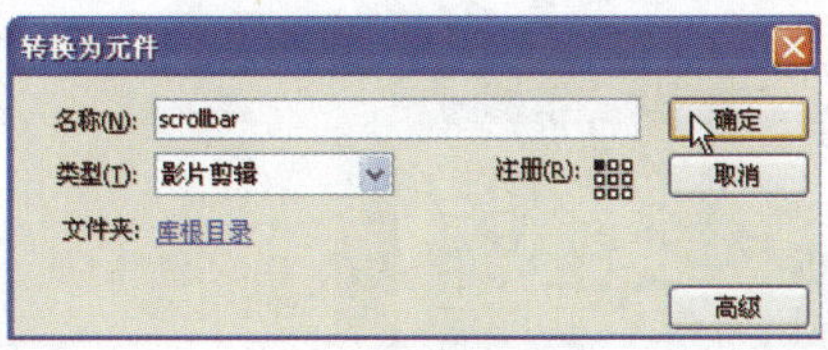

图15-36　在对话框中选择类型为“影片剪辑”

图15-37　用快捷方式进入“scrollbar”的层级中

（15）点击舞台中的左上角快捷方式，进入“scrollbar”的层级中，打开属性栏，将实例名称改为“scrollbar”，如图15-37和图15-38所示。

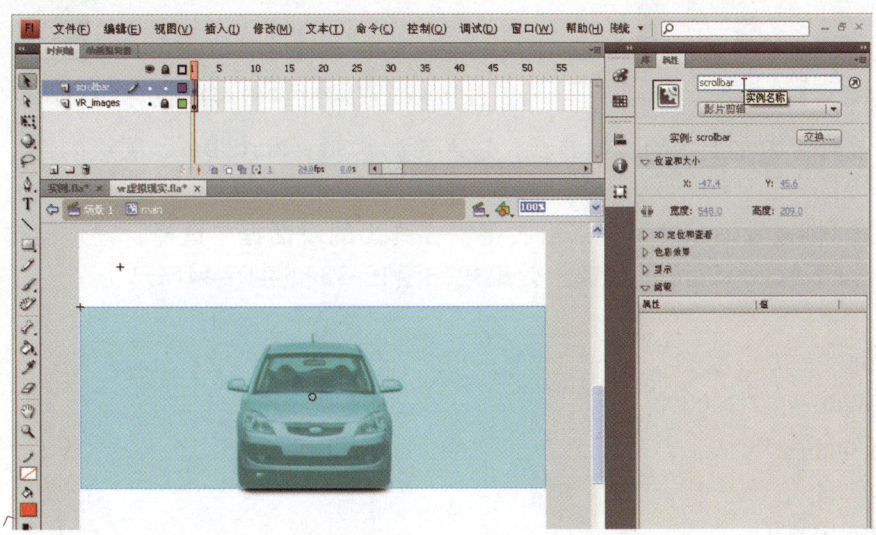

图15-38　将实例名称改为“scrollbar”

提示：如何制作鼠标拖曳效果显示标。

（16）鼠标双击进入影片剪辑“scrollbar”，新建一个图层并用工具栏中的“绘制工具”绘制出三角显示标，然后将绘制的图形转化为影片剪辑“scroller”，如图15-39和图15-40所示。

（17）在影片剪辑“scroller”激活状态下，打开属性栏，实例名称键入“scroller”，如图15-41和图15-42所示。

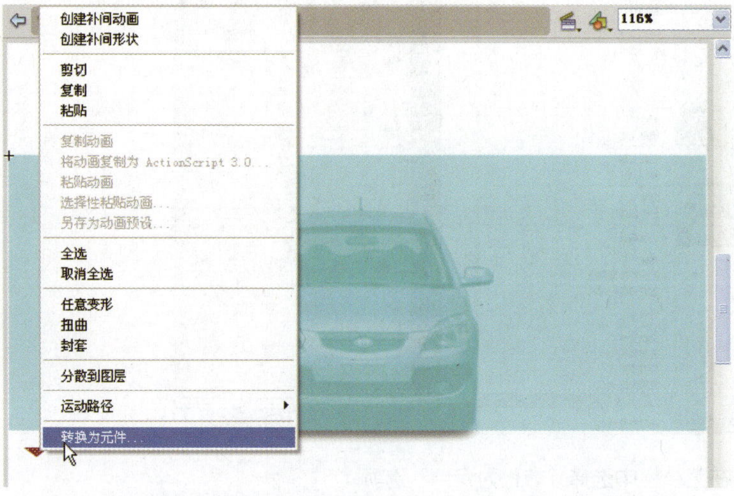

图15-39 将绘制的图形转化为影片剪辑“scroller”

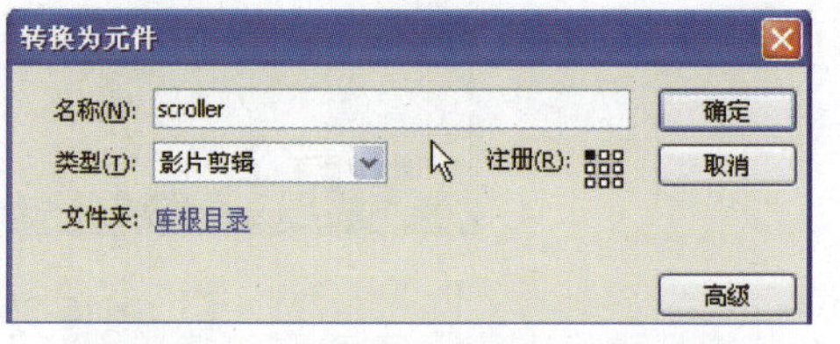

图15-40 将类型转化为影片剪辑并键入名称“scroller”

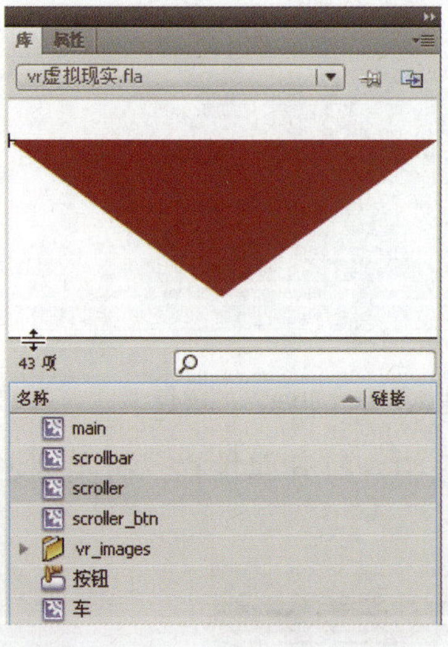

图15-41 “库”中显示效果

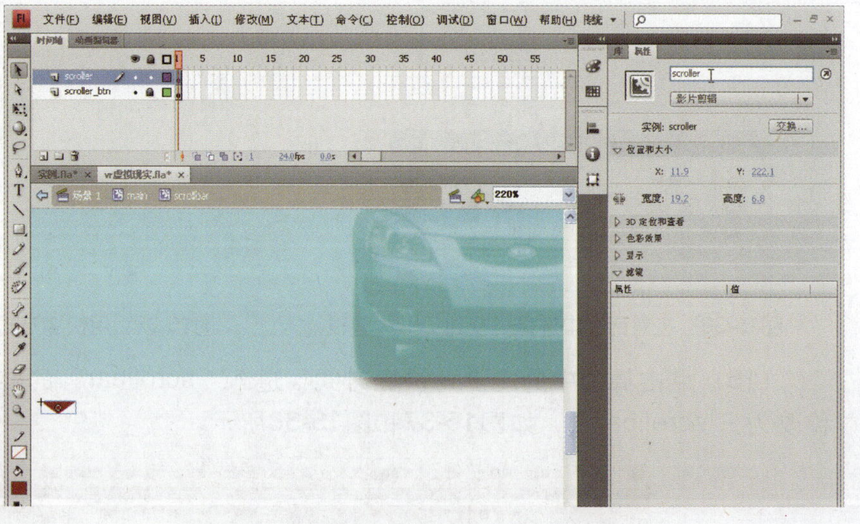

图15-42 在属性栏中键入实例名称“scroller”

（18）通过舞台中左上角的快捷方式，进入影片剪辑“scrollbar”层级内部，在时间轴上新建图层“ac层”。

（19）在第1帧被激活状态下，点击右键，在弹出的对话框中选择“动作”选项，在弹出的对话框中键入以下ActionScrip的代码，效果图如图15-43和图15-44所示。

```
var pTargetN = 10;
var pBarWidth = 12.200000;
var pBarCount = 38;
var pTargetX;
var pPressedB = 0;
var pPressedB2 = 0;
```

```
var pStartB = 0;
var pViewNum = -10;
var pViewNum2 = -10;
```

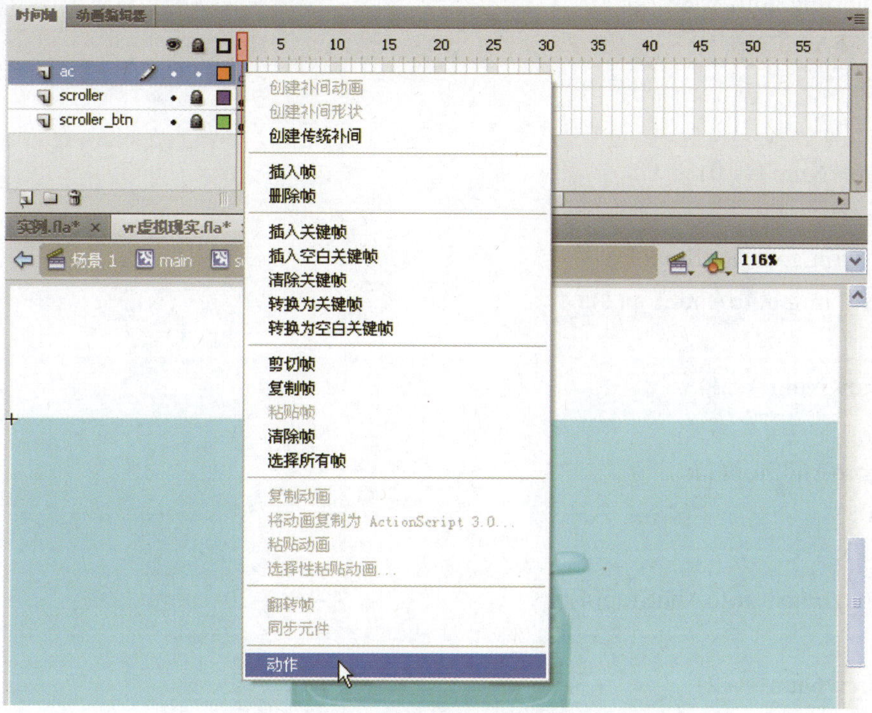

图15-43　在弹出的对话框中选择“动作”选项

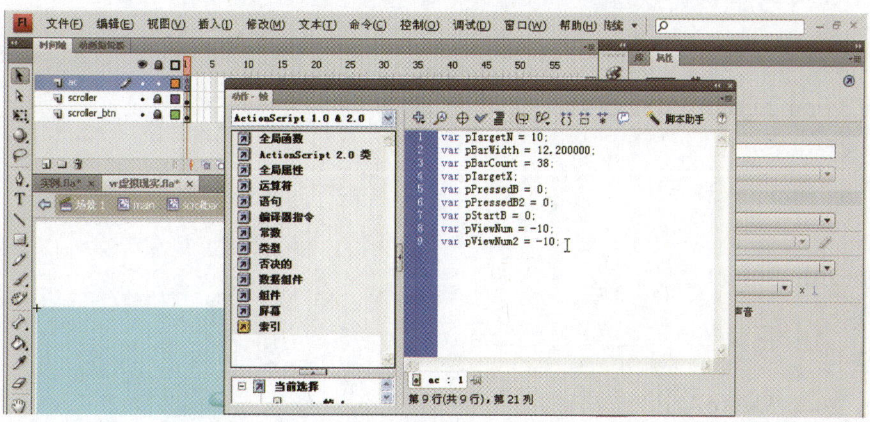

图15-44　在弹出的对话框中键入ActionScrip的代码

（20）在第2帧处插入关键帧，点击鼠标右键，在弹出菜单中选择“插入关键帧”。

（21）在第2帧被激活的状态下，点击鼠标右键，在弹出菜单中选择“动作”选项，在弹出动作对话框中键入以下ActionScrip的代码；

效果图如图15-45和图15-46所示。

```
if (pViewNum != pViewNum2)
{
_parent.btn_zoom1.gotoAndStop(1);
_parent.btn_zoom2.gotoAndStop(1);
_parent.btn_zoom3.gotoAndStop(1);
```

```
if (pViewNum == -1)
{
_parent.explain.gotoAndStop(1);
_parent.mag_img.gotoAndStop(1);
btn_play.gotoAndStop(1);
pPlayB = 0;
}
else if (pViewNum == 0)
{
_parent.explain.gotoAndStop(1);
_parent.mag_img.gotoAndStop(1);
}
else if (pViewNum == 1)
{
btn_play.gotoAndStop(1);
pPlayB = 0;
pTargetN = 8;
_parent.btn_zoom1.gotoAndStop(4);
}
else if (pViewNum == 2)
{
btn_play.gotoAndStop(1);
pPlayB = 0;
pTargetN = 14;
_parent.btn_zoom2.gotoAndStop(4);
}
else if (pViewNum == 3)
{
btn_play.gotoAndStop(1);
pPlayB = 0;
pTargetN = 1;
_parent.btn_zoom3.gotoAndStop(4);
} // end if
pViewNum2 = pViewNum;
} // end if
if (pPlayB == 1)
{
if (_parent.vr_images._currentFrame == pBarCount)
{
_parent.vr_images.gotoAndStop(1);
pTargetN = 1;
pPlaySpeed = 1;
}
```

```
else if (pPlaySpeed == 1)
{
_parent.vr_images.gotoAndStop(_parent.vr_images._currentFrame + 1);
pTargetN++;
pPlaySpeed = 0;
}
else
{
pPlaySpeed = 1;
} // end if
pTargetX = pBarWidth * (pTargetN - 1) + 3;
scroller._x = pTargetX;
}
else if (pPressedB == 0)
{
pPressedB2 = 0;
pTargetX = pBarWidth * (pTargetN - 1) + 3;
scroller._x = scroller._x + (pTargetX - scroller._x) * 0.200000;
if (pTargetN < _parent.vr_images._currentFrame)
{
_parent.vr_images.gotoAndStop(_parent.vr_images._currentFrame - 1);
}
else if (_parent.vr_images._currentFrame < pTargetN)
{
_parent.vr_images.gotoAndStop(_parent.vr_images._currentFrame + 1);
} // end if
}
else if (pPressedB2 == 0)
{
pPressedB2 = 1;
initialX = _xmouse;
initialY = _ymouse;
movieX = scroller._x;
movieY = scroller._y;
}
else
{
pTargetN = Math.floor((scroller._x + pBarwidth / 2) / pBarWidth) + 1;
if (_parent.vr_images._currentFrame < pTargetN)
{
_parent.vr_images.gotoAndStop(_parent.vr_images._currentFrame + 1);
}
else if (pTargetN < _parent.vr_images._currentFrame)
```

```
{
_parent.vr_images.gotoAndStop(_parent.vr_images._currentFrame - 1);
} // end if
movieX2 = movieX + _xmouse - initialX;
if (movieX2 < 3)
{
scroller._x = 3;
}
else if (pBarWidth * (pBarCount - 1) + 3 < movieX2)
{
scroller._x = pBarWidth * (pBarCount - 1) + 3;
}
else
{
scroller._x = movieX2;
} // end if
} // end if
scroller_btn._x = scroller._x;
```

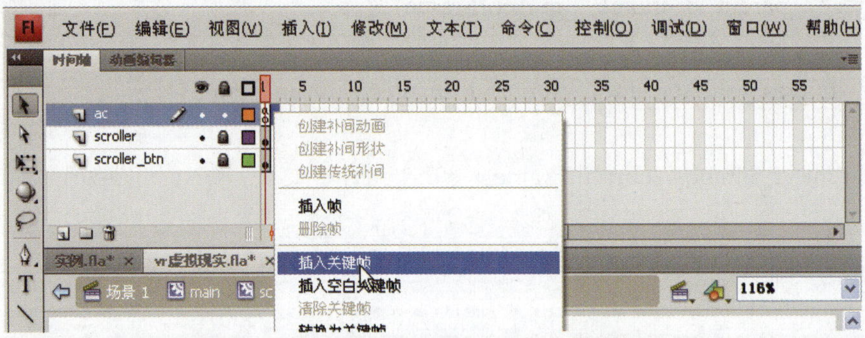

图15-45　在弹出的菜单中选择“插入关键帧”

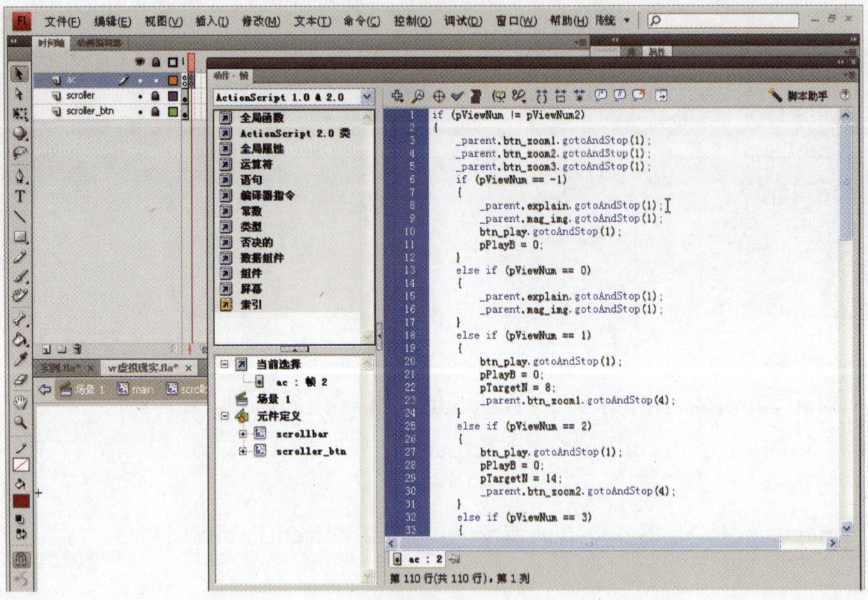

图15-46　在对话框中键入ActionScrip的代码

（22）第3帧处插入关键帧，点击鼠标右键，在弹出菜单中选择“插入关键帧”选项。

（23）第3帧被激活的状态下点击鼠标右键，在弹出菜单中选择“动作”选项，在弹出的动作的对话框中键入以下ActionScrip的代码，然后将其他层位置延长，点击鼠标右键，选择“插入帧”即可，效果图如图15-47和图15-48所示。

```
prevFrame();
play();
```

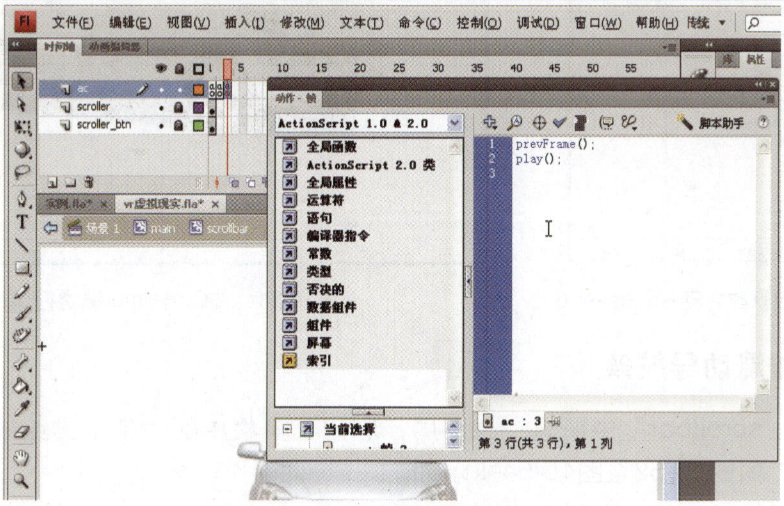

图15-47 键入ActionScrip代码

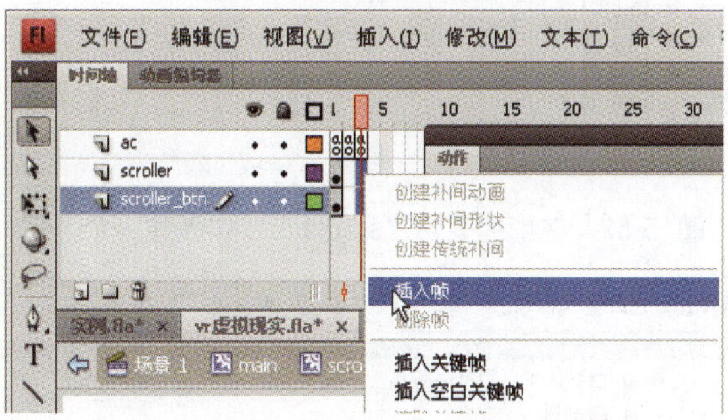

图15-48 选择“插入帧”

提示：发布测试汽车虚拟效果。

（24）用鼠标选择“文件”→“发布设置”选项，如图15-49所示。

（25）在弹出的对话框中选择Flash菜单中的播放器，改为Flash Player 6，如图15-50所示。

（26）按Ctrl+Enter键进行测试，这时已经可以用鼠标滑动并旋转360度，如图15-51所示。

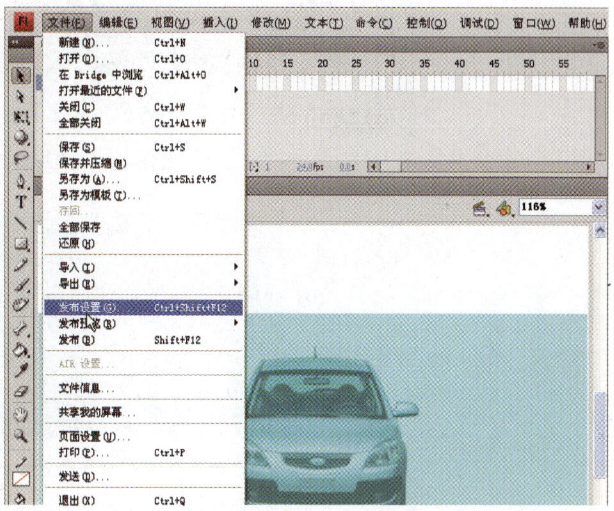

图15-49 选择文件菜单中的发布设置选项

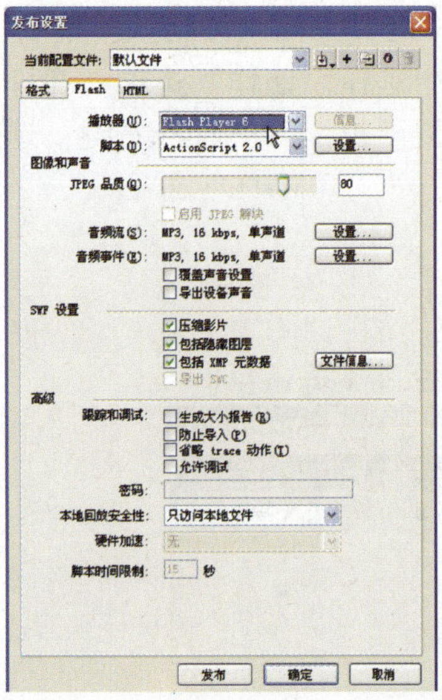

图15-50　播放器改为Flash Player 6

图15-51　按Ctrl+Enter键进行测试

15.3　如何制作滑动导航条

在影片剪辑“scrollbar”中新建一个图层，利用工具栏中的线条工具绘制一条直线，位置在三角尖头下面，如图15-52至图15-54所示。

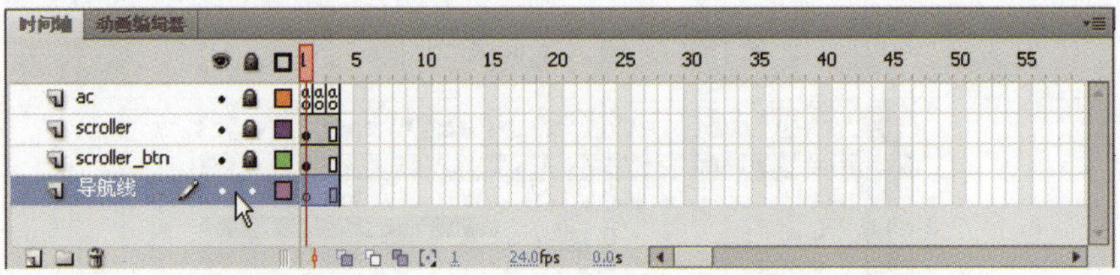

图15-52　在影片剪辑“scrollbar”中新建一个图层

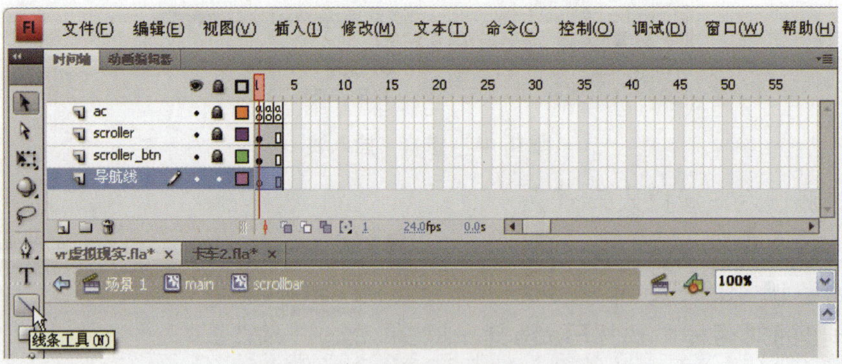

图15-53　用线条工具绘制一条直线

图15-54　调整位置

15.4 如何制作两端箭头效果并加入ActionScrip

（1）将影片剪辑“scrollbar”中的新建图层命名为“方向箭头”，并转为按钮元件，在“点击”区域内将按钮感应区绘制出大点的区域，以方便测试的感应。

（2）在左边箭头按钮元件上，点击鼠标右键，在弹出菜单中选择“动作”选项，在弹出的“动作”对话框中键入以下ActionScrip的代码；

如效果图15-55所示。

```
on (release)
{
_root.main.gotoAndStop(1);
pViewNum = -1;
if (pTargetN > 1)
{
pTargetN--;
} // end if

}
```

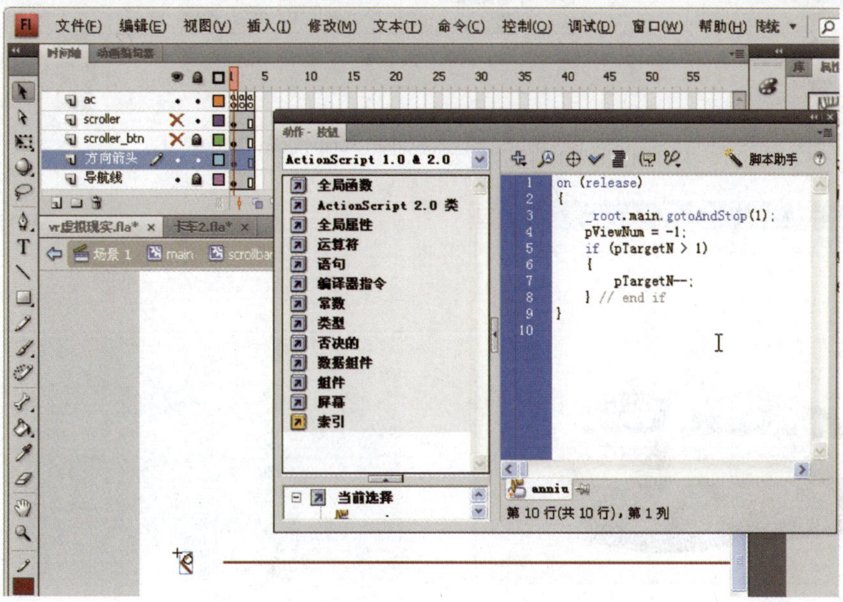

图15-55 键入ActionScrip代码

提示：将左边箭头复制到右边来，并将其位置进行翻转。

（3）在被激活的状态下，点击鼠标右键，在弹出的菜单中选择“动作”选项，在弹出的动作对话框中键入以下ActionScrip的代码；最后测试发布。由于箭头与感应区的位置没有对齐，需要进入感应区用鼠标来对齐位置，效果图如图15-56至图15-58所示。

```
on (release)
{
_root.main.gotoAndStop(1);
pViewNum = -1;
```

```
if (pTargetN < 38)
{
pTargetN++;
} // end if

}
```

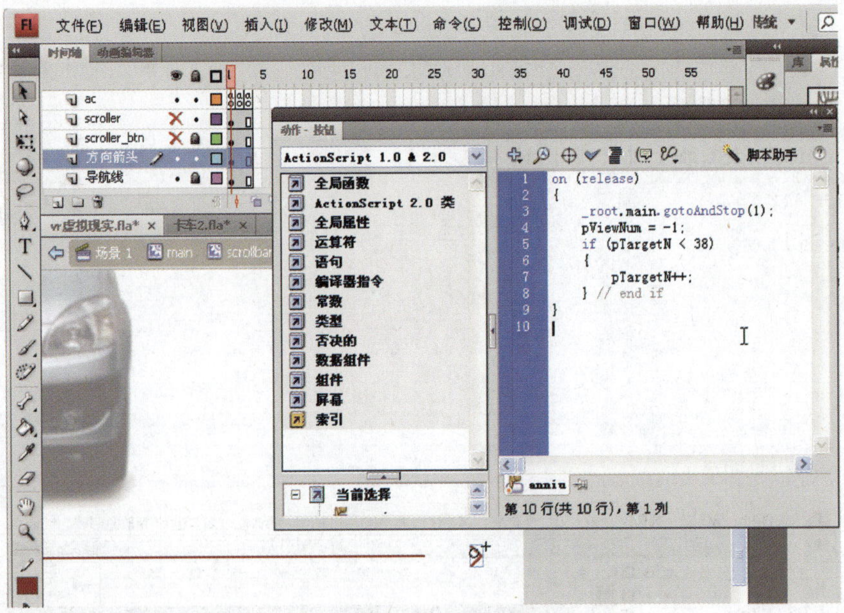

图15-56　键入ActionScrip代码

图15-57　测试发布

图15-58　用鼠标对齐感应区位置

提示：为了使影片剪辑在ActionScrip内部运行时能够顺利打开局部的动画，实现更好的交互动画展示效果。

15.5　如何制作影片剪辑“前盖开”

提示：

（1）鼠标双击影片剪辑“车”进入其内部的舞台。

（2）在第1帧位置插入关键帧，将播放前的车盖序列图像动画导入到新建影片剪辑中，如

图15-59所示。

（3）选择“插入”→“新建元件”，如图15-60所示。

（4）在弹出的“创建新元件”对话框中键入名称“前车盖”，将类型改为“影片剪辑”，单击“确定”，这时舞台中是新建影片剪辑，如图15-61所示。

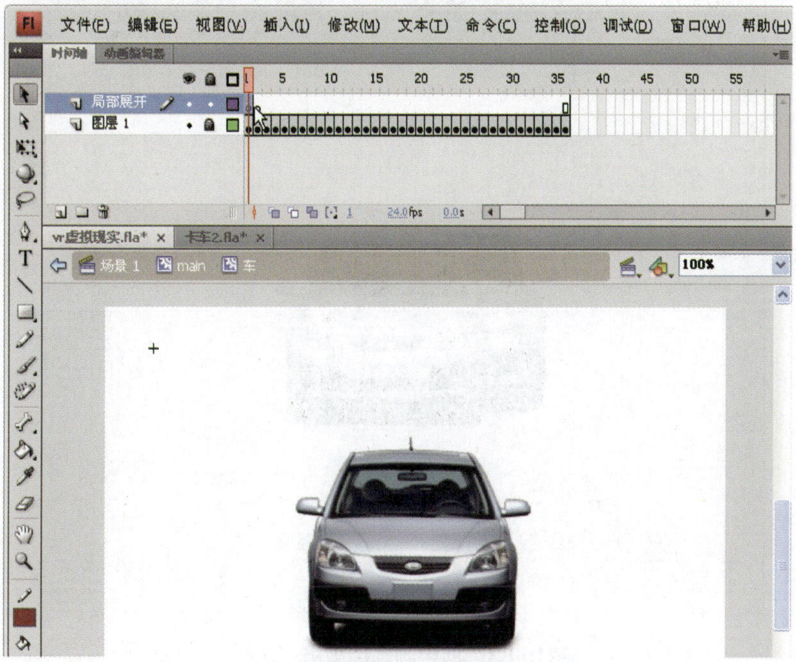

图15-59 在第1帧的位置插入关键帧

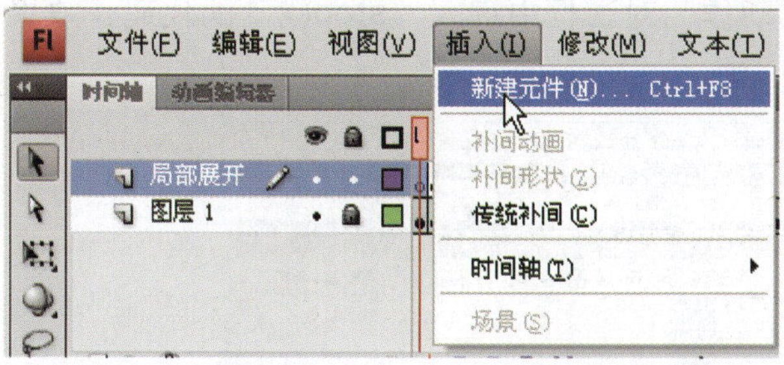

图15-60 用鼠标左键点击“文件”菜单下的新建元件

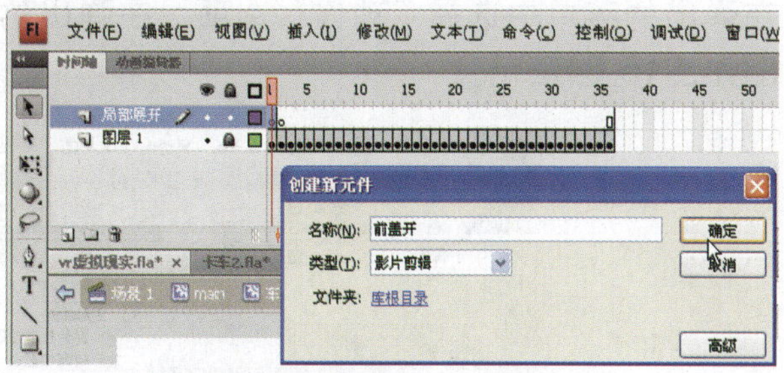

图15-61 将类型改为“影片剪辑”

（5）用鼠标选择“文件”→“导入到舞台”，选择“导入素材”的第1张图片（切记不要全选），单击“确定”选项，这时序列图像被导入到新建的元件内部舞台中，如图15-62所示。

（6）将新建影片剪辑“前盖开”动画从库中拖曳到影片剪辑“车”局部展开图层的第1帧的舞台中，并将其位置对齐，如图15-63所示。

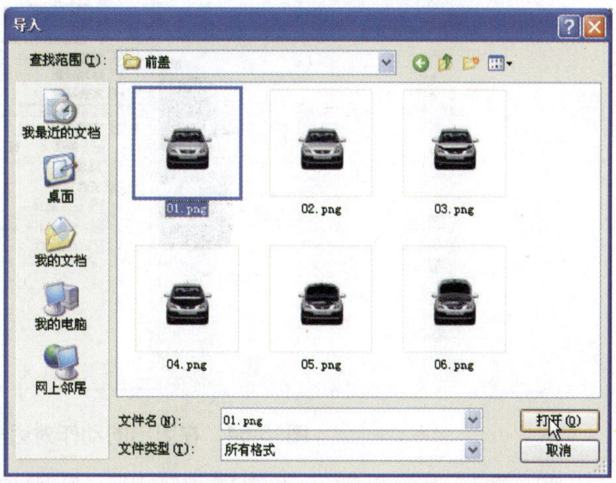

图15-62 选择导入素材的第1张图片（切记不要全选）

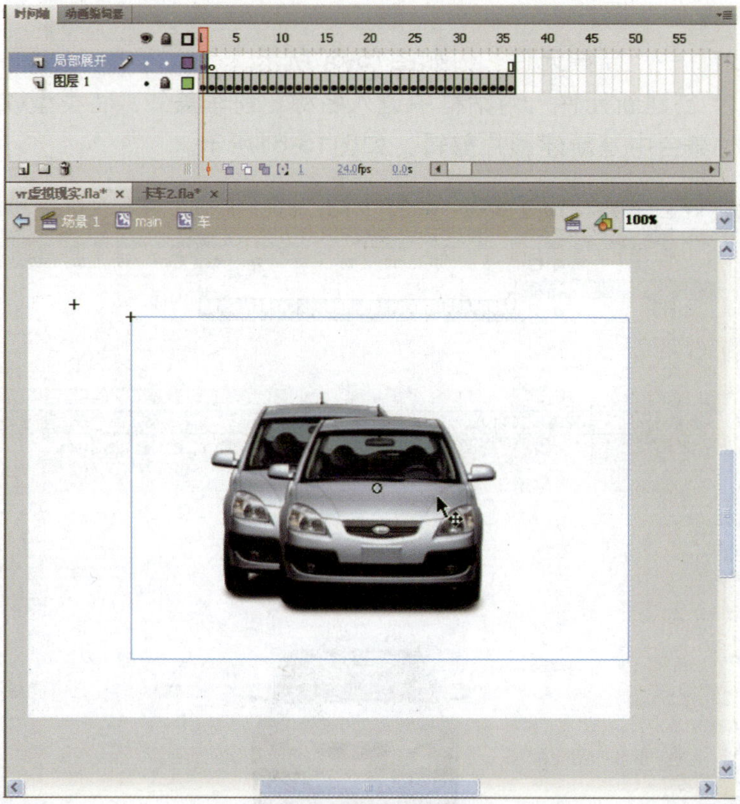

图15-63　拖曳到影片剪辑“车”

（7）鼠标双击影片剪辑“前盖开”的内部，在最后1帧被激活的状态下，点击鼠标右键，在弹出的菜单中选择“动作”选项；在弹出的“动作”对话框中键入“stop();”的代码，效果图如图15-64所示。

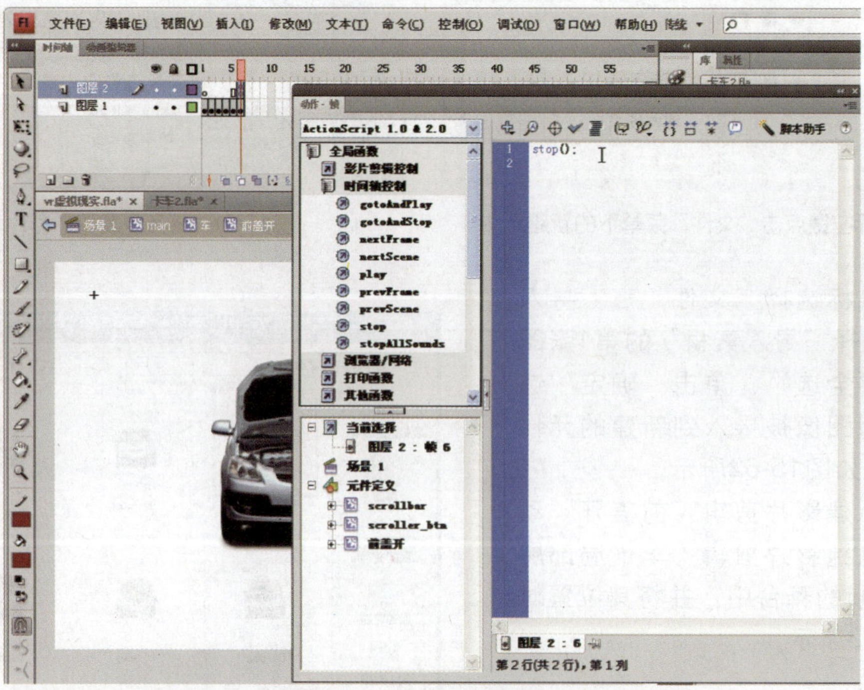

图15-64　在弹出的动作对话框中键入“stop();”的代码

（8）第1～6帧是前车盖的播放效果，是连续的序列图像，按Ctrl+Enter测试发布效果，并反复滑动鼠标来测试局部展开的效果，如图15-65至图15-72所示。

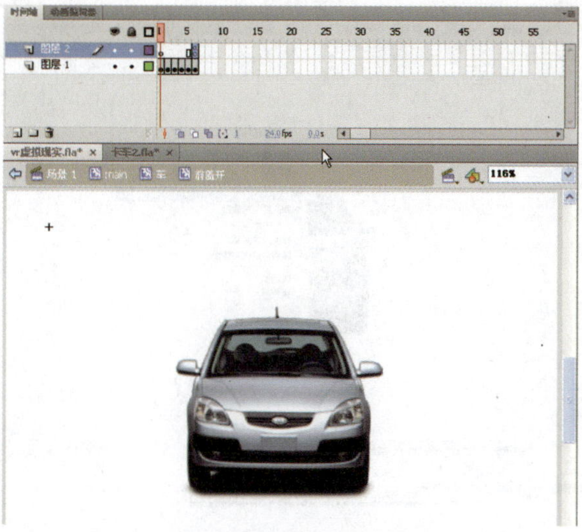

图15-65 第1帧是前车盖的播放效果

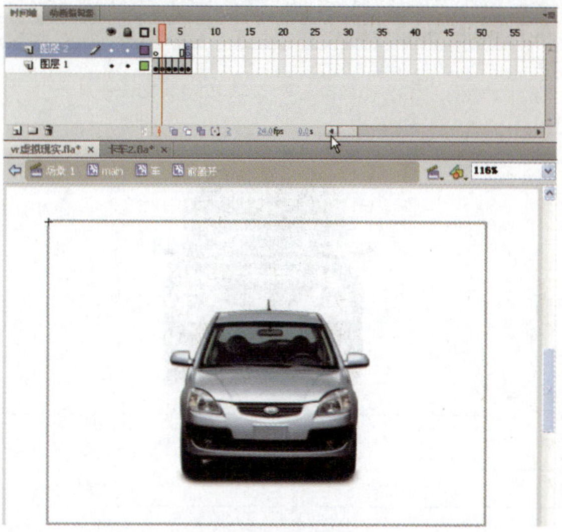

图15-66 第2帧是前车盖的播放效果

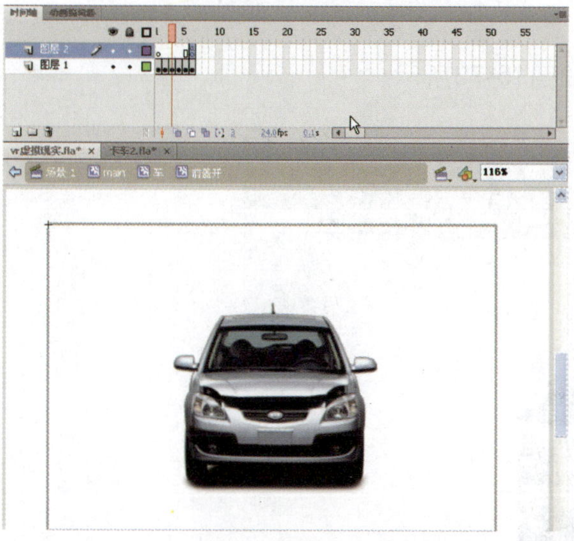

图15-67 第3帧是前车盖的播放效果

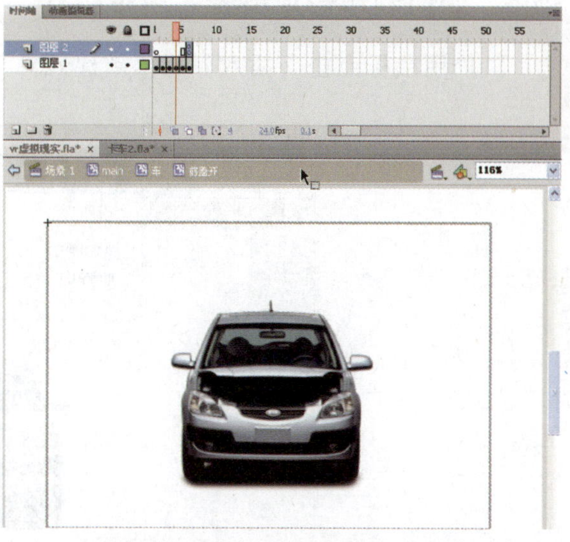

图15-68 第4帧是前车盖的播放效果

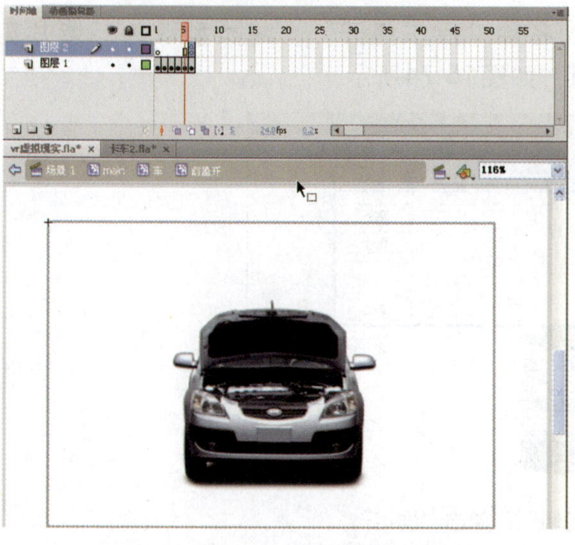

图15-69 第5帧是前车盖的播放效果

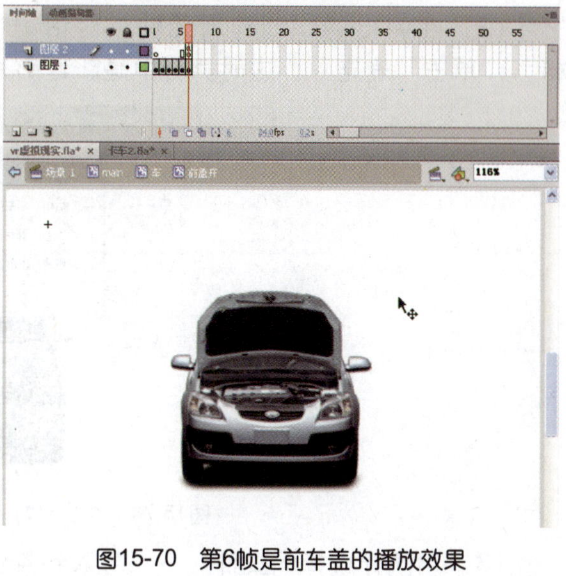

图15-70 第6帧是前车盖的播放效果

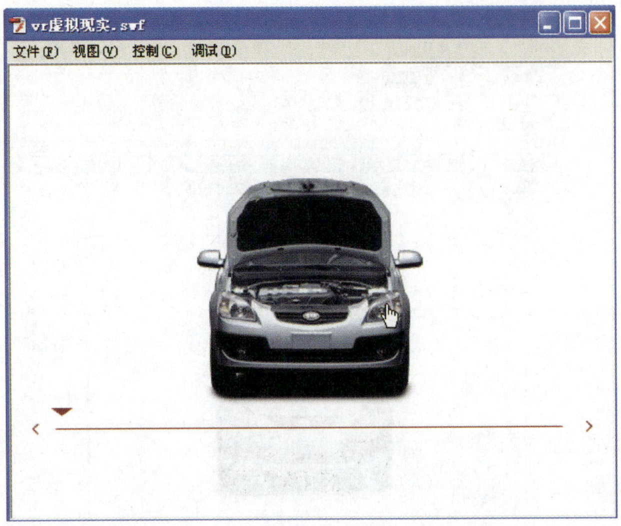

图15-71 按Ctrl+Enter测试发布效果

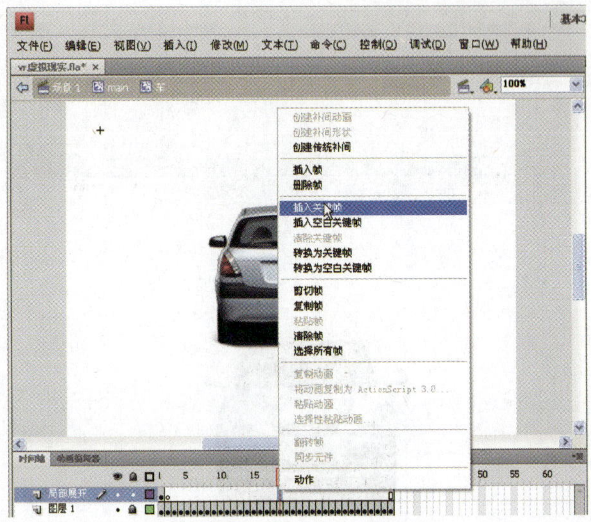

图15-72 插入关键帧

15.6 如何制作影片剪辑“后车门开”

（1）用鼠标点击“插入”→“新建元件”，如图15-73所示。

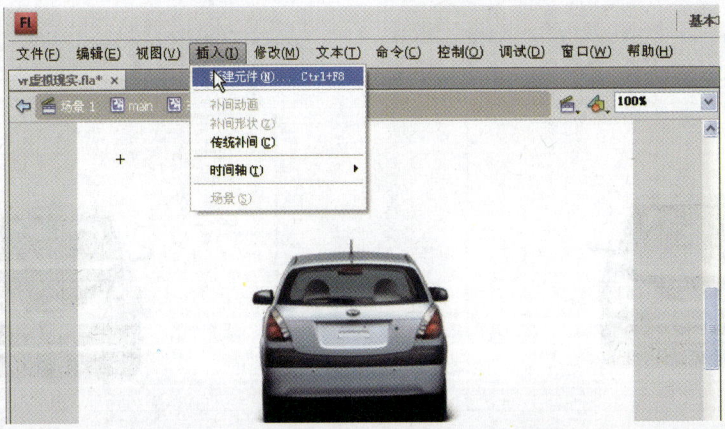

图15-73 点击“文件”菜单下的新建元件

（2）在弹出的“创建新元件”对话框中键入名称“后车门开”，将类型改为“影片剪辑”，单击“确定”，这时舞台中是新建影片剪辑，如图15-74所示。

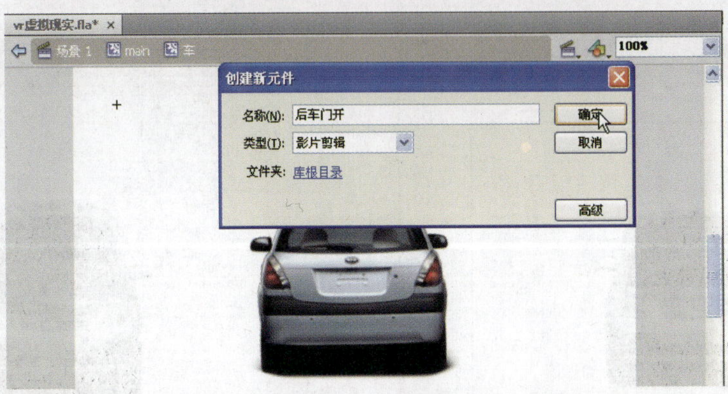

图15-74 类型改为“影片剪辑”，单击“确定”

（3）用鼠标选择“文件”→“导入到舞台”，选择导入素材第1张图片（切记不要全选），单击“确定”选项，这时序列图像被导入到新建元件内部舞台中，如图15-75和图15-76所示。

图15-75　选择“文件”菜单下的“导入到舞台”

图15-76　导入素材的第1张图片（切记不要全选）

（4）第1～7帧是“后门打开”的播放效果，是连续的序列图像；按Ctrl+Enter测试发布效果，并反复滑动鼠标来测试局部展开的效果，如图15-77至图15-83所示。

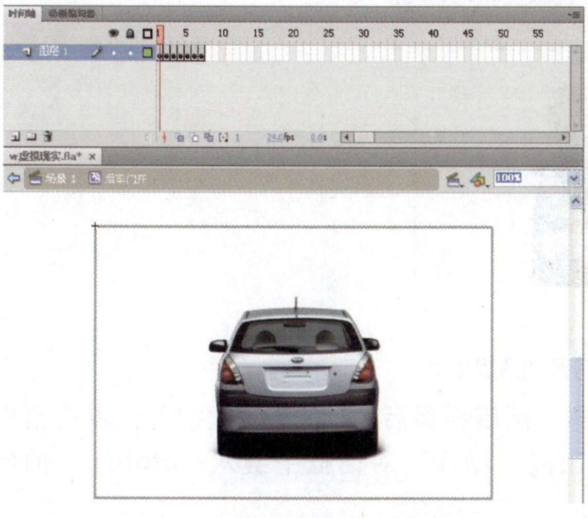

图15-77　第1帧后门打开的播放效果

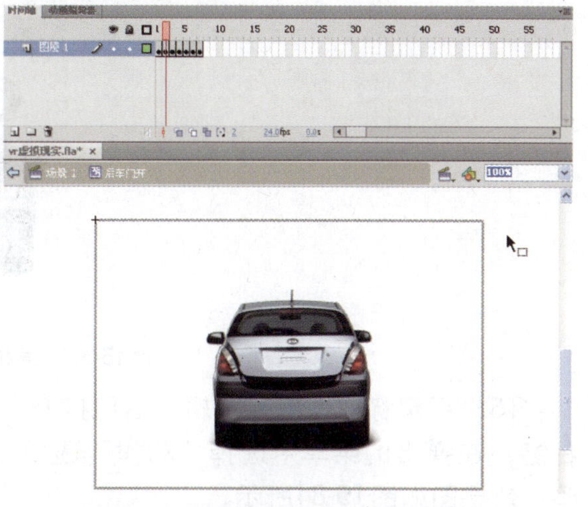

图15-78　第2帧后门打开的播放效果

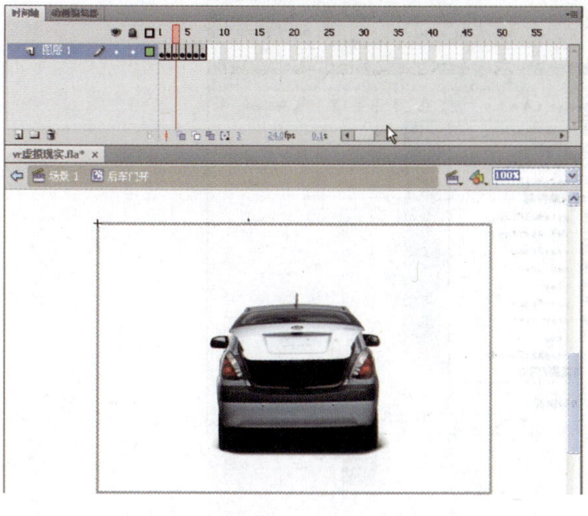

图15-79　第3帧后门打开的播放效果

图15-80　第4帧后门打开的播放效果

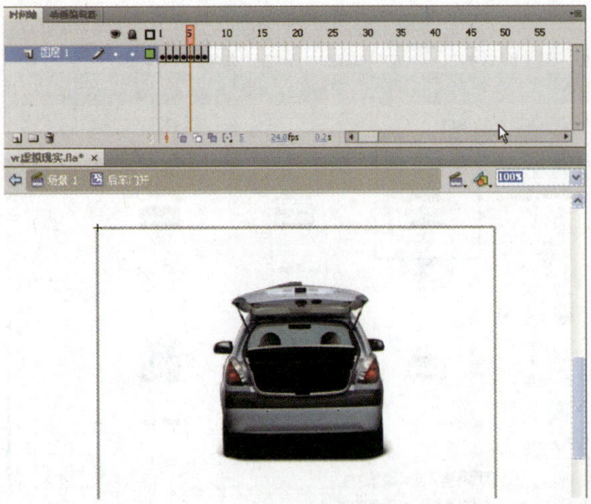

图15-81　第5帧后门打开的播放效果

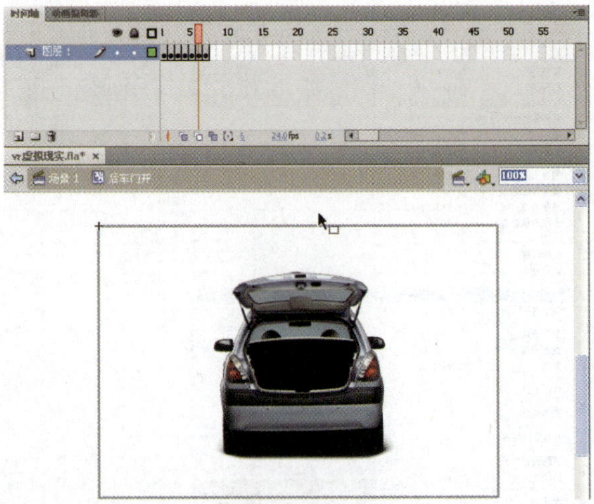

图15-82　第6帧后门打开的播放效果

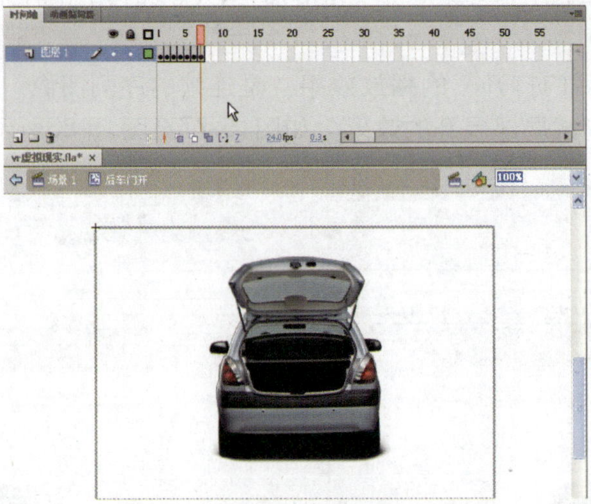

图15-83　第7帧后门打开的播放效果

（5）用鼠标双击影片剪辑“后门打开”的内部，然后在最后1帧被激活状态下，点击鼠标右键，在弹出的菜单中选择“动作”选项，在弹出的“动作”对话框中键入“stop();”的代码，效果图如图15-84所示。

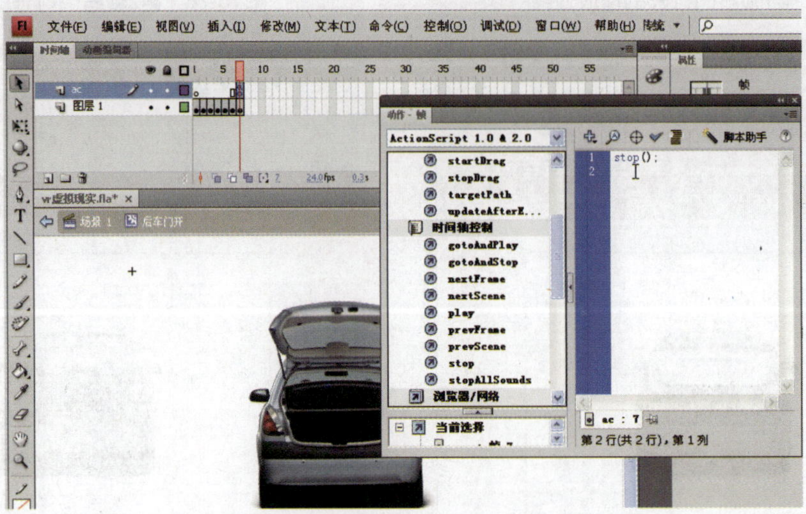

图15-84　在对话框中键入“stop();”代码

（6）将新建影片剪辑“后车门开”动画从“库”中拖曳到影片剪辑“车”的“局部展开”图层第19帧舞台中，并将其位置对齐，如图15-85所示。

（7）按Ctrl+Enter测试发布效果，并反复滑动鼠标来测试局部展开效果，如图15-86所示。

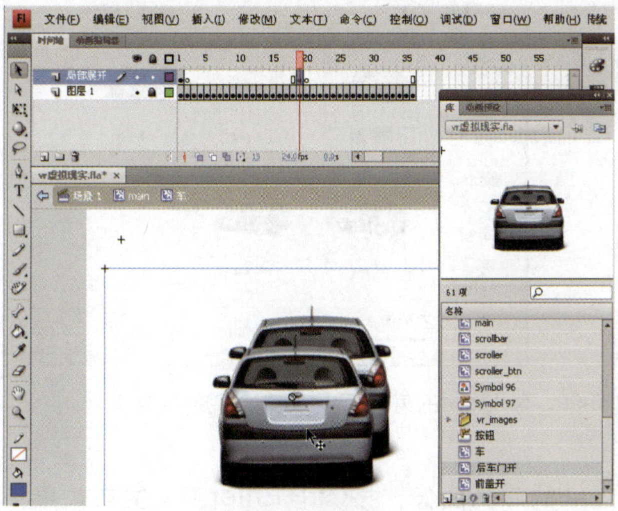

图15-85　拖曳到影片剪辑“车”的局部展开图层的第19帧的舞台中

图15-86　按Ctrl+Enter测试发布效果

15.7　如何制作影片剪辑“侧门开”

（1）用鼠标点击“插入”→“新建元件”，如图15-87所示。

（2）在弹出的“创建新元件”对话框中键入名称“侧门开”，将类型改为“影片剪辑”，单击“确定”，如图15-88所示。

（3）这时舞台中就是新建的影片剪辑；用鼠标选择“文件”→“导入到舞台”，如图15-89所示。

（4）选择导入素材的第1张图片（切记不要全选），单击“确定”选项，这时序列图像被导入到新建的元件内部的舞台中，如图15-90所示。

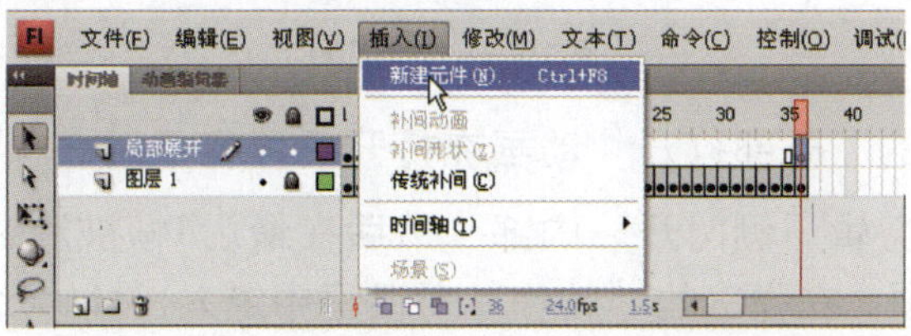

图15-87　点击“插入”菜单下的新建元件

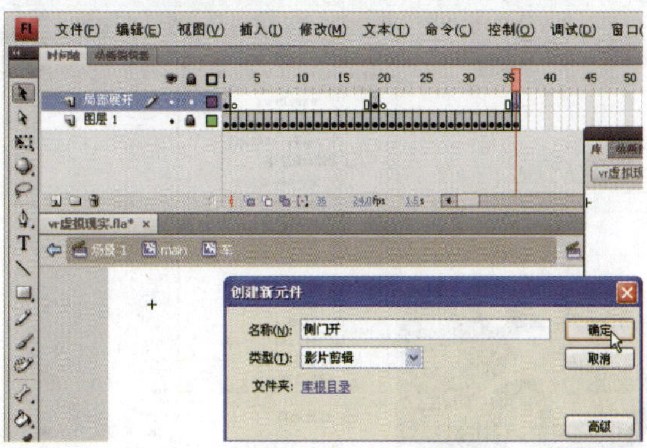

图15-88　类型改为“影片剪辑”，单击“确定”

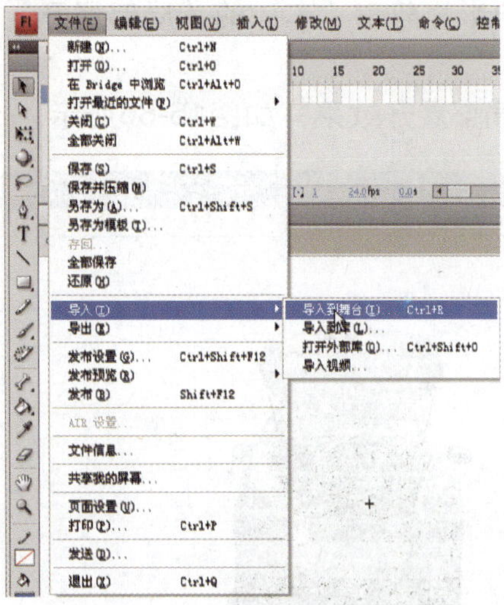

图15-89　选择“文件”菜单下的“导入到舞台”

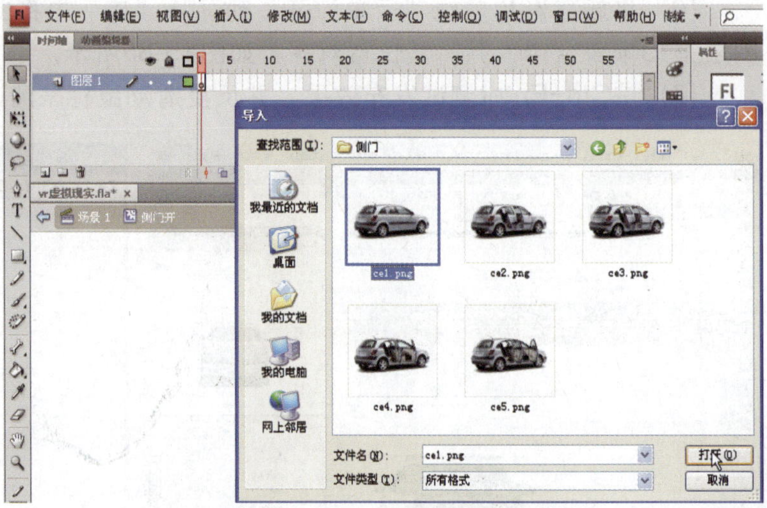

图15-90　导入素材的第1张图片（切记不要全选）

（5）第1～6帧是后门打开的播放效果，是连续的序列图像，按Ctrl+Enter测试发布效果，并反复滑动鼠标来测试局部展开的效果，如图15-91所示。

图15-91　效果图

提示：如何使新导入的“局部打开”动画在打开后停在最后一帧。

（6）用鼠标双击影片剪辑“侧门开”内部，然后在最后1帧被激活状态下，点击右键，在弹出菜单中选择“动作”选项；在弹出的“动作”对话框中键入“stop();”代码，如图15-92所示。

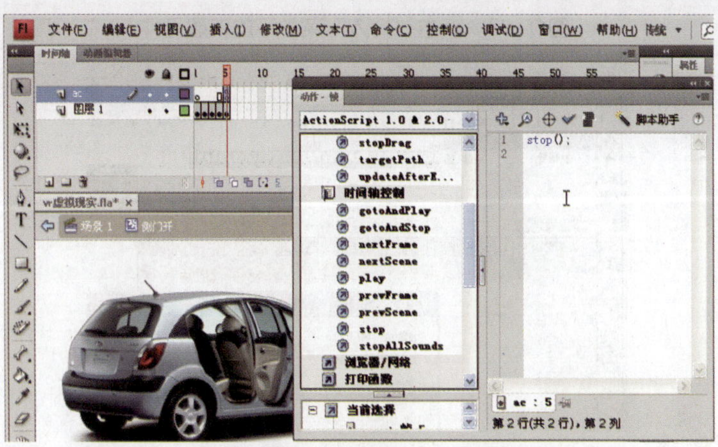

图15-92　在对话框中键入“stop();”代码

（7）将新建影片剪辑“侧门开”动画从“库”中拖曳到影片剪辑“车”局部展开图层第24帧的舞台中，并将其位置对齐，如图15-93所示。

（8）按Ctrl+Enter测试发布效果，并反复滑动鼠标来测试局部展开的效果，如图15-94所示。

图15-93 拖曳到局部展开图层的第24帧的舞台中

图15-94 按Ctrl+Enter测试发布效果

15.8 装饰标识及背景包装

提示：如何使装饰标识与文字对齐，展示局部动画。

（1）回到场景1中，在新建图层中键入文字及图形效果，这里文字我们采用中文宋体12号字并设置字体为动态文本，字体颜色设置为红色，如图15-95所示。

（2）在场景1利用工具栏中的“矩形工具”绘制背景并设置背景渐变色，如图15-96所示。

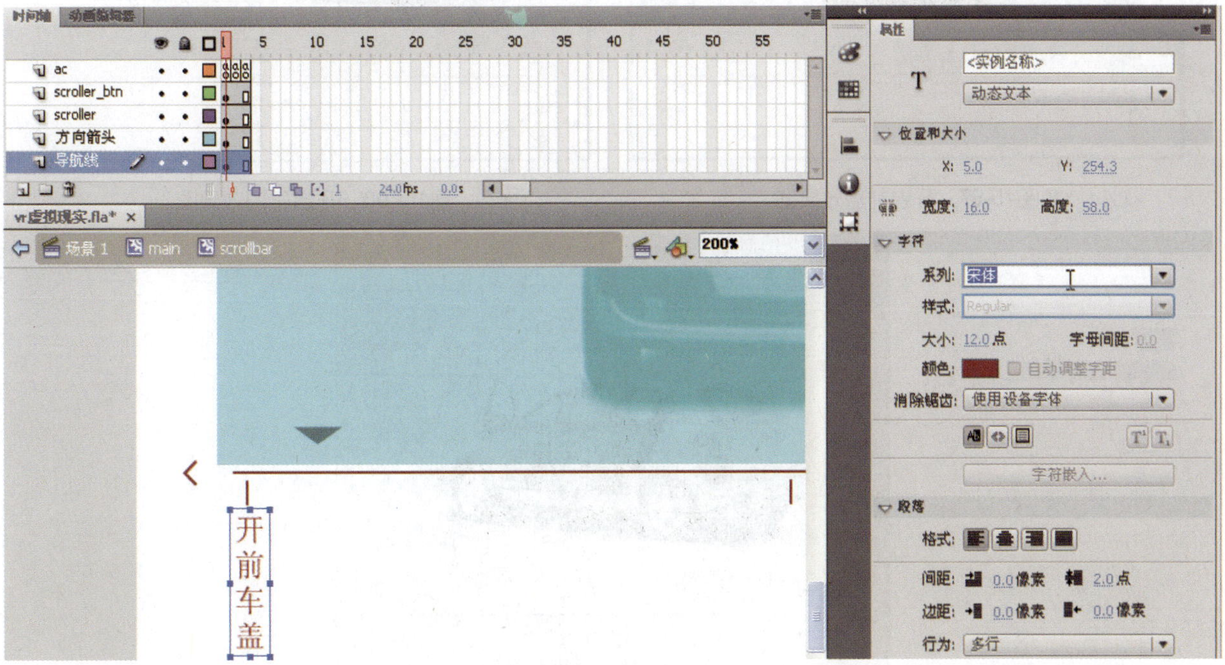

图15-95 中文宋体12号字

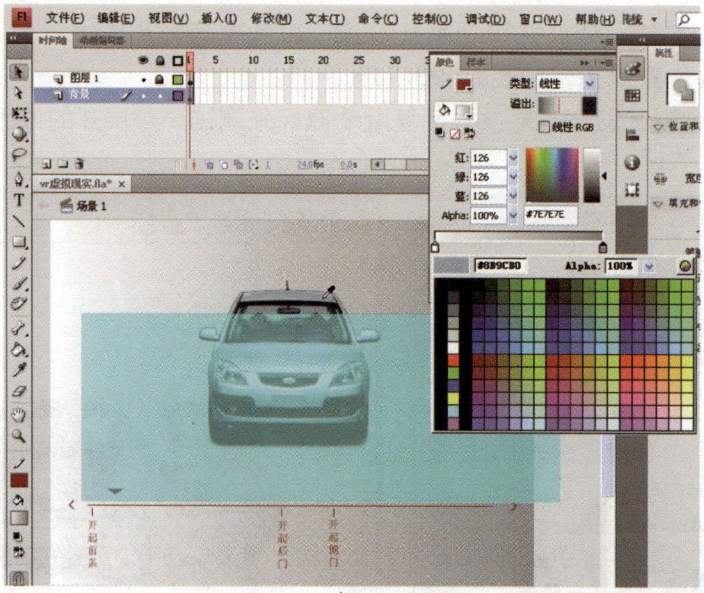

图15-96　调整背景颜色

15.9　测试及发布效果

测试及发布效果如图15-97至图15-99所示。

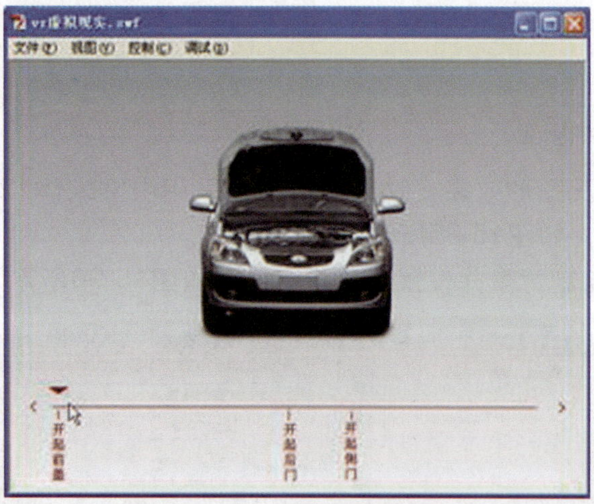

图15-97　开启前盖效果图

图15- 98　开启后门效果图

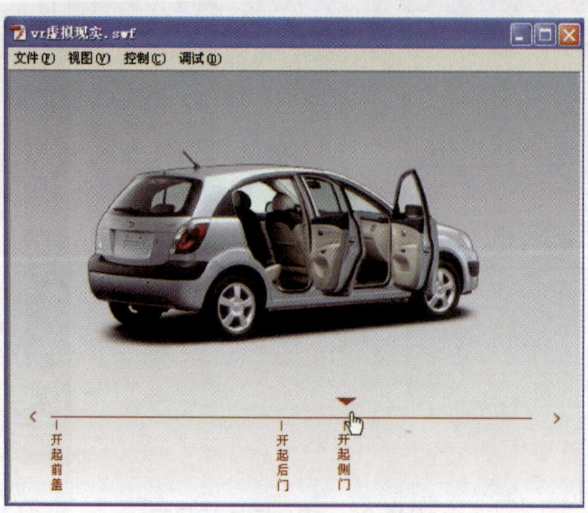

图15-99　开启侧门效果图

活学活用：

本实例为VR虚拟空间展示类，采用相同的技术，可以制作出不同VR虚拟效果。

现场创作实训：

制作鞋、手机、相机等各种产品VR虚拟动画效果。

创作要求：

（1）用Flash绘制形象或者寻找合适的图片形象。

（2）符合动画运动规律。

（3）画面色调协调统一。

（4）动画设计寓意表达准确及创意效果。